제2판

대학기초수학

김성숙 · 이규봉 지음

KM 경문사

머리말
PREFACE

수학은 기원전부터 현재까지 인류 전체가 이루어 놓은 문화 속에 항상 들어 있다. 자연과학은 물론 인문과학, 사회과학 그리고 예술 등 많은 학문에서 매우 유용하게 이용되는 기초학문으로서 그 중요성이 점점 더 커지고 있다.

컴퓨터의 기능이 향상되고 소프트웨어가 발전함에 따라 많은 수학 문제들을 쉽게 풀 수 있게 되었다. 또한 컴퓨터를 이용하여 복잡한 그림이나 도표를 그릴 수도 있으며, 인공위성을 이용하여 위치를 추적하고 거리를 잴 수 있게 되었다. 그러나 수학의 기본적인 원리를 알지 못하면 컴퓨터와 그에 따른 소프트웨어가 발전하기 어려울 뿐 아니라 소프트웨어 그 자체를 효과적으로 이용하기도 어렵다.

이 책은 대학생들이 미적분학을 공부하기 전에 꼭 필요한 가장 기초적인 내용을 다루고 있다. 이 책을 강의 교재로 사용할 때, 두 학기 강의에 적합하도록 구성하였으나, 강의하시는 분에 따라서 내용을 선택하면 한 학기 강의에도 사용할 수 있다.

건축학과나 의류학과와 같이 기하학적인 지식이 필요한 경우에는 다른 부분은 생략하고 기하학 부분만을 선택할 수 있다. 이 책은 예제를 통하여 학생들이 원리를 쉽게 이해하고 스스로 학습이 가능하도록 구성하였으며, 쉽게 설명하려고 최선을 다했다.

이 책의 교정을 도와준 강미경 박사님과 편집과 출판을 맡아준 도서출판 경문사 여러분께 감사를 표한다. 교재의 잘못된 부분이나 의문점을 아래 주소로 알려주시면 감사히 여기는 마음으로 받아 들여 이 교재를 더 좋게 향상시킬 것을 약속드린다.

2016년 2월
대전 도솔산 기슭에서

김성숙 · 이규봉
sskim@pcu.ac.kr, gblee@pcu.ac.kr

차례 CONTENTS

대학기초수학

수의 체계

CHAPTER 01

닫혀있다, 약수, 배수, 짝수, 홀수, 소수, 합성수, 거듭제곱, 밑수, 지수, 소인수, 소인수분해, 공약수, 최대공약수, 서로 소, 공배수, 최소공배수, 양의 정수, 음의 정수, 유리수, 부정형, 양수, 음수, 절댓값, 교환법칙, 결합법칙, 분배법칙, 항등원, 역원, 무리수, 실수, 일대일 대응, 좌표계, 복소수, 허수, 켤레복소수

이 장에서 배울 기본개념

1.1 자연수

자연수(natural number)란 물건을 셀 수 있는 단위로 하나에 하나를 더하고 또다시 하나를 더하는 것을 계속 반복하여 나올 수 있는 수를 말한다. 이 수를 기호로 1, 2, 3, 4, 5, ⋯ 와 같이 나타낸다. 따라서 자연수에 자연수를 더하면 다시 자연수가 되며 이것을 '덧셈에 관하여 **닫혀 있다**.'라고 한다.

> **참고**
> 자연수 전체의 집합은 기호로 N을 사용한다.

자연수는 자연수의 곱으로 나타낼 수 있다. 예를 들어 사과 30개가 있다고 할 때 5명에게 6개씩 나누어줄 수 있고 또는 10명에게 3개씩 나누어줄 수도 있다. 즉 $30=5\times6=3\times10$과 같이 나타낼 수 있다. 이때 3, 5, 6, 10과 같이 30을 나눌 수 있는 수를 30의 약수라 하며 30을 3, 5, 6, 10의 배수로 정의한다. 이와 같이 어떤 수를 나눌 수 있는 수를 그 수의 **약수**(divisor)라 하며, 나누어지는 수를 나누는 수의 **배수**(multiple)라 한다.

> **정의**
> 자연수 l, m, n에 대하여 $l=m\times n$이 성립하면 m, n을 l의 약수, l을 m, n의 배수라 한다.

예제 •1 (EXAMPLE)

(1) 10의 약수는 1, 2, 5, 10; 10의 배수는 10, 20, 30, ⋯

(2) 5의 약수는 1, 5; 5의 배수는 5, 10, 15, 20, ⋯

문제 •1 (PROBLEM) 다음 수의 약수와 배수를 모두 구하여라.

(1) 1　　(2) 9

(3) 20　　(4) 100

> **참고**
> (1) 모든 수의 약수는 1과 자기 자신을 항상 포함한다.
> (2) 모든 수의 배수는 자기 자신을 항상 포함한다.

수는 1과 자기 자신의 곱과 같으므로 1과 자기 자신은 항상 자기 자

신의 약수이며 배수는 자신에 자연수를 모두 곱한 수이므로 무한히 많다. 즉,

$$4\times1=4,\ 4\times2=8,\ 4\times3=12,\ 4\times4=16,\ 4\times5=20,\ \cdots$$

이므로 배수는 무한히 많다. 2의 배수를 차례로 쓰면

$$2,\ 4,\ 6,\ 8,\ 10,\ 12,\ 14,\ 16,\ 18,\ 20,\ 22,\ \cdots$$

과 같다. 2의 배수와 바로 옆에 있는 2의 배수 사이의 수를 나타내면

$$1,\ 3,\ 5,\ 7,\ 9,\ 11,\ 13,\ 15,\ 17,\ 19,\ 21,\ \cdots$$

이다. 따라서 자연수는 2의 배수와 2의 배수가 아닌 수로 나누어지는데 2의 배수인 자연수를 **짝수**(even number)라 하며 2의 배수가 아닌 자연수를 **홀수**(odd number)라 한다.

> **정의**
> $n=2\times m$인 자연수 m이 있으면 n을 짝수라 하고, $n=2\times m+1$인 자연수 m이 있으면 n을 홀수라 한다.

2, 3 또는 5와 같은 수의 약수는 1과 자기 자신뿐이다. 이와 같이 1보다 큰 자연수 중에서 약수가 1과 자기 자신 뿐인 수를 **소수**(prime number)라 하며, 1이 아닌 다른 두 수의 곱으로 되는 수를 **합성수**(compound number)라고 한다. 즉, 합성수는 1보다 큰 자연수 중 소수가 아닌 자연수를 말한다.

> **정의**
> 1보다 큰 자연수 중에서 약수가 1과 자기 자신 뿐인 수를 소수라 하며, 1이 아닌 다른 두 수의 곱으로 되는 수를 합성수라고 한다.

소수는 약수가 1과 자기 자신 단 2개이나, 합성수는 약수가 3개 이상인 수이다. 1은 소수도 합성수도 아니다.

예제 EXAMPLE •2 소수와 합성수의 예

(1) 소수 2, 3, 5, 7, 11, 13, 17, ⋯

(2) 합성수 4, 6, 8, 9, 10, ⋯

문제 PROBLEM •2 17보다 큰 소수 3개를 찾아라.

문제 PROBLEM •3 10보다 큰 합성수 5개를 찾아라.

같은 수를 여러 번 반복해서 곱할 때 그것을 일일이 곱하기로 나타

내는 것은 매우 불편하다. 또한 아주 큰 수를 그대로 표현하는 것 역시 불편하다. 예를 들면 2를 10번 곱한다고 했을 때 그것을

$$2\times2\times2\times2\times2\times2\times2\times2\times2\times2$$

와 같이 나타내는 것은 매우 불편하다. 이와 같이 같은 수를 반복해서 곱하는 것을 **거듭제곱**이라 하며 어떤 수 a를 n번 반복하여 곱하는 것을 다음과 같이 표현한다.

$$a^n$$

여기서 a를 **밑수**라 하고 n을 **지수**라 한다.

참고

수학은 복잡한 것을 간편하게 해준다.

예제 •3 EXAMPLE

(1) $3^3 = 3\times3\times3$

(2) $5^4 = 5\times5\times5\times5$

(3) $2^2\times3^3 = 2\times2\times3\times3\times3$

(4) $7^3\times5^4 = 7\times7\times7\times5\times5\times5\times5$

문제 •4 PROBLEM

다음을 거듭제곱을 이용하여 나타내어라.

(1) $2\times2\times7\times7\times7\times7$

(2) $3\times3\times11\times11\times11\times17\times17$

$(a^n)^m$은 a^n을 m번 곱한 것이고 a^n은 a를 n번 곱한 것이므로 전체적으로 a를 $n\times m$번 곱한 것이 된다.

$$(a^n)^m = \underbrace{a^n\times a^n\times\cdots\times a^n}_{m} = a^{n\times m}$$

$a^n\times a^m$은 a를 n번 곱하고 또다시 a를 m번 곱한 것이므로 전체적으로 a를 $n+m$번 곱한 것이 된다.

$$a^n\times a^m = \underbrace{(a\times a\times\cdots\times a)}_{n}\times\underbrace{(a\times\cdots\times a)}_{m} = a^{n+m}$$

$(ab)^n$은 $a\times b$를 n번 곱한 것이므로 a^nb^n이 된다.

$$(ab)^n = \underbrace{(ab)\times\cdots\times(ab)}_{n}$$
$$= (a\times\cdots\times a)\times(b\times\cdots\times b) = a^n b^n$$

문제 PROBLEM •5 $(xy^2z^3)^2(x^2yz)^3$을 간단히 나타내어라.

자연수 8은 $8=2\times4$이므로 2와 4는 8의 약수이다. 이 약수 2와 4를 8의 인수라 한다. 즉, 자연수 a, b, c가 $a=b\times c$인 관계가 성립하면 b, c를 a의 **인수**(factor)라 하고 인수가 소수이면 **소인수**(prime factor)라 한다. 인수가 소수가 아니면 그 인수는 다시 그 인수의 약수의 곱으로 이루어져 결국 모든 자연수는 소인수의 곱으로 표시할 수 있다. 이와 같이 어떤 자연수를 소인수만의 곱으로 표현하는 것을 **소인수분해**(prime factorization)한다고 한다.

정의

자연수에서 $a=b\times c$인 관계가 성립하면 b, c를 a의 인수라 하고, 인수가 소수이면 소인수라 한다.

예제 EXAMPLE •4 소인수분해

(1) $16=2^4$ (2) $12=2^3\times3$

(3) $30=2\times3\times5$ (4) $360=2^3\times3^2\times5$

문제 PROBLEM •6 다음을 소인수분해하여라.

(1) 90 (2) 28

(3) 120 (4) 1325

어떤 수가 완전제곱의 수가 아니면 소인수분해를 이용하여 완전제곱수가 되도록 만들 수 있다. 우선 어떤 수를 소인수분해하여 나타난 소인수의 거듭제곱이 모두 짝수이면 그 수는 완전제곱이 된다.

예제 EXAMPLE •5 $144=2^4\times3^2=(2\times2\times3)\times(2\times2\times3)$

$=12^2$

그러나 거듭제곱이 홀수인 인수가 있는 경우 그 인수를 모두 그 수에 곱해주면 곱하여진 수는 거듭제곱이 모두 짝수인 인수를 갖게 된다. 이때 곱하여진 수가 바로 완전제곱으로 만들어 주는 최소의 자연수가 된다.

참고
완전제곱수란 자연수의 제곱으로 표현할 수 있는 자연수를 말한다.

예제 •6 EXAMPLE

(1) $12 = 2^2 \times 3$이므로 12를 완전제곱으로 만드는 최소의 수는 3이다. 즉,

$$12 \times 3 = 2^2 \times 3^2 = (2 \times 3) \times (2 \times 3) = 6^2$$

(2) $360 = 2^3 \times 3^2 \times 5$이므로 360을 완전제곱으로 만드는 최소의 수는 2×5=10이다. 즉,

$$\begin{aligned} 360 \times 10 &= 2^4 \times 3^2 \times 5^2 \\ &= (2^2 \times 3 \times 5) \times (2^2 \times 3 \times 5) = 60^2 \end{aligned}$$

문제 •7 PROBLEM

다음 수를 완전제곱으로 만드는 데 필요한 최소의 자연수를 구하여라.

(1) 90 (2) 28

(3) 120 (4) 1325

수인수분해를 이용하면 거듭제곱으로 된 수의 약수와 약수끼리 서로 곱하여 그 수의 모든 약수를 쉽게 구할 수 있다.

예제 •7 EXAMPLE

$12 = 2^2 \times 3$이므로 2^2의 약수 1, 2, 4와 3의 약수 1, 3을 서로 곱하면 12의 모든 약수는 1, 2, 3, 4, 6, 12이다.

두 수가 있을 때 두 수의 약수는 서로 같은 것도 있고 다른 것도 있다. 이때 서로 공통으로 갖고 있는 약수를 두 수의 **공약수**(common divisor)라고 한다. 마찬가지로 세 개 이상의 수의 공약수란 그 수들이 공통으로 갖고 있는 약수를 말한다.

예제 •8 (EXAMPLE) 4의 약수는 1, 2, 4이고 6의 약수는 1, 2, 3, 6이므로 두 수 4, 6의 공약수는 1, 2이다.

예제 •9 (EXAMPLE)
(1) 12의 약수는 1, 2, 3, 4, 6, 12
(2) 18의 약수는 1, 2, 3, 6, 9, 18
(3) 24의 약수는 1, 2, 3, 4, 6, 8, 12, 24이다.
(4) 세 수 12, 18 24의 공약수는 1, 2, 3, 6이다.

문제 •8 (PROBLEM) 8, 24, 36의 공약수를 구하여라.

공약수 중에서 제일 큰 약수를 **최대공약수**(greatest common divisor)라고 한다. 제일 작은 공약수는 항상 1이므로 최소공약수라는 말은 사용하지 않는다. 공약수는 항상 최대공약수의 약수가 된다. 공약수가 1뿐인 수를 **서로소**(relative prime)라고 한다.

예제 •10 (EXAMPLE)
(1) 4, 6의 최대공약수는 2이고 공약수 1과 2는 최대공약수 2의 약수이다.
(2) 12, 18, 24의 최대공약수는 6이고 공약수 1, 2, 3, 6은 최대공약수 6의 약수이다.
(3) 5와 9는 공약수가 1뿐이므로 서로소이다.

소인수분해를 이용하면 최대공약수를 찾기 쉽다. 우선 두 수의 최대공약수를 찾기 위하여 두 수를 각각 소인수분해한다. 각 수의 약수는 소인수의 곱으로 표현되므로 공통으로 갖고 있는 거듭제곱까지 포함한 모든 소인수를 곱하면 그 수가 두 수의 최대공약수가 된다. 세 개의 수 이상일 때도 그들 수의 소인수분해에서 공통으로 갖고 있는 거듭제곱까지 포함한 모든 소인수를 곱하면 그 수가 최대공약수가 된다.

예제 •11 EXAMPLE

(1) $4 = 1 \times 2^2$, $6 = 1 \times 2 \times 3$. 공통으로 갖고 있는 소인수는 2이므로 2가 최대공약수이다.

(2) $36 = 1 \times 2^2 \times 3^2$, $90 = 1 \times 2 \times 3^2 \times 5$이므로 거듭제곱까지 포함하여 공통으로 갖고 있는 소인수는 2, 3^2이므로 최대공약수는 $2 \times 3^2 = 18$이 된다.

(3) $36 = 1 \times 2^2 \times 3^2$, $45 = 1 \times 3^2 \times 5$, $90 = 1 \times 2 \times 3^2 \times 5$이므로 거듭제곱까지 포함하여 세 수가 공통으로 갖고 있는 소인수는 3^2이므로 최대공약수는 9가 된다.

두 수가 공통으로 소인수를 갖고 있으면 그 두 수는 각각 그 소인수로 나누어떨어진다. 이때 생긴 각각의 몫에 공통으로 소인수가 있으면 또 나누어떨어진다. 이렇게 하여 나온 몫들이 공통으로 갖고 있는 소인수가 없을 때, 그때까지 나눈 소인수들이 두 수가 공통으로 갖고 있는 소인수 전부이므로 그들을 모두 곱하면 최대공약수가 된다.

예제 •12 EXAMPLE 36, 45, 90의 최대공약수를 구하여라.

풀이

$$\begin{array}{r|rrr} 3 & 36 & 45 & 90 \\ \hline 3 & 12 & 15 & 30 \\ \hline & 4 & 5 & 10 \end{array}$$

4, 5, 10은 더 이상 공통으로 갖고 있는 소인수가 없으므로 3×3=9가 세 수 36, 45, 90의 최대공약수가 된다.

문제 •9 PROBLEM 다음 수의 최대공약수를 구하여라.

(1) 10, 15

(2) 24, 36, 48

(3) 12, 18, 24, 36

다음은 공배수에 대하여 알아보자. 두 수가 있을 때 두 수의 배수는 서로 같은 것도 있고 아닌 것도 있다. 이때 서로 공통으로 갖고 있는 배수를 두 수의 **공배수**(common multiple)라고 한다. 마찬가지로 세 개 이상의 수의 공배수란 그 수들이 공통으로 갖고 있는 배수를 말한다.

예제 EXAMPLE •13 4의 배수는 4, 8, 12, 24, ⋯, 6의 배수는 6, 12, 18, 24, ⋯ 이다. 따라서 두 수 4, 6의 공배수는 12, 24, ⋯ 이다.

예제 EXAMPLE •14 (1) 12의 배수는 12, 24, 36, 48, 60, 72, ⋯

(2) 18의 배수는 18, 36, 54, 72, ⋯

(3) 24의 배수는 24, 48, 72, ⋯

따라서 세 수 12, 18, 24의 공배수는 72, 144, ⋯ 이다.

공배수 중에서 제일 작은 배수를 **최소공배수**(least common multiple)라고 한다. 배수는 무한히 많으므로 제일 큰 공배수는 의미가 없다.

예제 EXAMPLE •15 (1) 4, 6의 최소공배수는 12이다.

(2) 12, 18, 24의 최소공배수는 72이다.

소인수분해를 이용하면 최소공배수를 찾기 쉽다. 우선 두 수의 최소공배수를 찾기 위하여 두 수를 각각 소인수분해한다. 각 수의 공배수는 어느 한 수를 기준으로 할 때 그 수가 갖고 있지 않은 상대 수의 거듭제곱까지 포함한 모든 소인수(만일 없으면 1)를 곱하면 그 곱한 수는 두 수의 공배수가 되고 동시에 최소공배수가 된다. 만일 세 개의 수 이상일 때는 두 수의 최소공배수를 먼저 구하고 그 최소공배수와 다른 수의 최소공배수를 구하면 그 수가 세 수의 최소공배수가 된다.

예제 •16 (1) $4 = 1 \times 2^2$, $6 = 1 \times 2 \times 3$이므로 4를 기준으로 할 때 4의 소인수가 아닌 6의 소인수 3을 4에 곱하면 $4 \times 3 = 12$가 두 수의 최소공배수이다.

(2) $36 = 1 \times 2^2 \times 3^2$, $90 = 1 \times 2 \times 3^2 \times 5$이므로 36을 기준으로 할 때 거듭제곱까지 포함하여 36이 갖고 있지 않는 상대수 90의 나머지 소인수는 5이므로 최소공배수는 $36 \times 5 = 180$이 된다.

(3) $36 = 1 \times 2^2 \times 3^2$, $45 = 1 \times 3^2 \times 5$, $90 = 1 \times 2 \times 3^2 \times 5$이고 36과 45의 최소공배수는 $180 = 2^2 \times 3^2 \times 5$이므로 180을 기준으로 하여 거듭제곱까지 포함하여 180이 갖고 있지 않은 소인수는 나머지 수 90에 없으므로 최소공배수는 $180 \times 1 = 180$이 된다.

최소공배수는 다음과 같이 나눗셈을 이용하여 구할 수 있다. 우선 전체의 약수로 나눌 때까지 나누고 더 이상 나누어지지 않을 때 나머지 수에서 공통으로 약수를 갖고 있는 수끼리 다시 나눈다. 이때 공통인 약수가 없는 수는 그대로 나둔다. 이렇게 해서 나온 모든 수를 곱하면 그것이 최소공배수가 된다.

예제 •17 36, 45, 90의 최소공배수를 구하여라.

풀이

$$
\begin{array}{r|rrr}
3 & 36 & 45 & 90 \\ \hline
3 & 12 & 15 & 30 \\ \hline
2 & 4 & 5 & 10 \\ \hline
5 & 2 & 5 & 5 \\ \hline
 & 2 & 1 & 1
\end{array}
$$

참고

세 수의 공약수로 나누어 나온 몫을 그 아래에 적되, 나눌 수 없는 수는 그대로 적는다.

따라서 $3 \times 3 \times 2 \times 5 \times 2 \times 1 \times 1 = 180$이 세 수 35, 45, 90의 최소공배수이다.

문제 •10 다음 수의 최소공배수를 구하여라.

(1) 10, 15 (2) 24, 36, 48

(3) 12, 18, 24, 36

이것만은 알기!! ~모르면, 다시 한번 처음으로

(1) 약수와 배수를 설명하여라.
(2) 짝수와 홀수는 어떻게 다른가?
(3) 소수와 합성수는 어떻게 다른가?
(4) 서로소란 무엇인가?
(5) 거듭제곱, 밑수, 지수를 설명하여라.
(6) 소인수와 소인수분해를 설명하여라.
(7) 공약수와 최대공약수를 설명하여라.
(8) 공배수와 최소공배수를 설명하여라.

1.2 정수와 유리수

자연수는 덧셈에 대하여 닫혀 있지만 뺄셈에 대해서는 닫혀 있지 않다. 5에서 3을 빼면 $5-3=2$로 자연수이지만 3에서 5를 빼면 얼마가 되는지 자연수로 표현할 수 없다. 또한 같은 수끼리 빼어도 나타낼 수 없다. 그러므로 이 경우 0이라 한다. 즉 $5-5=0$.

다음과 같은 예를 들어보자. 오늘의 온도가 영상 10°라고 하자. 내일은 오늘보다 7°가 내려가는 쌀쌀한 날씨라고 한다. 즉, 내일의 온도는 $10-7$인 영상 3°일 것이다. 그런데 모레의 날씨는 더 추워져서 내일보다도 5°가 더 떨어진다고 하면 모레의 온도는 $3-5$도가 되고 이것을 영하 2°라 한다. 물건을 10000원에 도매상에서 사와서 11000원에 손님에게 팔았다면 1000원의 이익을 보았다고 한다. 그러나 하도 물건이 팔리지 않아서 9000원에 팔았다면 1000원을 손해 보았다고 한다.

영상의 기온을 +로 영하의 기온은 −로 나타내면 영상 10°는 +10°, 영하 2°는 −2°라고 나타낼 수 있다. 또한 이익 본 것을 장부에 +로 기입하고 손해 본 것은 −로 기재하면 천원 이익은 +1000, 천원 손해는 −1000이라고 기재한다. 이와 같이 수에도 남아 있는 경우는 +로, 아무것도 없는 경우는 0, 그리고 모자라는 경우는 −로 표시한다. 예를 들어 0보다 10이 크면 +10, 0보다 5가 작으면 −5라고 표시한다. 따라서 작은 수에서 큰 수를 뺄 때 나온 수를 큰 수에서 작은 수를 빼고 그 앞에 −를 붙여 나타낸다.

$$\text{작은 수} - \text{큰 수} = -(\text{큰 수} - \text{작은 수})$$

즉, 3에서 5를 빼면 $3-5=-(5-3)=-2$가 되고 이것을 **음수**(또는 minus) 2라고 한다. 이와 같이 자연수와 −가 있는 자연수 그리고 0을 포함하여 **정수**(integer)라 하며 자연수를 양의 정수, −가 있는 자연수를 **음의 정수**라고 한다. 보통 양의 정수는 +를 생략한다.

정의

자연수와 −가 있는 자연수 그리고 0을 포함하여 정수라 한다.

$$Z=\{\cdots, -2, -1, 0, 1, 2, \cdots\}$$

참고

정수 전체의 집합은 기호로 Z를 사용한다.

이와 같은 정수는 덧셈과 뺄셈에 관하여 닫혀 있다. 그러나 정수를 정수로 나누면 정수로 표현되지 않을 수 있으므로 나눗셈에 대하여 닫혀 있지 않다.

8조각으로 나눠진 피자가 한 판 있다. 넷이서 함께 먹으면 두 조각씩 먹으면 된다. 그러나 셋이서 먹으려면 두 조각씩 먹어도 두 조각이 남는다. 이때 남은 두 조각을 각각 3등분하면 똑같이 나누어 먹을 수 있다.

정의

정수를 0이 아닌 정수로 나눈 수를 유리수라 한다.

정수를 0이 아닌 정수로 나눈 수, 즉 분수를 **유리수**(rational number)라 하며 +가 있는 수를 양의 유리수 또는 **양수**(positive number), −가 있는 수를 음의 유리수 또는 **음수**(negative number)라고 한다. 정수를 1로 나누면 정수이므로 모든 정수는 유리수에 포함된다.

참고

유리수 전체의 집합은 기호로 Q를 사용한다.

$$Q=\left\{\frac{q}{p} \mid p,\ q\text{는 정수, 단 } p\neq 0\right\}$$

Example 예제 •18 (1) 양의 유리수 : $\frac{3}{5}$, $\frac{1}{2}$, $\frac{8}{5}$, 0.5, 0.6, 1.6

(2) 음의 유리수 : $-\frac{3}{5}$, $-\frac{1}{2}$, $-\frac{8}{5}$, -0.5, -0.6, -1.6

유리수 a, b, c는 덧셈에 대하여 다음 성질이 성립한다.

$a+b=b+a$ (교환법칙)

$(a+b)+c=a+(b+c)$ (결합법칙)

유리수에 0을 더하면 $a+0=a$으로 그 수는 변화가 없으므로, 0을 덧셈에 관한 **항등원**이라고 한다. $a+(-a)=0$이므로 $-a$를 a의 덧셈에 관한 **역원**이라고 한다.

유리수 a, b, c는 곱셈에 대하여 다음 성질이 성립한다.

$a\times b=b\times a$ (교환법칙)

$(a\times b)\times c=a\times(b\times c)$ (결합법칙)

곱셈에서는 어느 수이든지 1을 곱하면 $a\times1=1\times a=a$로 그 수는 변하지 않으므로, 1을 **곱셈의 항등원**이라고 한다. 유리수 a에 곱하여 1로 만드는 수를 **곱셈에 관한 a의 역원**(또는 **역수**)이라 하며 $\frac{1}{a}$로 표시한

다. 따라서

$$a\times\frac{1}{a}=\frac{1}{a}\times a=1$$

이다. 유리수 a, b, c는 덧셈과 곱셈에 대하여 다음이 성립한다.

$$a\times(b+c)=a\times b+a\times c \text{ (분배의 법칙)}$$

0을 0이 아닌 수로 나누면 0이 된다. 그러나 0이 아닌 수를 0으로 나누면 그 수는 없다. 만일 있다면 그 수에 0을 곱하면 0이 아닌 어떤 수가 나와야 하는데 그럴 수는 없다. 이러한 경우 그 결과를 무한대라 하고 ∞으로 나타낸다. 0을 0으로 나누면 그 결과는 경우에 따라 달라지므로 정할 수 없다. 이와 같이 정할 수 없는 것을 부정형이라 한다.

참고

1. $\frac{0}{a}=0$, $\frac{a}{0}=\infty$
2. 부정형

   $\frac{0}{0}$, $\frac{\infty}{\infty}$, ∞^0, 0^∞

이것만은 알기!! ~모르면, 다시 한번 처음으로

(1) 정수는 어떻게 정의하는가?
(2) 유리수는 어떻게 정의하는가?
(3) 교환법칙, 결합법칙, 분배법칙을 설명하여라.
(4) 항등원과 역원의 차이점을 설명하여라.
(5) 부정형이란 무엇인가?

1.3 무리수와 실수

참고

실수는 기호로 R를 사용한다.

미분적분학(calculus)은 실수(real number)의 기본성질에 그 기초를 두고 있으며 실수는 다음과 같이 정의될 수 있다.

기본이 되는 수를 1이라 하고 1에 1을 더하여 생기는 수를 2, 2에 1을 더하여 생기는 수를 3, 이와 같이 반복적으로 1을 더하여 생기는 수 1, 2, 3, 4, 5, 6, ⋯ 를 자연수라고 했다. 자연수는 서로 더하면 자연수가 되나 빼는 경우 자연수가 안 될 수 있다.

작은 수에서 큰 수를 뺀 것을 큰 수에서 작은 수를 뺀 자연수 앞에 −를 붙여 정의하고 같은 수끼리의 빼기는 0으로 정의하여 0을 포함한 모든 수 0, ±1, ±2, ±3, ⋯ 를 정수라고 정의했다. 정수끼리 더하거나 빼면 그 결과는 다시 정수가 되나, 정수를 0이 아닌 정수로 나누면 그 수는 정수가 아닐 수 있다.

분모가 0이 아닌 정수와 정수의 분수를 유리수로 정의하였고 유리수는 서로 더하거나 빼거나 곱하거나 나누어도 그 결과는 다시 유리수가 된다.

모든 분수는 소수(fractional number)로 표현할 수 있으나 모든 소수가 분수로 표현되지는 않는다. 소수 중 반복되는 마디가 있는 소수는 분수로 표현할 수 있으나, 반복되는 마디가 없는 소수는 분수로 표현할 수 없다. 즉 반복되는 마디가 없는 소수는 유리수가 아니다. 이 수를 **무리수**(irrational number)라 정의하고 유리수와 무리수를 함께 **실수**(real number)라 한다.

정의

분수로 표현할 수 없는 수를 무리수라 하고, 유리수와 무리수를 함께 실수라 한다.

예를 들어 원주율 π, 자연로그의 밑수로 쓰이는 e 또는 한 변의 길이가 1인 정사각형의 대각선의 길이 $\sqrt{2}$ 등은 반복되는 마디가 없는 소수로 무리수이다.

예제 •19 $\frac{1}{6}$, π, e, $\sqrt{2}$를 소수로 변환하여라.

풀이

$\frac{1}{6} = 0.16666\,66666\cdots$ 순환소수

$\pi = 3.141592654\cdots$ 비순환소수

$e = 2.718281828459045235 4\cdots$ 비순환소수

$\sqrt{2} = 1.41421356237309504880168872421\cdots$ 비순환소수

참고

(1) 반복되는 마디를 순환마디라 한다.
(2) 순환마디가 있는 소수를 순환소수라 한다.
(3) 순환소수는 유리수이다.
(4) 순환하지 않는 소수는 무리수이다.

EXAMPLE 예제 •20 $0.222\ \cdots$ 를 분수로 변환해 보자.

풀이

$x = 0.222\ \cdots$ 라 하자. $10x = 2.222\cdots$ 이므로 두 식을 서로 빼면 $9x = 2$가 된다. 따라서 $x = \dfrac{2}{9}$가 된다.

PROBLEM 문제 •11 다음 소수를 분수로 변환해 보라.

(1) $0.999\cdots$ (2) $0.121212\cdots$
(3) $0.123123123\cdots$ (4) $0.12341234\cdots$

EXAMPLE 예제 •21 $\sqrt{2}$는 무리수임을 보여라.

증명

$\sqrt{2}$는 유리수라고 가정하자. 그러면 $\sqrt{2} = \dfrac{q}{p}$가 되는 정수 p, q가 존재한다. 단, $\dfrac{q}{p}$는 기약분수이다. 양변을 제곱하면 $2p^2$. 즉 q^2은 짝수이고, 따라서 q도 짝수이다. 그러므로 $q = 2m$이 되는 정수 m이 존재한다. 이것을 $2p^2 = q^2$에 대입하면 $p^2 = 2m^2$이 되고 같은 이유로 p도 짝수이다. 즉, $p = 2n$이 되는 정수 n이 존재한다. 결국 $\dfrac{q}{p} = \dfrac{m}{n}$이 되어 $\dfrac{q}{p}$가 기약분수라는 사실에 모순된다. 그러므로 $\sqrt{2}$는 무리수이다.

참고

r이 3의 배수가 아니면 r^2도 3의 배수가 아니다.

PROBLEM 문제 •12 예제 21을 이용하여 다음이 무리수임을 보여라.

(1) $\sqrt{3}$ (2) $1 + \sqrt{2}$

실수와 수직선은 매우 깊은 관계가 있다. 그림 1.1과 같이 수직선 위의 임의의 점을 원점(origin) 0로 택하면, 임의의 실수는 수직선 위의 한 점으로 대응시킬 수 있으며, 수직선 위의 임의의 한 점은 하나의 실수에 대응시킬 수 있다. 이러한 것을 **일대일 대응**(one to one correspondence)이라 하며 모든 실수를 수직선 위에 표현할 수 있다.

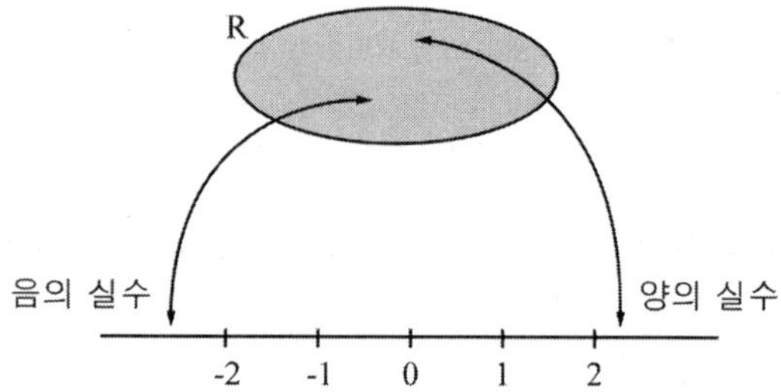

그림 1.1 직선과 실수의 일대일 대응

수직선 위의 한 점에 대응하는 수를 그 **점의 좌표**(coordinate)라 하며, 이러한 모든 점의 좌표 설정을 한 수직선을 **좌표계**(coordinate system)라 한다. 일반적으로 수직선 위의 원점을 0으로 하고 그 왼쪽을 음의 실수(또는 음수), 그 오른쪽을 양의 실수(양수)라고 한다. 0은 음도 양도 아닌 유일한 실수이다.

정의
$a-b=0$이면 $a=b$
$a-b>0$이면 $a>b$

실수 a와 b에 대하여 $a-b=0$이면 a와 b는 **같다**(또는 b는 a와 같다)라고 하며 $a=b$로 나타낸다.

실수 a와 b에 대하여 $a-b>0$(또는 $a-b<0$)이면 a는 b**보다 크다**(또는 b가 a보다 작다)라고 하며 $a>b$(또는 $b<a$)와 같이 나타낸다.

정리 1.1

실수 a, b, c는 다음과 같은 성질이 있다.

(1) $a<b$, $b<c$이면 $a<c$

(2) $a<b$이면 $a+c<b+c$

(3) $a<b$이고 $c>0$이면 $ac<bc$

(4) $a<b$이고 $c<0$이면 $ac>bc$

$a=b$이거나 또는 $a<b$이면 $a \leqq b$ 또는 $a \le b$라고 한다. 두 개 이상의 부등식 $a<b<c$는 $a<b$이고 $b<c$임을 뜻한다. 부등식 $a \le b < c$, $a \le b \le c$도 같은 의미를 갖는다.

실수 a, b에 대하여 다음과 같이 **구간**(interval)을 정의한다.

(1) $(a, b)=\{x \mid a<x<b\}$, 열린구간(open interval)
(2) $[a, b]=\{x \mid a \le x \le b\}$, 닫힌구간(closed interval)
(3) $[a, b)=\{x \mid a \le x < b\}$, 반구간(half interval)
(4) $(a, b]=\{x \mid a < x \le b\}$, 반구간(half interval)
(5) $(a, \infty)=\{x \mid a<x\}$, $[a, \infty)=\{x \mid a \le x\}$
(6) $(-\infty, a)=\{x \mid x<a\}$, $(-\infty, a]=\{x \mid x \le a\}$
(7) $(-\infty, \infty)=R$

실수 x에 대하여 x의 **절댓값**(absolute value)을 $|x|$로 나타내고 다음과 같이 정의한다.

$$|x|=\begin{cases} x, & x \ge 0 \\ -x, & x<0 \end{cases}$$

예제 •22 EXAMPLE (1) $|2|=2$, $|-2|=2$, $|0|=0$,
(2) $|\sqrt{3}-3|=3-\sqrt{3}$

정리 1.2

절댓값은 다음과 같은 성질을 갖는다.
(1) $|x|=|-x|$, $|xy|=|x|\,|y|$
(2) $|x|<a \Leftrightarrow -a<x<a$
(3) $|x|>y>0 \Leftrightarrow x>y$ 또는 $x<-y$
(4) $x=|a| \Leftrightarrow x=a$ 또는 $x=-a$

정리 1.3 삼각부등식

모든 실수 x, y에 대하여 다음이 성립한다.

$$|x+y| \le |x|+|y|$$

직선 위의 두 점 $A(a)$와 $B(b)$ 사이의 **거리**(distance)를 $d(A,\ B)$ 라고 나타내며 다음과 같이 정의한다.

$$d(A,\ B) = |b-a|$$

따라서 다음을 알 수 있다.

$$d(A,\ B) = d(B,\ A),\ d(A,\ 0) = |a|$$

예제 EXAMPLE •23 세 점 $A(-3)$, $B(2)$, $C(5)$에 대하여

$$d(A,\ B) = 5,\ d(B,\ 0) = 2,$$
$$d(A,\ C) = 8,\ d(0,\ A) = 3$$

이 성립한다.

S에 속하는 a, b에 대하여 $a \circ b$가 S에 속하면 S는 연산 $\circ$에 대하여 **닫혀 있다**(closed)고 한다. 따라서 자연수는 덧셈과 곱셈에 대하여 닫혀 있고, 정수는 덧셈과 뺄셈 그리고 곱셈에 대하여 닫혀 있다. 유리수와 실수는 덧셈과 뺄셈 그리고 곱셈과 나눗셈에 대하여 모두 닫혀 있다.

예제 EXAMPLE •24 짝수는 덧셈과 곱셈에 대하여 닫혀 있음을 보여라.

풀이

a와 b를 짝수라 하자. 그러면 $a=2n$, $b=2m$이 되는 적당한 자연수 m, n이 있다.

$$a+b = 2n+2m = 2(n+m)$$

이고 $n+m$은 자연수이므로 $a+b$도 짝수이다. 같은 방법으로 ab도 짝수이다.

PROBLEM 문제 •13 다음은 덧셈과 곱셈에 대하여 닫혀 있음을 보여라.

(1) 3의 배수

(2) $\{a+b\sqrt{2}\,|\,a,\, b\in N\}$

이것만은 알기!! ~모르면, 다시 한번 처음으로

(1) 유리수와 무리수의 차이점은 무엇인가?
(2) 실수란 무엇인가?
(3) 절댓값은 어떻게 정의하는가?
(4) '닫혀 있다'란 무슨 뜻인가?

1.4 복소수

0이 아닌 실수를 제곱하면 항상 양수가 되므로 제곱해서 음수가 되는 수는 실수가 될 수 없다. 따라서 어떤 수를 제곱해서 -1이 되는 수를 i라고 하면 이 수는 실수가 아니다. $i^2=-1$이므로

참고

$\sqrt{-a}=\sqrt{a}i,\ a>0$

$i^2=-1,\ i^3=-1,\ i^4=1$

$$i=\sqrt{-1}$$

과 같이 나타낼 수 있다.

임의의 실수 a, b에 대하여 $a+bi$로 표현되는 수를 **복소수**(complex number)라고 한다. 실수가 아닌 복소수, 즉 $b\neq 0$인 경우 **허수**(imaginary number)라 하고, $a=0$이고 $b\neq 0$인 경우 순허수라 한다. 복소수를 보통 C로 나타내며, 임의의 실수 a, b에 대하여 $a+bi$로 표현한다.

정의

임의의 실수 a, b에 대하여 $a+bi$로 표현되는 수를 복소수라 한다.

복소수 $z=a+bi$에서 a를 z의 **실수부분**(real part), b를 **허수부분**(imaginary part)이라 한다.

따라서 수는 다음과 같이 분류된다.

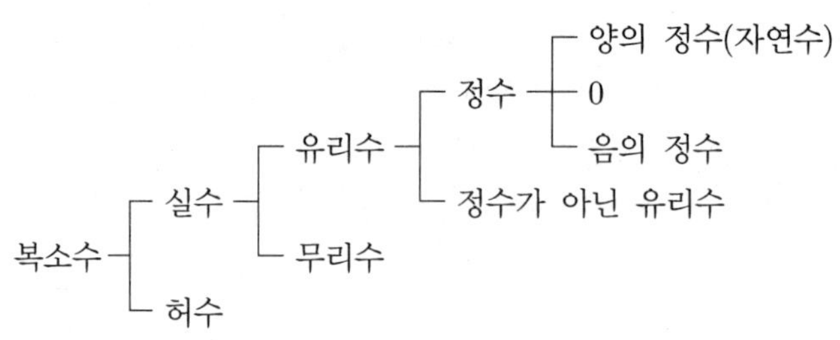

실수 a, b, c, d에 대하여

$$a+bi=c+di \Leftrightarrow a=c,\ b=d$$

라고 정의한다.

따라서 $a+bi=0$이면 $a=0$, $b=0$이다.

$i^2=-1$이므로 복소수의 연산은 다음과 같다.

정리 1.4

실수 a, b, c, d에 대하여

(1) $(a+bi)+(c+di)=(a+c)+(d+b)i$

(2) $(a+bi)-(c+di)=(a-c)+(d-b)i$

(3) $(a+bi)(c+di)=(ac-bd)+(ad+bc)i$

참고

복소수의 연산은 실수의 연산과 똑같은 성질을 갖고 있다.

예제 EXAMPLE •25 (1) $(3+2i)+(-1+i)=2+3i$

(2) $(3+2i)(-1+i)=(-3-2)+(-2+3)i$

$$=-5+i$$

문제 PROBLEM •14 다음을 구하여라.

(1) $(2+2i)-(-1+3i)$

(2) $(2+2i)(-1+3i)$

(3) $(1+i)^2$

복소수 $\bar{z}=a-bi$를 복소수 $z=a+bi$의 **켤레복소수**(conjugate)라 한다. $z=a+bi$이면

$$z+\bar{z}=2a,\ z-\bar{z}=2bi,\ z\bar{z}=a^2+b^2$$

가 된다. $|z|=\sqrt{z\bar{z}}=\sqrt{a^2+b^2}$을 z의 **크기**(magnitude)라 한다.

참고

복소수와 켤레복소수의 합과 곱은 항상 실수가 된다.

예제 EXAMPLE •26 $z=3+4i$이면 $|z|=5$이다.

정리 1.5

복소수 $z,\ w$에 대하여 다음이 성립한다.

(1) $\overline{z+w}=\bar{z}+\bar{w}$

(2) $\overline{zw}=\bar{z}\,\bar{w}$

정리 1.5에 의하여 복소수의 나눗셈은 다음과 같이 된다.

$$\begin{aligned}\frac{a+bi}{c+di} &= \frac{(a+bi)(c-di)}{(c+di)(c-di)}\\ &= \frac{(ac+bd)+(bc-ad)i}{c^2+d^2}\\ &= \frac{ac+bd}{c^2+d^2}+\frac{bc-ad}{c^2+d^2}i\end{aligned}$$

단, $c+di \neq 0$이다.

문제 PROBLEM •15 $z=3+4i,\ w=2-i$일 때 다음을 구하여라.

(1) $|z|, |w|$ (2) $\dfrac{\overline{w}}{\overline{z}}, \overline{\left(\dfrac{w}{z}\right)}$

$i^2=-1$이고 $(-i)^2=-1$인 것과 같이 -1의 제곱근은 $\pm i$ 두 개가 된다. 양수 $a>0$에 대하여 $\sqrt{-a}=\sqrt{a}\,i$이므로 음수 $-a$의 제곱근은 $\pm\sqrt{a}\,i$ 두 개이다.

예제 EXAMPLE •27 (1) -4의 제곱근은 $\pm 2i$

(2) -3의 제곱근은 $\pm\sqrt{3}\,i$

문제 PROBLEM •16 다음을 간단히 계산하여라.

(1) i^{23} (2) $\sqrt{-6}\sqrt{-24}$

(3) $\dfrac{1-2\sqrt{-3}}{1+\sqrt{-3}}$ (4) $\left|\dfrac{1-2\sqrt{-3}}{1+\sqrt{-3}}\right|$

이것만은 알기!! ~모르면, 다시 한번 처음으로

(1) 복소수란 무엇인가?
(2) 허수란 무엇인가?
(3) 켤레복소수란 무엇인가?

요약정리

이 장을 끝내기 전에 다음 용어와 기호에 익숙해져 있는지 알아보자.

용어	정의
약수	나눌 수 있는 수
배수	나누어지는 수
짝수	2의 배수인 자연수
홀수	2의 배수가 아닌 자연수
소수	약수가 1과 자기 자신 뿐인 수
합성수	자신과 다른, 두 수의 곱으로 표현할 수 있는 수
거듭제곱	a^n, a를 밑수, n을 지수
소인수	소수인 약수
소인수분해	소인수만의 곱으로 표현하는 것
공약수	서로 공통으로 갖고 있는 약수
최대공약수	공약수 중에서 제일 큰 수
서로 소	공약수가 1뿐인 수
공배수	서로 공통으로 갖고 있는 배수
최소공배수	공배수 중에서 제일 작은 수
유리수	정수를 0이 아닌 정수로 나눈 수, 분수
절댓값	음의 부호를 뺀 크기
항등원	아무런 변화를 주지 않는 수
역원	항등원을 만들어 주는 수
무리수	순환마디가 없는 무한소수
실수	유리수와 무리수의 통칭
복소수	실수 a, b에 대하여 $a+bi$, $i=\sqrt{-1}$

연습문제

1. 다음 수의 최대공약수를 구하여라.

(1) 8, 12 (2) 20, 30, 60

(3) 120, 150, 200, 350

2. 다음 수의 최소공배수를 구하여라.

(1) 8, 12 (2) 20, 30, 60

(3) 120, 150, 200, 350

3. 다음 수에 어떤 수를 곱하면 완전제곱수가 된다. 그러한 최소의 수를 구하여라.

(1) 12 (2) 240

(3) 1250

4. 다음 소수를 분수로 바꾸어라.

(1) $1.1111\cdots$ (2) $0.1010\cdots$

(3) $9.9999\cdots$

5. 다음 실수의 덧셈과 곱셈에 대한 역원을 구하여라.

(1) $3\sqrt{5}$ (2) $3+\sqrt{8}$

6. 실수 a, b에 대하여 $a*b=a+b-3$이라고 정의한다.

(1) 실수는 연산 $*$에 대하여 닫혀 있는가?

(2) 연산 $*$에 대한 항등원을 구하여라.

(3) 연산 $*$에 대한 1의 역원을 구하여라.

7. $\sqrt{5}$가 무리수임을 이용하여 다음 수가 무리수임을 증명하여라.

(1) $3+\sqrt{5}$ (2) $\sqrt{45}$

8. 다음을 계산하여라.

(1) $(2-3i)^2$　　(2) $(5+\sqrt{-3})(2-\sqrt{-2})$

(3) $|2-7i|$　　(4) $\dfrac{1+i}{4-3i}$

(5) $1+\dfrac{1}{i}+\dfrac{1}{i^2}+\dfrac{1}{i^3}$　　(6) $\left(\dfrac{1-i}{1+i}\right)^{100}$

9. 다음 복소수의 덧셈과 곱셈에 대한 역원을 구하여라.

(1) $\sqrt{2}+i$　　(2) $\dfrac{2+i}{1-i}$

10. 다음 등식을 만족하는 실수 x, y를 구하여라.

(1) $x-yi=2+(x+3y)i$

(2) $(2-i)x+(1+i)y=-2+3i$

대학기초수학

다항식과 나눗셈정리

다항식, 차수, 항등식, 나눗셈정리, 나머지정리, 인수정리, 근, 대수학의 기본정리 유리식,
분수식, 기약분수식, n 제곱근, 근호, 이중근호, 무리식, 유리화
이 장에서 배울 기본개념

CHAPTER 02

2.1 다항식

수 또는 문자의 곱의 합으로 이루어진 식을 **다항식**(polynomial)이라 한다. 일반적으로 다항식은 다음과 같은 형태이다.

$$a_0 + a_1x + a_2x^2 + \cdots + a_nx^n$$

여기서 $a_0, a_1, a_2, \cdots, a_n$는 수이고 계수라 하며 x는 문자이다. $a_n \neq 0$이면 이 식을 x에 관하여 n차 다항식이라 한다. 이 다항식을 $p(x)$로 나타내면 **차수**(degree)는 $\deg p(x) = n$으로 나타낸다. 차수가 0이면 상수를 나타낸다.

참고

다항식의 표현방법
(1) 숫자와 문자, 문자와 문자 사이의 곱셈기호는 생략한다.
(2) 수와 수의 곱은 그 사이에 · 을 사용한다.
(3) 1 또는 −1과 문자의 곱에서 1을 생략한다.
(4) 같은 문자의 곱은 거듭제곱의 꼴로 나타낸다.
(5) 나눗셈기호는 생략하고 분수의 꼴로 나타낸다.

예제 EXAMPLE ·1

(1) $p(x) = x^2 - 2x + 1$은 2차 다항식, $\deg p(x) = 2$
(2) $q(x) = 2x^3 - 2x + 1$은 3차 다항식, $\deg q(x) = 3$
(3) $r(x) = 3$은 0차 다항식, $\deg r(x) = 0$

예제 EXAMPLE ·2

$x^2y - 2xy^3 + 1$은 x에 관하여 2차 다항식, y에 관하여 3차 다항식이다.

문제 PROBLEM ·1

다음 다항식은 x 또는 y에 관하여 몇 차인가?

(1) $ax^2 - 2x + b$
(2) $3x^5y + 2xy^3 - y$
(3) $x^2y - 2xy^3 + 1$
(4) $x^3y^2 - 2x^2y^3 + xy^4$

다항식의 항 중에서 어떤 문자에 대한 차수가 같은 항을 **동류항**이라 하며, 동류항끼리는 덧셈과 뺄셈을 할 수 있다.

예제 •3 (EXAMPLE) 동류항의 모음

(1) $x^2 - 2x + 1 + 3x - 2x^2 = -x^2 + x + 1$

(2) $2x^3 + x^2 - 2x + 1 - x^3 - x^2 - 3 = x^3 - 2x - 2$

참고

동류항은 차수가 같은 항을 말한다.

다항식을 표현하는 방법에는 동류항을 정리하여 차수가 큰 순서대로 정리하는 방법을 **내림차순**이라 하며, 차수가 작은 것부터 정리하는 방법을 **올림차순**이라 한다.

예제 •4 (EXAMPLE) 내림차순과 올림차순

(1) $-x^2 + x + 1$ 내림차순, $1 + x - x^2$ 올림차순

(2) $x^3 - 2x - 2$ 내림차순, $-2 - 2x^2 + x^3$ 올림차순

다항식은 덧셈에 관하여 다음과 같은 교환법칙과 결합법칙이 성립하므로 다항식끼리 더하면 다항식이 된다.

$$p(x) + q(x) = q(x) + p(x)$$
$$(p(x) + q(x)) + r(x) = p(x) + (q(x) + r(x))$$

수와 같은 지수법칙에 의하여 다항식의 곱셈은 계산할 수 있다. 단 m, n은 자연수이다.

$$x^m x^n = x^{m+n},\ (x^m)^n = x^{mn},\ (xy)^n = x^n y^n$$

위 식에 의하여 다항식끼리 곱하면 다항식이 되고 다항식 사이에는 곱셈에 관하여 다음과 같은 교환법칙, 결합법칙 그리고 분배법칙이 성립한다.

$$p(x)q(x) = q(x)p(x)$$
$$(p(x)q(x))r(x) = p(x)(q(x)r(x))$$
$$(p(x) + q(x))r(x) = p(x)r(x) + q(x)r(x)$$

곱셈공식 1

$$(ax+b)(cx+d)=acx^2+(ad+bc)x+bd$$

예제 5 곱셈공식 1의 응용

(1) $(x+a)(x+b)=x^2+(a+b)x+ab$

(2) $(x+y)^2=x^2+2xy+y^2$

(3) $(x-y)^2=x^2-2xy+y^2$

(4) $(x+y)(x-y)=x^2-y^2$

곱셈공식 2

$$(x+y)^3=x^3+3x^2y+3xy^2+y^3$$

$$(x+y)(x^2-xy+y^2)=x^3+y^3$$

예제 6 곱셈공식 2의 응용

(1) $(x-y)^3=x^3-3x^2y+3xy^2-y^3$

(2) $(x-y)(x^2+xy+y^2)=x^3-y^3$

(3) $(x+y+z)^2=x^2+y^2+z^2+2(xy+yz+zx)$

일반적으로 $(x+y)^n$을 내림차순으로 전개하면, 각 계수는 다음 파스칼의 삼각형의 계수를 따른다.

1 1

1 2 1

1 3 3 1

1 4 6 4 1

⋮

P문제 ROBLEM •2 파스칼의 삼각형을 이용하여 $(x+y)^5$를 전개하여라.

지수가 음의 정수일 때 다음과 같이 정의한다.

$$x^{-n} = \frac{1}{x^n},\ n > 0$$

그러면 단항식의 나눗셈은 다음과 같은 공식에 의하여 계산된다.

$$x^m \div x^n = \frac{x^m}{x^n} = x^m x^{-n} = x^{m-n}$$

따라서 $x^0 = 1$이 된다. 이 정의에 의하여 임의의 정수 m, n에 대하여 다음 지수법칙이 성립한다.

$$x^m x^n = x^{m+n},\ (x^m)^n = x^{mn},\ (xy)^n = x^n y^n$$

이것만은 알기!! ~모르면, 다시 한번 처음으로

(1) 다항식이란 무엇인가?
(2) 다항식의 차수는 어떻게 구하는가?
(3) 올림차순과 내림차순은 어떻게 다른가?

2.2 나눗셈정리

어떤 값에 대하여 만족하는 식을 방정식이라 하는 반면, 모든 값에 대하여 만족하는 식을 **항등식**이라 한다. 예를 들면 $x^2-2x+1=0$은 $x=1$에 대해서만 만족하므로 방정식이나, 다른 값에 대하여는 만족하지 않으므로 항등식이 아니다. 그러나

$$x^3-1=(x-1)(x^2+x+1)$$

은 모든 값 x에 대하여 만족하므로 항등식이다. 모든 값 x에 대하여 $ax^2+bx+c=0$라 하자. 그러면 $x=0,\ 1,\ -1$에 대하여도 이 식을 만족하므로

$$a=b=c=0$$

이 된다. 그러므로 다음과 같은 정리가 성립한다.

정리 2.1

항등식 $a_0+a_1x+a_2x^2+\cdots+a_nx^n=0$이 성립하면 모든 계수는 0이다. 즉

$$a_0=a_1=a_2=\cdots=a_n=0$$

예제 •7 (EXAMPLE) $x^2+ax-3=(x-1)(x+3)$이 항등식이 되려면 상수 a의 값은 얼마인가?

풀이

$(x-1)(x+3)=x^2+2x-3$이므로 정리 2.1에 의하여 $a=2$이다.

차수가 큰 다항식을 그 보다 작은 차수의 다항식으로 나누면 다음과 같은 정리가 성립한다.

정리 2.2 나눗셈정리

$p(x)$와 $a(x)$를 다항식이라고 하자. $\deg a(x) < \deg p(x)$이면 다음을 만족하는 다항식 $q(x)$와 $r(x)$가 존재한다.

$$p(x) = q(x)a(x) + r(x)$$

단, $\deg p(x) = \deg a(x) + \deg q(x)$,

$$0 \leqq \deg r(x) < \deg a(x)$$

나눗셈정리에서 $q(x)$를 몫, $r(x)$를 나머지라 한다. 나머지 $r(x)=0$이면 다항식 $p(x)$는 $a(x)$로 나누어진다고 한다.

예제 EXAMPLE •8
(1) $x^2+x+1=(x+1)x+1$
(2) $x^3-1=(x-1)(x^2+x+1)$

문제 PROBLEM •3 다항식 x^3+ax^2+bx+2가 x^2+x+1로 나누어떨어지려면 상수 a, b의 값은 얼마인가?

다항식 $p(x)$를 $x-a$로 나누면 나눗셈정리로부터 나머지는 상수가 된다.

정리 2.3 나머지정리

다항식 $p(x)$를 $x-a$로 나누면 나머지는 $r=p(a)$이다.

문제 PROBLEM •4 $p(x)=x^3+2x+1$을 다음으로 나눌 때 나머지를 구하여라.

(1) $x-1$　　(2) $x+2$

(3) $2x-1$

다항식 $p(x)$가 $x-a$로 나누어진다고 하자. 그러면

$$p(x)=(x-a)q(x)$$

이므로 $p(a)=0$이다. 역으로 $p(a)=0$라고 하자. 그러면

$$p(x)=(x-a)q(x)+r$$

이므로 $r=0$이다. 따라서 다음 정리가 성립한다.

정리 2.4 인수정리

다항식 $p(x)$가 $x-a$로 나누어지기 위한 필요충분조건은 $p(a)=0$이다.

Example 예제 •9 $p(x)=x^3+2x^2-4x+c$를 $x-1$로 나누어지려면 c는 얼마인가?

풀이

$p(1)=0$이어야 하므로 $-1+c=0$이다. 따라서 $c=1$이다.

Problem 문제 •5 $p(x)=x^3+2x^2-cx+1$가 $x-1$로 나누어떨어지려면 c는 얼마인가?

다항식 $p(x)$에서 $p(a)=0$이 성립하면 $x=a$를 $p(x)$의 **근**(root) 또는 **해**(solution)라 한다.

정의

$p(a)=0$가 성립하면 $x=a$를 다항식 $p(x)$의 근 또는 해라 한다.

정리 2.5 대수학의 기본정리

n차 방정식은 n개의 복소수 근을 갖는다. 단, 중복된 근은 중복된 수를 개수로 한다.

대수학의 기본정리에 의하여 다항식은 다음과 같이 표현할 수 있다.

$$p(x) = a(x - x_1)(x - x_2) \cdots (x - x_n)$$

단, x_1, x_2, $\cdots$, x_n은 복소수이다.

이것만은 알기!! ~모르면, 다시 한번 처음으로

(1) 항등식이란 무엇인가?
(2) 나눗셈정리를 설명하여라?
(3) 나머지정리와 인수정리는 어떻게 다른가?
(4) 대수학의 기본정리를 설명하여라.

2.3 조립제법

다항식 $p(x)$를 $x-a$로 나눌 때 그 몫과 나머지를 구해보자. 예를 들면, $p(x)=2x^4-3x^2+3x-4$를 $x+2$로 나누면 다음과 같다.

$$
\begin{array}{r|l}
 & 2x^3-4x^2+5x-7 \\ \hline
x+2 & 2x^4-3x^2+3x-4 \\
 & 2x^4+4x^3 \\ \cline{2-2}
 & \quad -4x^3-3x^2+3x-4 \\
 & \quad -4x^3-8x^2 \\ \cline{2-2}
 & \qquad\qquad 5x^2+\ \ 3x-4 \\
 & \qquad\qquad 5x^2+10x \\ \cline{2-2}
 & \qquad\qquad\qquad -7x-\ \ 4 \\
 & \qquad\qquad\qquad -7x-14 \\ \cline{2-2}
 & \qquad\qquad\qquad\qquad 10
\end{array}
$$

따라서

$$p(x)=(x+2)(2x^3-4x^2+5x-7)+10$$

이 된다. 여기서 10은 나머지로 $p(-2)$와 같다.

문제 •6 $p(x)=3x^2+10x+25$를 $x-3$으로 나누어 그 몫과 나머지를 구하여라.

나누는 과정을 잘 살펴보면 다항식을 내림차순으로 적은 후 계수만 갖고 계산하므로 다음과 같이 할 수 있다.

$$
\begin{array}{r|rrrrr}
 & 2 & 0 & -3 & 3 & -4 \\
-2 & & -4 & 8 & -10 & 14 \\ \hline
 & 2 & -4 & 5 & -7 & 10
\end{array}
$$

앞의 표에서 맨 왼쪽에 있는 상수 -2는 $x+2=0$의 근이고, 아래에 나온 상수 2, -4, 5, -7은 몫의 계수가 되며 마지막 상수 10은 나머지로 $p(-2)$이다.

문제 •7 $p(x)=3x^2+10x+25$에서 $p(2)$를 위의 방법으로 구하여라.

위와 같이 구하는 방법을 **조립제법**(synthetic division)이라 하며 다음과 같은 정리가 성립된다.

정리 2.6 조립제법

다항식 $p(x)=a_nx^n+a_{n-1}x^{n-1}+\cdots+a_1x+a_0$에서 $b_n=a_n$, $b_k=a_k+ab_{k+1}$, $k=n-1, \cdots, 1, 0$라 하고 $q(x)=b_nx^{n-1}+b_{n-1}x^{n-2}+\cdots+b_2x+b_1$이라 정의하면

$$p(x)=(x-a)q(x)+b_0$$

이 된다. 이때 $b_0=p(a)$이다.

증명 $q(x)$의 정의에 의하여

$$\begin{aligned}
&(x-a)q(x)+b_0\\
&=(x-a)(b_nx^{n-1}+b_{n-1}x^{n-2}+\cdots+b_2x+b_1)+b_0\\
&=b_nx^n+b_{n-1}x^{n-1}+\cdots+b_2x^2+b_1x\\
&\quad -a(b_nx^{n-1}+b_{n-1}x^{n-2}+\cdots+b_2x+b_1)+b_0\\
&=b_nx^n+(b_{n-1}-ab_n)x^{n-1}+\cdots\\
&\quad +(b_1-ab_2)x+(b_0-ab_1)
\end{aligned}$$

이다. $b_n=a_n$, $b_k=a_k+ab_{k+1}$, $k=n-1, \cdots, 1, 0$이므로 $b_k-ab_{k+1}=a_k$이다. 그러므로

$$\begin{aligned}
(x-a)q(x)+b_0&=a_nx^n+a_{n-1}x^{n-1}+\cdots+a_1x+a_0\\
&=p(x)
\end{aligned}$$

이고 $p(a)=b_0$가 된다.

정리 2.6에 의하면 1차 이상의 다항식 $p(x)$는 $p(x)=(x-a)q(x)+p(a)$로 표현할 수 있고, 몫 $q(x)$와 나머지 $p(a)$는 조립제법에 의해 구할 수 있다.

예제 •10 EXAMPLE $p(x)=2x^4-3x^2+3x-4$에서 $p(-2)$를 구하여라.

풀이

$a=-2,\ a_4=2,\ a_3=0,\ a_2=-3,\ a_1=3,\ a_0=-4$이고

$b_k=a_k+ab_k,\ k=3,\ 2,\ 1,\ 0$이므로

$$
\begin{aligned}
b_4 &= 2\\
b_3 &= a_3+b_4a=0+2(-2)=-4\\
b_2 &= a_2+b_3a=-3-4(-2)=5\\
b_1 &= a_1+b_2a=3+5(-2)=-7\\
b_0 &= a_0+b_1a=-4-7(-2)=10
\end{aligned}
$$

이다. 따라서 $p(-2)=10$이고 $q(x)=2x^3-4x^2+5x-7$이다.

정리 2.6에 의하면 예제 10의 계산을 다음과 같이 설명할 수 있나. 다항식의 계수를 내림차순으로 나열한 후, 처음 a_n은 그대로 내려오고 그 다음부터는 왼쪽 옆에 있는 $a=-2$를 아래에 놓여 있는 b_n과 곱한 결과를 a_{n-1} 아래에 넣고 그 결과와 a_{n-1}를 더하여 그 아래에 넣는 과정을 되풀이한다. 즉,

$$
\begin{array}{r|rrrrr}
 & 2 & 0 & -3 & 3 & -4\\
-2 & & -4 & 8 & -10 & 14\\
\hline
 & 2 & -4 & 5 & -7 & 10
\end{array}
$$

P문제 •8 $f(x) = x^4 - 3x^3 + 3x - 4$를 $x - 3$으로 나눌 때 그 몫과 나머지를 구하여라.

P문제 •9 조립제법을 이용하여 $f(x) = x^5 - 3x^3 + 3x - 4$에서 $f(2)$를 구하여라.

P문제 •10 조립제법을 이용하여 $f(x) = 2x^4 - 3x^3 + 3x + k$가 $x + 1$로 나누어떨어지도록 상수 k를 구하여라.

이것만은 알기!! ~모르면, 다시 한번 처음으로

(1) 조립제법을 설명하여라.

2.4 유리식

다항식을 0이 아닌 다항식으로 나눈 식을 **유리식**(rational expression)이라한다. 즉 $p(x)$, $q(x)$는 다항식이고 $q(x) \neq 0$라 하자. 그러면 아래와 같은 형태의 식을

$$\frac{p(x)}{q(x)}$$

유리식이라 한다. 특히 $\deg q(x) \geq 1$인 유리식을 **분수식**(fractional expression)이라 한다.

참고
$\deg q(x) = 0$(또는 $q(x)$가 상수)이면 유리식은 다항식이 된다.

예제 •11 (EXAMPLE) 유리식의 종류

(1) $\dfrac{x+1}{x^2+x+1}$, $\dfrac{1}{x}$ 분수식

(2) $\dfrac{x^2-x+2}{4}$ 다항식

유리식의 분모, 분자에 0이 아닌 다항식을 곱하거나 나누어도 같다. 즉 $r(x) \neq 0$이면

$$\frac{p(x)}{q(x)} = \frac{p(x)r(x)}{q(x)r(x)}$$

이다. 분모와 분자가 더 이상 공통으로 갖는 다항식이 없는 경우 이 식을 기약분수식이라 한다.

참고
분수에서 분모와 분자의 공약수가 1 외에는 없는 분수를 기약분수라 한다.

예제 •12 (EXAMPLE) 다음 식을 기약분수식으로 만들어라.

(1) $\dfrac{3ax^2y^3}{axy} = 3xy^2$ (2) $\dfrac{x^2-x+2}{x-2} = x+1$

문제 •11 (PROBLEM) 다음 식을 기약분수식으로 만들어라.

(1) $\dfrac{2a^3x^2y^2}{a^2xy^2}$ (2) $\dfrac{x^3-8}{x-2}$

유리식끼리의 사칙연산은 유리수의 사칙연산과 똑같다. $p(x)$, $q(x)$, $r(x)$, $s(x)$는 다항식이고, $q(x)\neq 0$, $s(x)\neq 0$라 하자. 그러면

$$\frac{p(x)}{q(x)}\pm\frac{r(x)}{q(x)}=\frac{p(x)\pm r(x)}{q(x)}$$

$$\frac{p(x)}{q(x)}\cdot\frac{r(x)}{s(x)}=\frac{p(x)r(x)}{q(x)s(x)}$$

나눗셈의 경우는 그 역수를 곱하면 된다.

참고

유리식 $\frac{p(x)}{q(x)}$의 역수는 $\frac{q(x)}{p(x)}$이다.

예제 •13 EXAMPLE

(1) $\dfrac{x^2-2x+1}{x^2-2x-3}\cdot\dfrac{x^2-3x}{x^2+x-2}$

$$=\frac{(x-1)^2}{(x-3)(x+1)}\cdot\frac{x(x-3)}{(x+2)(x-1)}$$

$$=\frac{(x-1)x}{(x+1)(x+2)}$$

(2) $$1-\cfrac{1}{1-\cfrac{1}{1-x}}=1-\cfrac{1}{-\cfrac{x}{1-x}}=1+\frac{1-x}{x}$$

$$=\frac{1}{x}$$

문제 •12 PROBLEM 다음을 계산하여라.

(1) $\dfrac{x^3+1}{x^2+2x-3}\cdot\dfrac{x^2-x}{x^2-x+1}$

(2) $1+\cfrac{1}{1+\cfrac{1}{1+\cfrac{1}{x}}}$

이것만은 알기!! ~모르면, 다시 한번 처음으로

(1) 유리식과 분수식의 차이점은 무엇인가?
(2) 기약분수식이란 무엇인가?

2.5 무리식

실수 b와 자연수 n에 대하여 $x^n = b$를 만족하는 수 x를 b의 n **제곱근**(nth root)이라 한다. n이 짝수이고 $b > 0$이면

$$x = \pm \sqrt[n]{b} \text{ 또는 } \pm b^{\frac{1}{n}}$$

로 나타낸다. 즉 $(\sqrt[n]{b})^n = b$이다. n이 짝수이고 $b < 0$이면 제곱해서 음수인 실수는 존재하지 않으므로 실수 내에서는 음수 b의 n 제곱근이 존재하지 않는다.

n이 홀수이고 $b > 0$이면 $x = \sqrt[n]{b}$, $b < 0$이면 $x = -\sqrt[n]{-b}$이다.

$n = 2$일 때는 단순히 제곱근(square root), $n = 3$일 때는 세제곱근이라고 한다. 양수 a의 제곱근(square root)은 $\sqrt{a}$와 $-\sqrt{a}$로 나타내며 이때 $\sqrt{\ }$를 **근호**라 한다.

예제 EXAMPLE •14 실수의 범위에서

(1) 4의 제곱근은 2, -2

(2) 8의 세제곱근은 2

(3) 81의 네제곱근은 3, -3

(4) -27의 세제곱근은 -3

문제 PROBLEM •13 복소수의 범위에서

(1) 8의 세제곱근을 모두 구하여라.

(2) 81의 네제곱근을 모두 구하여라.

(3) -27의 세제곱근을 모두 구하여라.

정수 m, n에 대하여 $\left(x^{\frac{1}{n}}\right)^m = x^{\frac{m}{n}}$으로 정의하면

$$\sqrt[n]{x^m} = x^{\frac{m}{n}} = (\sqrt[n]{x})^m$$

이다. 따라서 임의의 유리수 p, q에 대하여 다음 지수법칙이 성립한다.

$$x^p x^q = x^{p+q},\ (x^p)^q = x^{pq},\ (xy)^p = x^p y^q$$

참고

유리수 p는 분수 $\dfrac{m}{n}$로 표현된다.

따라서 다음이 성립한다.

$$\sqrt[n]{x}\,\sqrt[n]{y} = \sqrt[n]{xy},\ \frac{\sqrt[n]{x}}{\sqrt[n]{y}} = \sqrt[n]{\frac{x}{y}}$$

참고

$\sqrt{a^2}=|a|$

정리 2.7

$\sqrt[n]{a^n}$은 n이 짝수이면 $|a|$, 홀수이면 a이다.

예제 EXAMPLE •15 $\sqrt[4]{(-2)^4}=|-2|=2,$

$\sqrt[3]{-8}=\sqrt[3]{(-2)^3}=-2$

문제 PROBLEM •14 $-2<a<1$일 때 다음 식을 간단히 하여라.

$$\sqrt{a^2+4a+4}-\sqrt{a^2-2a+1}$$

$a^2-b^2=(a+b)(a-b)$를 이용하면 근호가 포함되어 있는 식에서 근호를 없앨 수 있다. 즉 분모에 근호가 들어 있는 식의 분자와 분모에 적당한 수나 식을 곱하면 분모에 근호가 포함되지 않는 수나 식으로 바꿀 수 있다. 이와 같은 과정을 분모의 **유리화**라고 한다.

예제 EXAMPLE •16 유리화

$$\frac{2}{\sqrt{2}-\sqrt{3}} = \frac{2(\sqrt{2}+\sqrt{3})}{(\sqrt{2}-\sqrt{3})(\sqrt{2}+\sqrt{3})} = -2(\sqrt{2}+\sqrt{3})$$

문제 •15 다음을 간단히 하여라.

(1) $\dfrac{1-\sqrt{2}+\sqrt{3}}{1+\sqrt{2}-\sqrt{3}}$

(2) $\dfrac{\sqrt{2}+\sqrt{3}}{\sqrt{2}-\sqrt{3}}+\dfrac{\sqrt{5}+\sqrt{3}}{\sqrt{5}-\sqrt{3}}$

근호 안에 문자가 포함되어 있는 식으로 유리식으로 나타낼 수 없는 식을 **무리식**(irrational expression)이라 한다. 분모에 근호를 포함하는 식이 있으면 분모와 분자에 적당한 식을 곱하는 유리화 과정을 거쳐 분모가 근호를 포함하지 않는 식으로 만들 수 있다. 무리식을 계산할 때는 근호 안의 식의 값이 항상 0 이상이어야 하며 분모에 근호가 있는 경우는 분모의 값이 0이 되어서는 안 된다.

예제 •17 (1) $\dfrac{1}{\sqrt{x^2+1}}=\dfrac{\sqrt{x^2+1}}{x^2+1}$

(2) $\dfrac{x}{\sqrt{x}-1}=\dfrac{x(\sqrt{x}+1)}{x-1},\ x>1$

(3) $\dfrac{x}{\sqrt{x}-\sqrt{x+1}}=-x(\sqrt{x}+\sqrt{x+1}),\ x>0$

문제 •16 다음 식을 간단히 하여라.

(1) $\dfrac{\sqrt{x}-\sqrt{x+1}}{\sqrt{x}+\sqrt{x+1}}$

(2) $\dfrac{x}{\sqrt{x}+\sqrt{x-1}},\ x\geq 1$

(3) $\dfrac{x}{\sqrt{x+1}-\sqrt{x-1}},\ x\geq 1$

(4) $x=a+\dfrac{1}{a}$일 때 $\sqrt{x^2-4}+x$, 단 $a>0$

$a,\ b\geq 0$일 때

$$(\sqrt{a}+\sqrt{b})^2=a+b+2\sqrt{a}\sqrt{b}$$

가 된다. 즉 $(a+b+2\sqrt{ab})$의 제곱근은 $\sqrt{a}+\sqrt{b}$가 된다. 같은 방법으로 $(\sqrt{a}-\sqrt{b})^2 = a+b-2\sqrt{a}\sqrt{b}$이다. 따라서

$$\sqrt{(a+b)\pm 2\sqrt{ab}} = \sqrt{a}\pm\sqrt{b},\ a,\ b \geq 0$$

이 식을 이용하면 이중근호가 있는 $\sqrt{x\pm 2\sqrt{y}}$와 같은 식은 $a+b=x$, $ab=y$가 성립하는 $a,\ b\geq 0$를 구하면

$$\sqrt{x+2\sqrt{y}} = \sqrt{a}\pm\sqrt{b}$$

가 된다. 단 $a \geq b \geq 0$이다.

예제 EXAMPLE •18 이중근호의 계산

(1) $\sqrt{5+2\sqrt{6}} = \sqrt{2}+\sqrt{3}$

(2) $\sqrt{12-2\sqrt{35}} = \sqrt{7}-\sqrt{5}$

(3) $\sqrt{12-\sqrt{140}} = \sqrt{12-2\sqrt{35}} = \sqrt{7}-\sqrt{5}$

(4) $\sqrt{17+6\sqrt{8}} = \sqrt{17+2\sqrt{72}} = \sqrt{9}+\sqrt{8}$
$= 3+2\sqrt{2}$

$\sqrt{a+b\sqrt{c}}$와 같이 근호 안에 근호가 들어 있는 식을 **이중근호**를 가진 식이라 한다. 예제 18에서 보듯이 이와 같은 식은 $\sqrt{x+2\sqrt{y}}$와 같은 형태로 바꾸어 계산하면 된다.

문제 PROBLEM •17

(1) $\sqrt{8-2\sqrt{7}}$ (2) $\sqrt{8+\sqrt{28}}$

(3) $\sqrt{4-\sqrt{15}}$ (4) $\sqrt{9+3\sqrt{8}}$

이것만은 알기!! ~모르면, 다시 한번 처음으로

(1) n 제곱근이란 무엇인가?
(2) 무리식이란 무엇인가?
(3) 이중근호가 있는 식은 어떻게 계산하는가?

요약정리

이 장을 끝내기 전에 다음 용어에 익숙해져 있는지 알아보자.

용어	정의
다항식	수 또는 문자의 곱의 합으로 이루어진 식
항등식	모든 값에 대하여 만족하는 식
근, 해	$p(a)=0$일 때 $x=a$
나눗셈정리	$\deg a(x)$이면 다음을 만족하는 다항식 $q(x)$, $r(x)$가 존재한다. $p(x)=a(x)q(x)+r(x)$ 단, $0 \leq \deg r(x) < \deg a(x)$
나머지정리	$p(x)$를 $x-a$로 나누면 나머지는 $r=p(a)$
인수정리	$p(x)$가 $x-a$로 나누어지기 위한 필요충분조건은 $p(a)=0$이다.
대수학의 기본정리	n차 방정식은 중복을 허용하여 n개의 복소수 근을 갖는다.

$\sqrt{a^2}=|a|$

$\sqrt{(a+b)\pm 2\sqrt{ab}}=\sqrt{a}\pm\sqrt{b}$, $a>b$

$\sqrt[n]{a^n}$은 n이 짝수이면 $|a|$, 홀수이면 a

연습문제

1. 다음을 전개하여라.

(1) $(x^2-2x+2)(2x-1)$

(2) $(x^2-2x+1)^2$

(3) $(x-y-z)(x-y+z)$

(4) $(x+y+z+w)(x-y+z-w)$

2. 다음 식을 인수분해하여라.

(1) $x^3-6x^2+11x-6$

(2) x^4-5x^2+4

(3) x^3-7x+6

(4) $2x^4+5x^3-5x-2$

3. x^3+ax^2-bx-2가 x^2+x+1로 나누어떨어지도록 상수 a, b의 값을 구하여라.

4. x^3+ax^2-bx-2가 $x+1$과 $x-2$로 나누어떨어지도록 상수 a, b의 값을 구하여라.

5. 조립제법을 이용하여 $q(x)$와 r을 구하여라.

(1) $x^3-2x^2-3x+2=(x-1)q(x)+r$

(2) $x^4-x^2-3x+1=(x+2)q(x)+r$

6. 근이 1, 2, 3이고 $p(4)=12$인 3차 다항식을 구하여라.

7. 근이 1, 2, 3이고 이중 2가 중근이다. $p(4)=12$인 4차 다항식을 구하여라.

8. $x+y=3$, $x^3+y^3=18$일 때 x^2+y^2을 구하여라.

9. 이차항의 계수가 1인 두 이차식의 최대공약수가 $x+3$이고 최소공배수가 x^3+4x^2+x-6일 때, 두 다항식을 구하여라.

10. 다항식 x^2-x-6, x^2+3x+2, $2x^2+3x+h$의 최대공약수가 일차식일 때 상수 h를 구하여라.

11. 다음 식을 간단히 하여라.

(1) $\dfrac{x-y}{\sqrt{x}+\sqrt{y}}$ (2) $\dfrac{\sqrt{5}}{\sqrt{5}+\sqrt{3}}-\dfrac{\sqrt{5}}{\sqrt{3}-1}$

(3) $\dfrac{\dfrac{1}{1-x}-\dfrac{1}{1+x}}{\dfrac{1}{1-x}+\dfrac{1}{1+x}}$ (4) $\dfrac{4}{\sqrt{x+1}+\sqrt{x-1}}$

(5) $\sqrt[3]{(-2)^3}$ (6) $\sqrt[4]{(-2)^4}$

12. 다음 식을 간단히 하여라.

(1) $\sqrt{12-2\sqrt{11}}$ (2) $\sqrt{33-6\sqrt{10}}$

(3) $\sqrt{9+4\sqrt{5}}$ (4) $\sqrt{2+\sqrt{3}}$

13. $a>1$이고 $x=a+\dfrac{1}{a}$일 때 $\sqrt{x^2-4}-x$를 a로 나타내어라.

14. $x+\dfrac{1}{x}=2$일 때 다음을 구하여라.

(1) $x^2+\dfrac{1}{x^2}$ (2) $x^3+\dfrac{1}{x^3}$

15. 다음 무리식이 실수가 되기 위한 x의 범위를 구하여라.

(1) $\sqrt{x+2}+\sqrt{2-x}$ (2) $\sqrt{2x+1}-\sqrt{4-x}$

대학기초수학

집합과 명제

CHAPTER 03

집합, 원소, 속한다, 원소나열법, 조건제시법, 유한집합, 무한집합, 공집합,
부분집합, 진부분집합, 멱집합, 합집합, 교집합, 여집합, 차집합
이 장에서 배울 기본개념

3.1 집합과 원소

우리는 체육시간이나 소풍가는 날, 또는 운동회하는 날에 많이 듣는 말 중의 하나가 선생님이 학생을 모으기 위하여 부르는 "집합"이라는 말이다. 이 말을 들은 학생들은 선생님 쪽으로 모여든다. 이때 우리는 학생들이 모여 있다 또는 모임을 이루고 있다고 한다. 선생님이 "집합"이라고 했을 때 말은 하지 않았어도 우리 반 학생을 대상으로 했을 것이다.

G. Cantor(1845~1918)은 독일의 수학자로 집합의 개념을 도입했다. 특히 무한집합의 개념을 정립하였다. 그는 "수학의 본질은 그 자유성에 있다."라고 말하였다.

만일 선생님이 "키 큰 학생들만 모여"라고 했다면 학생들은 잠시 머뭇거리게 된다. 왜냐하면 자신이 키가 큰지 작은지 확실하지 않기 때문이다. 그러나 "짝수 번호인 학생만 모여" 했다면 학생들은 머뭇거리지 않는다. 왜냐하면 자기의 번호가 짝수인지 아닌지 확실히 알기 때문이다. 이와 같이 모임을 이루는 정확한 기준이 있거나 확실한 대상이 있을 때 그러한 모임을 우리는 **집합**(set)이라고 한다. 선생님 주변에 모여든 학생들의 모임에서 그 모임에 있는 학생을 그 모임에 들어 있는 또는 속하는 학생이라고 하는 것처럼 집합에 속한 것을 우리는 그 집합의 **원소**(element)라고 부르며 그러한 원소를 그 집합에 **속한다**고 한다.

정의

정확한 기준이 있거나 확실한 대상의 모임을 **집합**이라고 한다.

정의

집합에 속한 것을 그 집합의 **원소**라 한다.

예제 •1 (EXAMPLE) 집합이 아닌 경우

(1) 멋진 학생의 모임
(2) 마음씨 착한 학생의 모임
(3) 발이 큰 학생의 모임
(4) 머리숱이 적은 학생의 모임

예제 1의 경우, 네 가지 모든 예는 모임을 이루는 정확한 기준이 없으므로 집합이 될 수 없다. 그러나 다음 예제 2는 정확한 기준이 있으므로 집합이 된다.

참고

집합이 되려면 원소의 확실한 기준이 있어야 한다.

예제 •2 집합이 되는 경우

(1) 1학년 1반 학생의 모임

(2) 여학생의 모임

(3) 월드컵 주최국의 모임

(4) 100보다 크고 1000보다 작은 자연수의 모임

예제 2에서 1학년 1반 학생, 여학생, 월드컵 주최국의 의미는 정확히 알 수 있다. 따라서 1학년 1반 학생은 누구나 1학년 1반 학생의 모임의 원소이고, 월드컵을 주최한 나라는 월드컵 주최국 모임의 원소가 되며, 여학생은 여학생 모임의 원소가 된다. 또한 400은 100보다 크고 1000보다 작은 자연수이므로 100보다 크고 1000보다 작은 자연수 모임의 원소가 된다.

일반적으로 집합은 영문 대문자 $A, B, C, \cdots, X, Y, Z$로 나타내고 원소는 영문 소문자 $a, b, c, \cdots, x, y, z$로 나타낸다. 원소 a가 집합 A에 속한다는 것을 기호로

$$a \in A \text{(또는 } A \ni a\text{)}$$

라고 나타내며, 원소 a가 집합 A에 속하지 않는다는 것을

$$a \notin A \text{(또는 } A \not\ni a\text{)}$$

로 나타낸다. 월드컵 주최국의 집합을 F라고 하면 한국은 월드컵을 주최한 적이 있고 북한은 주최한 적이 없으므로

$$\text{한국} \in F, \ \text{북한} \notin F$$

가 된다.

참고

원소를 나타내는 기호 $\in$, $\notin$은 벌어진 곳에 집합을, 오므라진 곳에 원소를 써야 한다. 따라서 $a \in A$은 옳은 표현이나 $A \in a$, $A \in B$, $a \in b$은 틀린 표현이다.

예제 •3 A를 10보다 작은 짝수의 집합이라고 하자. 그러면 다음이

성립한다.

$$4 \in A,\ 7 \notin A,\ A \ni 6,\ A \not\ni 5$$

문제 •1 (PROBLEM) A를 10보다 크고 100보다 작은 자연수의 모임이라고 하자. 50과 500은 A의 원소인지 아닌지를 기호로 나타내어라.

문제 •2 (PROBLEM) 주변을 대상으로 집합을 3개 이상 만들어 보라.

문제 •3 (PROBLEM) X를 아파트에 사는 사람들의 모임이라고 할 때 지금 문제를 풀고 있는 나는 X의 원소인지 아닌 지를 기호 '나, $\in$, $\notin$, X'을 이용하여 나타내어라.

이것만은 알기!! ~모르면, 다시 한번 처음으로

(1) 집합이란 무엇인가?
(2) 원소란 무엇인가?
(3) 집합에 원소가 속하는 것과 속하지 않는 것을 기호로 어떻게 나타내는가?

3.2 집합의 표현 및 분류

1학년 1반 학생 중 농구부이고 남자인 학생은 근표, 형표, 형순, 태순 이뿐이라고 할 때 선생님이 "남학생 중 농구부원 모여"하여 모두 모였다면 이때 모인 학생의 집합을 기호로

{근표, 형표, 형순, 태순}

로 나타낸다. 위와 같이 집합은 중괄호 기호 '{'와 '}'을 이용하여 나타낸다. 집합에 속하는 모든 원소를 전부 나열하여 집합기호 '{'와 '}'을 이용하여 표현하는 방법을 **원소나열법**이라고 한다. 원소나열법에서는 원소를 나열하는 순서는 바꾸어도 좋으나 같은 원소는 중복하여 쓰지 않는다. 집합의 원소가 많고 일정한 규칙이 있을 때에는 '⋯'을 사용하여 나타낼 수 있다. 예를 들면, A를 100보다 작은 홀수의 집합이라고 하면

$$A=\{1,\ 3,\ 5,\ \cdots,\ 95,\ 97,\ 99\}$$

와 같이 나타낼 수 있다. 한편 원소나열법으로 표현된 {근표, 형표, 형순, 태순}은 다음과 같이 표현할 수 있다.

{학생 | 학생은 남학생이고 농구부}

중괄호 안의 왼쪽은 전체집합인 1학년 1반 학생을 뜻하고 오른쪽은 1학년 1반 학생 중 남자이고 농구부원이어야 하는 조건을 제시한다. 이처럼 집합 기호 {,}와 '|'을 이용하여 집합에 속하는 원소의 조건을 제시하는 표현방법을 **조건제시법**이라고 한다. 1학년 1반 학생 중 남학생의 집합을 M, 농구부원의 집합을 K라고 하면 조건제시법으로 나타낸 {학생 | 학생은 남학생이고 농구부}은 기호로 다음과 같이 표현할 수 있다.

$$\{x \mid x\in M,\ x\in K\} \text{ 또는 } \{x\in M \mid x\in K\}$$

참고

(1) 집합을 나타낼 때는 반드시 중괄호 기호{, }을 이용한다. 따라서 a는 원소를 뜻하나 $\{a\}$은 원소가 a 하나뿐인 집합을 뜻한다. 그러므로 $a\in\{a\}$는 성립하나 $a\in a$는 틀린 표현이다.
(2) $\{1, 1, 2, 3\}=\{1, 2, 3\}$이다. 즉 집합에서 같은 원소는 모두 하나로 본다.

참고

$x\in M$, $x\in K$ 사이에 있는 쉼표 ','는 '이고'를 대신하는 기호로 M에도 속하고 동시에 K에도 속함을 뜻한다.

예제 •4 (EXAMPLE) T를 학생의 집합, A를 아파트에 사는 사람의 집합, X를 아파트에 사는 학생의 집합이라고 하면 아파트에 사는 학

생의 집합은 조건제시법으로 다음과 같이 여러 가지 방법으로 나타낼 수 있다.

(1) $X=\{x \mid x$는 학생이고 x는 아파트에 산다$\}$

(2) $X=\{x \mid x \in T,\ x \in A\}$

(3) $X=\{x \in T \mid x \in A\}$

(4) $X=\{x \in A \mid x \in T\}$

예제 •5 (EXAMPLE) 짝수 전체의 집합을 원소나열법과 조건제시법으로 표현하면 다음과 같다.

(1) 원소나열법 $\{2,\ 4,\ 6,\ 8,\ \cdots\}$

(2) 조건제시법 $\{x \mid x$는 짝수$\}$, $\{x \mid x=2n,\ n$은 자연수$\}$

예제 •6 (EXAMPLE) $A=\{\{a\},\ b,\ c\}$이면 집합 $\{a\}$는 A에 속하므로 $\{a\} \in A$가 되나, a 그 자체로는 A에 속하지 않으므로 $a \notin A$가 되어 다음이 성립한다.

$$\{a\} \in A,\ b \in A,\ c \in A,\ a \notin A$$

문제 •4 (PROBLEM) 다음을 원소나열법으로 나타내어라.

(1) 10보다 작은 짝수의 집합

(2) 100보다 큰 10의 배수의 집합

(3) 우리 가족의 집합

(4) 우리 반에서 안경을 낀 학생의 집합

문제 •5 (PROBLEM) 다음을 조건제시법으로 나타내어라.

(1) $\{5,\ 10,\ 15,\ 20,\ \cdots\}$

(2) $\{10,\ 20,\ 30,\ 40,\ 50\}$

(3) 우리 반에서 안경을 낀 여학생의 집합

(4) 10보다 크고 100보다 작은 수의 집합

참고

시각적인 효과를 나타내어 이해를 쉽게 하고자 집합을 그림으로도 나타낸다. 이와 같은 그림을 **밴다이어그램**이라고 한다. 즉
$A=\{$사과, 배, 포도$\}$
$B=\{x|x$는 짝수$\}$
를 밴다이어그램으로 그리면 다음과 같다.

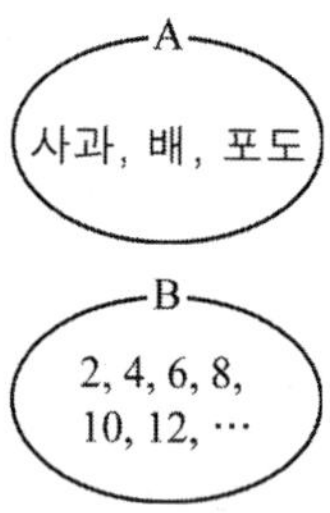

밴다이어그램은 집합을 표현하는 방법이 아니고 시각적으로 도움을 주는 방법이다.

문제 •6 (PROBLEM) $A=\{\{$사과, 배$\}$, 감, 포도$\}$일 때
A에 속하는 원소를 모두 기호로 나타내보라.

집합은 그 원소의 개수에 따라 구분된다. '우리 반에서 안경을 낀 여학생의 집합'과 같이 원소의 개수가 유한인 집합과 '100보다 큰 짝수의 집합'과 같이 원소의 개수가 무한히 많은 집합으로 나눌 수 있다. 원소의 개수가 유한인 집합을 **유한집합**(finite set)이라 하고 원소의 개수가 무한히 많은 집합을 **무한집합**(infinite set)이라고 한다. 남학생의 집합에서 여학생을 찾으면 없듯이 유한집합 중에는 원소가 하나도 없는 집합이 있는데 이러한 집합을 **공집합**(empty set)이라고 하며 기호로 $\varnothing$ 또는 $\{\ \}$로 나타낸다.

예제 •7 (EXAMPLE) 유한집합

(1) $\varnothing$
(2) $\{x|x$는 10보다 작은 짝수$\}$
(3) 올림픽 개최국의 집합
(4) 우리나라에 있는 동물들의 집합

예제 •8 (EXAMPLE) 무한집합

(1) 자연수의 집합
(2) 짝수의 집합
(3) 0과 1 사이의 실수의 집합
(4) $\{1,\ 3,\ 5,\ \cdots\}$

문제 •7 (PROBLEM) 유한집합과 무한집합의 예를 들어라.

유한집합에서는 그 원소의 개수를 셀 수 있다. A가 유한집합일 때 그 원소의 개수를 기호로

$$n(A)$$

와 같이 나타낸다. A가 공집합이면 속하는 원소가 하나도 없으므로 $n(A)=0$이 된다.

EXAMPLE 예제 •9 다음이 성립한다.

(1) $A=\{0\}$이면 $n(A)=1$

(2) $A=\{x|x$는 10보다 작은 짝수$\}$이면 $n(A)=4$

(3) A를 100보다 큰 수 중 50보다 작은 수의 집합이라 하면 A는 공집합이므로 $n(A)=0$

(4) $A=\{3,\ 6,\ 9,\ \cdots,\ 24,\ 27,\ 30\}$이면 $n(A)=10$

PROBLEM 문제 •8 다음에서 유한집합과 무한집합을 각각 찾고 유한집합이면 원소의 개수를 구하여라.

(1) 20보다 작은 홀수의 집합

(2) $\{x|3\times x=7$을 만족하는 자연수$\}$

(3) 10보다 큰 자연수의 집합

(4) $\{2,\ 4,\ 6,\ \cdots,\ 26,\ 28,\ 30\}$

이것만은 알기!! ~모르면, 다시 한번 처음으로

(1) 원소나열법과 조건제시법이란 무엇인가?
(2) 유한집합과 무한집합은 어떻게 다른가?
(3) 공집합은 무엇인가?
(4) 집합의 개수는 기호로 어떻게 나타내는가?

3.3 집합의 포함관계

1학년 1반 학생 중 농구부이고 남자인 학생은 근표, 형표, 형순, 태순 이뿐일 때 "선생님이 남학생 중 농구부원 모여" 하면 다 모인 학생의 집합은 {근표, 형표, 형순, 태순}이었음을 알았다. 이 집합을 A라 하고 1학년 1반 남학생의 집합을 B라고 하자. 그러면 A의 원소 근표, 형표, 형순, 태순 모두 1학년 1반 남학생이므로 모두 B의 원소가 된다. 이것을 밴다이어그램으로 나타내면 다음과 같다.

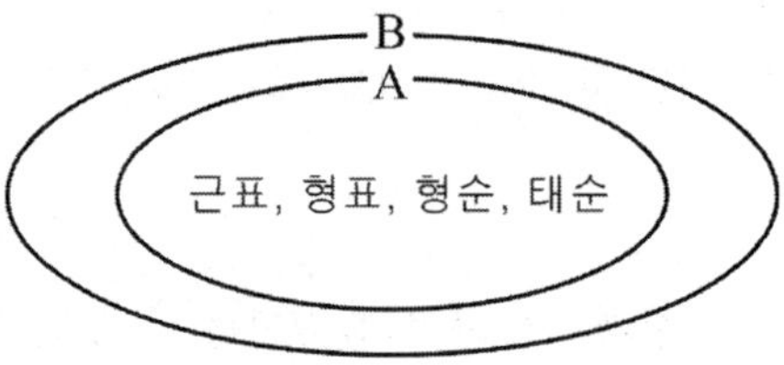

> **참고**
> 집합을 나타내는 기호 ⊂은 양쪽 모두 집합을 사용해야 하며 벌어진 곳에 포함하는 집합을 오므라진 곳에 포함되는 집합을 써야 한다. 그러므로 $A\subset B$은 옳은 표현이나 a, b는 집합이 아닌 원소이므로 $a\subset A$, $A\subset a$, $a\subset b$은 틀린 표현이다.

> **정의**
> 모든 $x\in A$에 대하여 $x\in B$이면 A를 집합 B의 부분집합이라 하며 $A\subset B$로 나타낸다.

> **참고**
> 기호 ⇔은 양쪽이 같은 뜻임을 나타낸다. 따라서
> $A\subset B \Leftrightarrow (x\in A \Rightarrow x\in B)$
> $\Leftrightarrow (x\notin B \Rightarrow x\notin A)$

이러한 경우 집합 B는 집합 A를 포함한다. 즉 A의 모든 원소가 모두 B의 원소이다. 이때 집합 B는 집합 A를 **포함한다**고 하며 A를 집합 B의 **부분집합**(subset)이라고 한다. 이 관계를 기호로

$$A\subset B(\text{또는 } B\supset A)$$

와 같이 나타내며, 이것은 모든 $x\in A$에 대하여 $x\in B$임을 뜻한다.

공집합은 아무런 원소가 없으므로 모든 집합에 포함된다. 즉 공집합은 모든 집합의 부분집합이다. 따라서 집합 A에 대하여

$$\varnothing\subset A$$

이다. 또한 모든 집합은 자기 자신에 포함되므로 자기 자신의 부분집합이 된다. 즉 임의의 집합 A에 대하여

$$A\subset A(\text{또는 } A\supset A)$$

가 된다. $A\subset B$, $B\subset C$이면 $x\in A$에 대하여 $x\in B$이고 따라서 $x\in C$이므로 $A\subset C$가 된다.

예제 •10 (1) $\{$교육자$\} \supset \{$중학교 교사$\}$

(2) $\{$가축$\} \subset \{$동물$\}$

(3) $\{$사막의 모래 위에 사는 물고기$\} \subset \{1, 2, 3, 4\}$

(4) $\{1, 2, 3, 4\} \subset \{5$보다 작은 자연수$\}$

사막의 모래 위에 사는 물고기는 없으므로 그 집합은 공집합이다. 공집합은 모든 집합의 부분집합으로 정하였으므로 예제 10의 (3)의 관계가 성립한다.

문제 •9 $a \in B$이고 $B \in C$라고 해서 $a \in C$가 되지 않는 예를 들어라.

> **참고**
> $a \in B$이고 $B \in C$라고 해서 $a \in C$가 되는 것은 아니다.

문제 •10 다음 집합의 포함관계를 기호를 사용하여 나타내어라.

(1) $A = \{$우리 가족$\}$ $B = \{$나$\}$

(2) $A = \{$대전 시민$\}$ $B = \{$한국인$\}$

(3) $A = \{1$보다 작은 자연수$\}$ $B = \{$한국에서 나는 과일$\}$

(4) $A = \{$짝수$\}$ $B = \{4$의 배수$\}$

집합에 속하는 원소들의 일부분으로 이루어진 집합은 모두 그 집합에 포함되므로 공집합과 더불어 그 집합의 부분집합이 된다. 따라서 부분집합의 원소 개수는 자신을 포함하는 집합의 원소 개수보다 많을 수 없다. 즉

$$A \subset B\text{이면 } n(A) \leq n(B)$$

가 된다.

예제 •11 집합 $A = \{1, 2, 3\}$의 부분집합을 모두 구하여라.

> **참고**
> 집합은 반드시 중괄호 { }를 사용한다.

풀이

집합 A의 원소는 1, 2, 3이므로 이 세 개로 만들 수 있는

집합은

$$\{1\}, \{2\}, \{3\}, \{1, 2\}, \{1, 3\}, \{2, 3\}, \{1, 2, 3\}$$

이다. 공집합도 부분집합이므로 집합 A의 모든 부분집합은

$$\varnothing, \{1\}, \{2\}, \{3\}, \{1, 2\}, \{1, 3\}, \{2, 3\}, \{1, 2, 3\}$$

이다.

PROBLEM 문제 •11 다음 집합의 부분집합을 모두 구하여라.

(1) $\{\{1, 2\}, 3\}$
(2) $\{a, b\}$
(3) {사과, 배 감}
(4) $\{\varnothing\}$

두 집합 $A=\{1, 3, 5\}$, $B=\{x|x$는 6보다 작은 홀수$\}$에서 집합 B는 원소나열법으로 $\{1, 3, 5\}$이므로 집합 A와 B는 서로 같다. 이와 같이 두 집합의 원소가 서로 똑 같은 집합은 **서로 같다**고 하며

> **정의**
> $A \subset B$, $B \subset A$이면 $A=B$라 한다.

$$A=B$$

로 나타낸다. 이 경우 두 집합 사이에

> **참고**
> $A=B \Leftrightarrow (x \in A \Leftrightarrow x \in B)$
> $\Leftrightarrow (x \notin A \Leftrightarrow x \notin B)$

$$A \subset B, \ B \subset A$$

의 관계가 동시에 성립한다. 두 집합이 같지 않으면

$$A \neq B$$

라고 나타낸다.

자연수의 집합을 N, 정수의 집합을 Z, 유리수의 집합을 Q, 무리수의 집합을 I 그리고 실수의 집합을 R이라 하면 다음과 같은 포함관계를 갖는다.

$$N \subset Z \subset Q \subset R$$
$$Q \cap I = \varnothing, \ Q \cup I = R$$

예제 •12 다음이 성립한다.

(1) $\{1, 2, 3, 4\} \subset$ {5보다 작은 자연수}

(2) $\{1, 2, 3, 4\} \supset$ {5보다 작은 자연수}

(3) $\{1, 2, 3, 4\} =$ {5보다 작은 자연수}

(4) $\{1, 2, 3, 4\} \neq$ {5보다 작은 짝수}

문제 •12 다음 두 집합은 서로 같은지 알아보라.

(1) $\{1, 3, 5\}$와 $\{5, 3, 1\}$

(2) {현재 한국서 생산된 차}와 {쏘나타, 마티즈, SM5}

(3) {짝수}와 $\{x \mid x$는 2의 배수$\}$

(4) $\{\varnothing, \{\ \}\}$와 $\{\varnothing\}$

$A \subset B$이고 $A \neq B$일 때 집합 A를 집합 B의 **진부분집합**(proper subset)이라고 하며, 집합의 부분집합들로 이루어진 집합을 그 집합의 **멱집합**(power set)이라고 한다. 공집합은 모든 집합의 부분집합이므로 멱집합의 원소가 되고 자기 자신도 자기 자신에 포함되므로 멱집합의 원소이다. 예를 들어 $A = \{1, 2\}$의 부분집합은 $\varnothing$, A, $\{1\}$, $\{2\}$ 네 개뿐이다. 따라서 집합 A의 멱집합은

$$\{\varnothing, \{1\}, \{2\}, A\}$$

이다. A의 멱집합은 $p(A)$로 나타낸다

> **정의**
> $A \subset B$이고 $A \neq B$일 때 A를 B의 **진부분집합**이라고 한다.

> **정의**
> 부분집합의 집합을 그 집합의 **멱집합**이라 한다.

예제 •13 집합 {개, 소 말}의 멱집합을 구하여라.

풀이

$\{\varnothing$, {개}, {소}, {말}, {개, 소}, {개, 말}, {소, 말}, {개, 소, 말}$\}$

$n(A) = k$이면 A의 멱집합의 원소의 수는 2^k이다. 이 중 A는 A의 진부분집합이 아니므로 진부분집합의 개수는 $2^k - 1$이다.

PROBLEM 문제 •13 집합 $A = \{\varnothing, a, \{1, 2\}\}$의 멱집합의 원소는 모두 몇 개인가?

이것만은 알기!! ~모르면, 다시 한번 처음으로

(1) 부분집합은 기호로 어떻게 나타내는가?
(2) 부분집합과 진부분집합은 어떻게 다른가?
(3) 멱집합은 무엇인가?
(4) 멱집합의 원소의 개수는 어떻게 구하는가?

3.4 집합의 연산

수에는 덧셈, 뺄셈, 곱셈, 나눗셈과 같은 연산이 있듯이 집합과 집합 사이에도 합하고 빼고 공통부분을 찾고 하는 연산관계가 있다. 음악부와 농구부가 있다고 할 때 선생님이 "음악부 학생과 농구부 학생 모두 모여"라고 하면 이 모임은 음악부와 농구부를 모두 함께한 것이 되고, "음악부 중 농구부원인 학생만 모여"라고 하면 음악도 하고 농구도 하는 공통으로 가입한 학생만 모일 것이다. 이처럼 집합 A에 속하거나 또는 집합 B에 속하는 원소의 집합을 두 집합 A, B의 **합집합**(union set)이라고 한다. 즉, 적어도 둘 중 하나의 집합에 반드시 있는 원소들의 집합을 뜻하고 기호로

$$A \cup B$$

로 나타낸다.

정의

$x \in A \cup B \Leftrightarrow (x \in A$ 또는 $x \in B)$

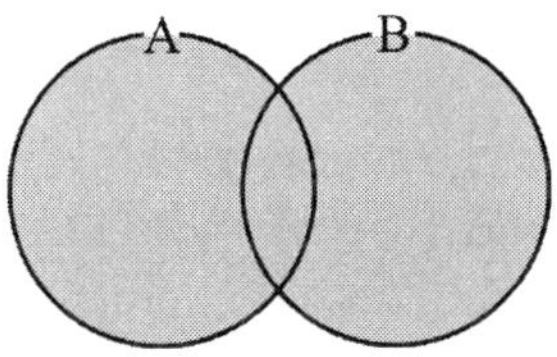

$A \cup B$

한편 집합 A에도 속하고 동시에 집합 B에도 속하는 원소의 집합을 두 집합 A와 B의 **공통집합**(또는 **교십합**, intersection set)이라고 한다. 즉, 두 집합에 모두 속하는 원소들로 이루어진 집합을 말하며 기호로

$$A \cap B$$

로 나타낸다.

정의

$x \in A \cap B \Leftrightarrow (x \in A, x \in B)$

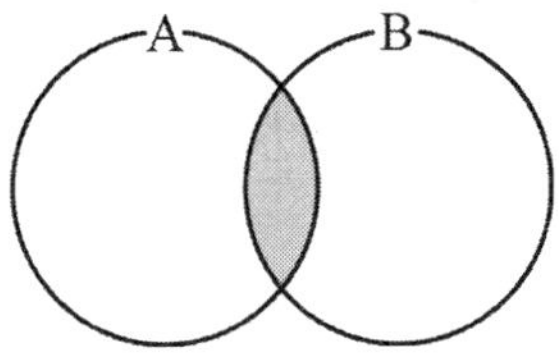

$A \cap B$

예제 •14 {음악부}, {농구부}가 있을 때 다음이 성립한다.

{음악부} $\cup$ {농구부} = {음악부이거나 또는 농구부}

{음악부} $\cup$ {농구부} = {음악부이면서 동시에 농구부}

예제 •15 $A=${사과, 배, 포도}, $B=${감자, 고구마, 배}이면 다음이 성립한다.

$A\cup B=${사과, 배, 포도, 감자, 고구마}

$A\cap B=${배}

참고

집합에서 같은 원소는 한 번만 쓴다.

예제 •16 $A=\{1,\ 2,\ 3,\ 4,\ 5\}$, $B=\{2,\ 4,\ 6,\ 8\}$이면 다음이 성립한다.

$A\cup B=\{1,\ 2,\ 3,\ 4,\ 5,\ 6,\ 8\}$,

$A\cap B=\{2,\ 4\}$

참고

2와 3의 공배수는 6

예제 •17 $A=${짝수}, $B=${3의 배수}이면 다음이 성립한다.

$A\cup B=${짝수이거나 3의 배수},

$A\cap B=${6의 배수}

정의

$A\cap B=\varnothing$이면 A와 B를 **서로소**라고 한다.

집합 A와 B에 서로 공통된 원소가 없는 경우, 즉 $A\cap B=\varnothing$이면 A와 B를 **서로소**(disjoint)라고 한다. 남자의 집합과 여자의 집합은 공통인 원소가 없으므로 서로소이다.

짝수의 집합을 E, 홀수의 집합을 O라 하면 E와 O의 공통집합은 공집합이 된다. 또한 소수의 집합을 P, 합성수의 집합을 S라 하면 P와 S의 공통집합은 공집합이 된다. 그러므로 짝수의 집합과 홀수의 집합, 소수의 집합과 합성수의 집합은 각각 서로소이다.

$$E\cup O=N,\ E\cap O=\varnothing$$

정리 3.1

U가 전체집합이면 다음이 성립한다.

(1) $A \subset A \cup B$ (2) $A \cap B \subset A$

(3) $A = A \cup \varnothing$ (4) $\varnothing = A \cap \varnothing$

(5) $U = A \cup U$ (6) $A = A \cap U$

PROBLEM 문제 •14 $A = \{1, 2, 3, 4, 5\}$, $B = \{x \mid x$는 8의 약수$\}$, $C = \{x \mid x$는 6의 약수$\}$에서 다음을 구하여라.

(1) $A \cup B$ (2) $B \cap C$

(3) $(A \cup B) \cup C$ (4) $A \cap (B \cap C)$

PROBLEM 문제 •15 정리 3.1을 증명하여라.

실수끼리 더하거나 곱할 때 그 연산 순서에 관계없듯이 집합끼리 합하거나 공통부분을 찾는 연산도 순서에 관계가 없다.

정리 3.2

다음이 성립한다.

(1) 교환법칙

$$A \cup B = B \cup A, \ A \cap B = B \cap A$$

(2) 결합법칙

$$(A \cup B) \cup C = A \cup (B \cup C)$$
$$(A \cap B) \cap C = A \cap (B \cap C)$$

(3) 분배법칙

$$A \cup (B \cap C) = (A \cup B) \cap (A \cup C)$$
$$A \cap (B \cup C) = (A \cap B) \cup (A \cap C)$$

선생님이 교실에서 "농구부 학생은 농구 연습하러 간다."고 했을 때, 교실에 남아 있는 학생이 있을 것이다. 이처럼 주어진 전체집합 U에 대하여 그의 부분집합 A가 있을 때, 전체집합 U 중에서 A에 속하지 않는 원소로 이루어진 집합을 전체집합 U에 대한 집합 A의 **여집합**(complement set)이라 하며 기호로

$$A^c$$

라고 나타낸다. 집합 B가 있어서 집합 A의 원소 중 B에 속하지 않는 원소로 이루어진 집합을 A에 대한 B의 **차집합**(difference set)이라고 하며 기호로

$$A-B$$

로 나타낸다. 따라서 A의 여집합은 전체집합 U에 대한 A의 차집합과 같다. 즉 다음이 성립한다.

$$A^c = U-A$$

정의

여집합과 차집합

(1) $x \in A^c \Leftrightarrow x \notin A$

(2) $x \in A-B \Leftrightarrow (x \in A,\ x \notin B)$

예제 •18 전체집합을 {1학년 1반 학생}이라하고 하면 다음이 성립한다.

(1) $\{$음악부$\}^C = \{$음악부가 아닌 1학년 1반 학생$\}$

(2) $\{$음악부$\} - \{$농구부$\} = \{$농구부가 아닌 음악부 학생$\}$

예제 •19 다음이 성립한다.

(1) {사과, 배, 포도} − {감자, 고구마, 배} = {사과, 포도}

(2) {감자, 고구마, 배} − {사과, 배, 포도} = {감자, 고구마}

예제 •20 $U = \{1, 2, 3, 4, 5, 6, 7, 8, 9, 10\}$,

$A = \{1, 2, 3, 4, 5\}$, $B = \{2, 4, 6, 8\}$이면

$A^c = \{6, 7, 8, 9, 10\}$, $A-B = \{1, 3, 5\}$

예제 •21 (EXAMPLE) $A=\{$짝수$\}$, $B=\{3$의 배수$\}$이면

$A-B=\{$짝수 중 3의 배수가 아닌 수$\}$

$B-A=\{3$의 배수 중 짝수가 아닌 수$\}$

정리 3.3

U가 전체집합이면 다음이 성립한다.

(1) $A\cap A^c=\varnothing$ (2) $A\cup A^c=U$

(3) $U^c=\varnothing$, $\varnothing^c=U$ (4) $(A^c)^c=A$

문제 •16 (PROBLEM) 정리 3.3을 설명하여라.

문제 •17 (PROBLEM) 다음을 증명하여라.

(1) $A^c=B \Leftrightarrow B^c=A$

(2) $A\subset B \Leftrightarrow A^c\supset B^c$

(3) $A-B=A\cap B^c$

정리 3.4 **드 모르간의 법칙**

$$(A\cup B)^c=A^c\cap B^c,\ (A\cap B)^c=A^c\cup B^c$$

정의

De Morgan(1806~1871)은 영국의 수학자로 '드 모르간의 법칙'을 발견하였으며 논리학의 발전에 기여했다.

문제 •18 (PROBLEM) 드 모르간의 법칙을 예를 들어 설명하여라.

문제 •19 (PROBLEM) $U=\{1, 2, 3, 4, 5, 6, 7, 8, 9, 10\}$, $A=\{x\,|\,x$는 8의 약수$\}$, $B=\{x\,|\,x$는 6의 약수$\}$에서 다음을 구하여라.

(1) $(A\cup B)^c$ (2) $A^c\cap B^c$

(3) $A-B$ (4) $A\cap B^c$

음악부 학생이 모두 5명이고 농구부 학생이 모두 3명이면 음악부와 농구부를 모두 모아 놓으면 그 학생 수는 음악부이면서 농구부인 학생이 있으므로 8명을 넘을 수 없다. 즉 음악부이면서 동시에 농구부인 학생이 1명이면 전체 합한 인원은 8에서 공통인 학생 수 1를 뺀 7명이 된다. 마찬가지로 유한집합인 두 집합 A, B에서 합집합 $A \cup B$의 원소의 개수는 각 집합의 원소의 개수를 합한 수에서 공통인 수를 뺀

$$n(A \cup B) = n(A) + n(B) - n(A \cap B)$$

이 된다.

예제 •22 (EXAMPLE) 40명의 학생이 있다. 이 중 수학을 좋아한다고 한 학생이 30명이고, 국어를 좋아한다고 한 학생이 20명이며, 수학 국어 모두를 좋아한다고 한 학생은 13명이다.

(1) 수학을 좋아하거나 국어를 좋아하는 학생은 모두 몇 명인가?

(2) 수학과 국어 모두 싫어하는 학생은 몇 명인가?

풀이

(1) $30 + 20 - 13 = 37$

(2) 전체 학생 수에서 수학을 좋아하거나 국어를 좋아하는 학생의 수를 빼야하므로 $40 - 37 = 3$명이 된다.

문제 •20 (PROBLEM) $A = \{x | x$는 10보다 작은 짝수$\}$이고 $B = \{x | x$는 20의 약수$\}$일 때 $n(A \cup B)$를 구하여라.

이것만은 알기!! ~모르면, 다시 한번 처음으로

(1) 합집합과 공통집합의 차이를 설명하여라.

(2) 여집합과 차집합의 차이점을 설명하여라.

(3) 두 유한집합의 합집합의 원소의 개수는?

3.5 명제와 진리집합

선생님이 '남학생만 모여' 할 때와 '키 큰 사람만 모여' 할 때의 차이점은 무엇일까? '남학생만 모여' 하는 경우는 확실하게 의사전달이 되지만, '키 큰 사람만 모여'하는 경우는 제대로 의사전달이 되지 않는다. 그 이유는 남자의 기준은 알지만 키 큰 것의 기준이 애매모호하기 때문이다. 즉 여학생이 '남학생만 있는 모임'에 있으면 잘못 들어온 것을 알지만 키가 170cm인 학생이 '키 큰 사람들만 있는 모임'에 있다고 해서 잘되었다고 볼 수도 없고 잘못되었다고 볼 수도 없다. 또한 '$3 > 5$' 하는 것과 '$3+6 > 5$' 할 때 앞의 식은 틀렸고 뒤의 식은 맞다. 이처럼 참과 거짓이 명확한 문장이나 식을 **명제**(proposition)라고 한다. 따라서 '키가 크다.'는 명제가 될 수 없으나 '키가 170cm 이상이다.'는 명제가 된다.

정의

참과 거짓이 명확한 문장이나 식을 **명제**라 한다.

참고

집합은 확실한 대상의 모임

예제 EXAMPLE •23 다음은 명제이다.

(1) 직각삼각형에서 빗변의 제곱은 다른 두 변의 제곱의 합과 같다.

(2) $A \subset B$이면 $n(A) < n(B)$이다.

(1)은 피타고라스 정리로 참인 명제이고 $A \subset B$이면 $n(A) = n(B)$일수도 있으니 (2)는 틀린 명제이다.

예제 EXAMPLE •24 다음은 명제가 아니다.

(1) 서울은 인구가 많다.

(2) 오늘 날씨는 덥다.

'x는 홀수이다.'하는 문장과 '$x < 5$'인 식을 살펴보자.

이 문장과 식은 x에 따라 참(True)과 거짓(False)이 판별된다. 이처럼 주어진 변수 x에 따라 참과 거짓이 판별되는 문장이나 식을 **조건명제**라 하며 $p(x)$와 같이 나타낸다. 조건명제는 조건의 변수에 특정한 값을 대입하면 명제가 된다. 예를 들면

정의

주어진 변수에 따라 참과 거짓이 판별되는 문장이나 식을 **조건명제**라 한다.

$$p(x)\ :\ x\text{는 홀수이다.}$$

에서 $p(2)$는 '2는 홀수이다.'라는 명제로 거짓이나 $p(3)$는 '3은 홀수이다.'라는 명제로 참이다.

참고

조건명제를 간단히 조건이라고도 한다. $p(x)$를 간단히 p로 쓴다.

예제 •25 조건 '$p(x): x < 0$'에서

(1) 명제 $p(-1)$는 '$-1 < 0$'이므로 참이다.

(2) 명제 $p(0)$는 '$0 < 0$'이므로 거짓이다.

(3) 명제 $p(1)$는 '$1 < 0$'이므로 거짓이다.

문제 •21 조건 '$q(n): n+1$은 홀수이다.'에서 $q(3)$와 $q(6)$의 참, 거짓을 밝혀라.

전체집합 U에서 조건 $p(x)$가 참이 되는 변수 x의 집합을 진리집합(truth set)이라 한다. P를 $p(x)$의 진리집합이라고 하면

$$P = \{x \in U \mid p(x)\}$$

와 같이 나타낼 수 있다.

예제 •26 전체집합을 자연수의 집합 N이라 하자.

(1) $P = \{x \in N \mid x < 0\}$은 공집합

(2) $P = \{x \in N \mid x\text{는 홀수이다.}\}$는 무한집합

(3) $P = \{x \in N \mid x < 5\}$은 유한집합

문제 •22 조건 '$p(n): n$는 소수이다.'의 진리집합은 무엇인가?

명제 p에 대하여 'p가 아니다.'를 p의 **부정명제**라 하고 기호로 $\sim p$로 나타낸다. p가 참이면 $\sim p$는 거짓이고 p가 거짓이면 $\sim p$는 참이 된다. 따라서 $\sim(\sim p)=p$이다.

참고
부정명제를 간단히 부정이라고도 한다.

예제 EXAMPLE •27 p는 '3은 홀수이다.', q는 '-2는 0보다 크다.'이면

(1) $\sim p$는 '3은 짝수이다.'

(2) $\sim q$는 '-2는 0보다 같거나 작다.'

문제 PROBLEM •23 다음의 부정을 말하고 참, 거짓을 판별하여라.

(1) 반지름이 1인 원의 둘레는 π이다.

(2) $3+4=7$

P를 $p(x)$의 진리집합이라고 하면 $\sim p(x)$가 참인 집합은 $p(x)$가 거짓인 집합이므로 $\sim p(x)$의 진리집합은 P^c가 된다. 또한 $(P^c)^c=P$이므로

$$\sim(\sim p(x))=p(x)$$

가 된다.

예제 EXAMPLE •28 전체집합을 자연수의 집합 N이라 하자.

'$p(x)$: x는 홀수이다.', '$q(x)$: $x<0$'라 하면

(1) $\{x\in N \mid \sim p(x)\}=\{2, 4, 6, \cdots\}$

(2) $\{x\in N \mid \sim q(x)\}=\{1, 2, 3, 4, \cdots\}=N$

문제 PROBLEM •24 전체집합을 자연수의 집합 N이라 하고 '$p(x)$: x는 짝수이다.'일 때 $\sim p(x)$의 진리집합을 구하여라.

참고

드 모르간의 법칙
$(A \cup B)^c = A^c \cap B^c$
$(A \cap B)^c = A^c \cup B^c$

정리 3.5

조건 $p(x)$, $q(x)$에 대하여 다음이 성립한다.

(1) $\sim (p(x)$이고 $q(x)) = \sim p(x)$ 또는 $\sim q(x)$

(2) $\sim (p(x)$ 또는 $q(x)) = \sim p(x)$이고 $\sim q(x)$

예제 EXAMPLE •29 '$p(x): 0 < x < 5$는 '$0 < x$이고 $x < 5$'이므로 $\sim p(x)$는 '$x \le 0$ 또는 $x \ge 5$'가 된다.

예제 EXAMPLE •30 '$p(x): x \le 5$'는 '$x = 0$ 또는 $x < 5$'이므로 $\sim p(x)$는 '$0 \ne x$이고 $x \ge 5$'이므로 '$x > 5$'가 된다.

참고

$4 \le 5$와 $10 \le 10$은 둘 다 참인 명제이다.

문제 PROBLEM •25 '$5 \le 10$'의 참, 거짓을 이 명제의 부정을 이용하여 판별하여라.

이것만은 알기!! ~모르면, 다시 한번 처음으로

(1) 명제와 조건명제의 차이를 설명하여라.
(2) 진리집합을 설명하여라.
(3) 부정명제의 예를 제시하여라.

3.6 대우명제와 필요충분조건

'4의 약수는 8의 약수이다.'를 살펴보자. 이 명제는 'x가 4의 약수이면 x는 8의 약수이다'로 쓸 수 있다. 명제 p와 q를

p: x가 4의 약수이다. q: x는 8의 약수이다.

로 하면 명제 '4의 약수는 8의 약수이다'는

$p \rightarrow q$

로 나타낼 수 있다. $p \rightarrow q$를 **조건문**이라 하며 이때 p를 **가정**, q를 **결론**이라 한다. 각각의 진리집합을 P, Q라 하면 $P \subset Q$이므로 4의 약수는 모두 8의 약수가 된다. 그러므로 '4의 약수는 8의 약수이다.'는 참인 명제이다.

예제 EXAMPLE •31 명제 '삼각형의 내각의 합은 180도이다.'는 '삼각형이면 그 내각의 합은 180도이다.'와 같은 뜻이므로 이 명제의 가정은 '삼각형이다'이고 결론은 '내각의 합은 180도이다.'가 된다.

참고

유클리드기하학에서 예제 31의 명제는 참이다.

정리 3.6

p와 q의 진리집합을 각각 P, Q라 하자.

(1) $P \subset Q$이면 $p \rightarrow q$는 참이다.

(2) $P \not\subset Q$이면 $p \rightarrow q$는 거짓이다.

예제 EXAMPLE •32 다음 명제의 참과 거짓을 판별하여라.

(1) 3의 배수는 홀수이다.

(2) 4의 배수는 짝수이다.

풀이

(1) $P=\{3, 6, 9, \dots\}$, $Q=\{1, 3, 5, \dots\}$이므로 $P \not\subset Q$이다. 따라서 거짓이다.

(2) $P=\{4, 8, 12, \dots\}$, $Q=\{2, 4, 6, \dots\}$이므로 $P \subset Q$이다. 따라서 참이다.

정리 3.6의 (2)는 P에는 속하지만 Q에는 속하지 않는 원소가 있으므로 명제 $p \to q$는 거짓임을 뜻한다. 즉 예제 32의 (1)에서 6은 3의 배수이지만 홀수가 아니므로 거짓이 된다. 이와 같이 가정은 만족하지만 결론은 만족하지 않는 예를 **반례**(counter example)라 한다. 따라서 명제 $p \to q$이 거짓임을 보이려면 반례를 하나 들면 된다.

정의

가정은 만족하지만 결론은 만족하지 않는 예를 **반례**라 한다.

참고

예제 33에서 반례는 0이 된다.

예제 EXAMPLE ·33 '실수의 제곱은 양수이다.' 참이면 증명하고 거짓이면 반례를 들어라.

풀이

0의 제곱은 0이므로 양수가 아니다. 그러므로 거짓이다.

문제 PROBLEM ·26 '무리수끼리의 곱셈은 무리수이다.' 참이면 증명하고 거짓이면 반례를 들어라.

모든 실수 x에 대하여 x^2은 항상 0보다 크거나 같으므로 '모든 실수 x에 대하여 $x^2 \ge 0$이다.'는 참인 명제이고, '어떤 실수 x에 대하여 $x^2 < 0$이다.'는 거짓인 명제가 된다. 전체집합을 U라고 하고 조건 p에 대하여 다음 명제를 생각해 보자.

참고

$\exists$은 어떤(for some)
$\forall$은 모든(for all)
(1) $\forall x, p$
(2) $\exists x, p$

(1) 모든 x에 대하여 p

(2) 어떤 x에 대하여 p

조건 p의 진리집합을 P라고 하면 명제 (1)은 모든 원소에 대하여 다 p가 성립해야 하므로 $P=U$이면 참이다. 명제 (2)는 p가 성립하는 원소가 적어도 하나만 있으면 되므로 $P \neq \varnothing$ 이면 참이 된다. 그 이외에는 모두 거짓이 되므로 (1)이 거짓임을 보이려면 p가 성립되지 않는 반례를 보이고, (2)가 거짓임을 보이려면 만족하는 것이 하나도 없음을 보이면 된다.

예제 EXAMPLE •34 다음 명제의 참, 거짓을 판별하여라.

(1) 모든 실수 x에 대하여 $x^2 - 2x < 0$이다.

(2) 어떤 실수 x에 대하여 $x^2 - 2x = 0$이다.

풀이

(1) $x = 3$은 성립하지 않으므로 거짓 명제이다.

(2) $x = 2$는 성립하므로 참인 명제이다.

명제 (1)이 거짓임을 보이려면 p가 성립되지 않는 반례를 보이면 되므로 '모든 x에 대하여 p'의 부정은

어떤 x에 대하여 $\sim p$

가 된다. 같은 방법으로 명제 (2)가 거짓임을 보이려면 만족하는 것이 하나도 없음을 보이면 되므로 '어떤 x에 대하여 p'의 부정은

모든 x에 대하여 $\sim p$

가 된다.

> 참고
> $\exists x, \sim p$
> $\forall x, \sim p$

예제 EXAMPLE •35 다음 명제의 부정을 만들고 참, 거짓을 판별하여라.

(1) 모든 실수 x에 대하여 $x^2 - 2x < 0$이다.

(2) 어떤 실수 x에 대하여 $x^2 - 2x = 0$이다.

풀이

(1) '어떤 실수 x에 대하여 $x^2 - 2x \geq 0$이다.'로 참이다.

(2) '모든 실수 x에 대하여 $x^2 - 2x \neq 0$이다.'로 거짓이다.

문제 •27 명제 '모든 실수는 분수로 표현할 수 있다.'의 부정을 만들고 참, 거짓을 판별하여라.

문제 •28 명제 '삼각형의 내각의 합은 180도이다.'의 부정을 말하고 참, 거짓을 판별하여라.

참고

(1) 역과 대우를 각각 역명제, 대우명제라고도 한다.
(2) $\sim p \to \sim q$를 '이'라고 한다.

명제 $p \to q$에서 $q \to p$을 **역**(converse), $\sim q \to \sim p$을 **대우**(contraposition)라 정의한다. 예를 들면 명제

'$ab=0$이면 $a=0$ 또는 $b=0$이다.'

의 역은

'$a=0$ 또는 $b=0$이면 $ab=0$이다.'

이고, 대우는

'$a \neq 0$이고 $b \neq 0$이면 $ab \neq 0$이다.'

예제 •36 '정사각형은 직사각형이다.'의 역과 대우는?

풀이

역은 '직사각형은 정사각형이다.' 대우는 '직사각형이 아니면 정사각형이 아니다.'

명제 $p \to q$에서 p와 q의 진리집합을 각각 P, Q라 하자. $P \subset Q$이면 $Q^c \subset P^c$가 성립된다. 따라서 정리 2에 의하여 명제 $p \to q$가 참이면 $P \subset Q$이고 따라서 $Q^c \subset P^c$이다. 그러므로 대우명제인 $\sim q \to \sim p$도 참이 된다. 즉 $p \to q$가 참임을 보이는 대신 $\sim q \to \sim p$가 참임을 보여도 된다.

예를 들어 명제 '강아지는 동물이다.'는 참이다. 이 명제의 역은 '동물은 강아지이다.'가 되어 거짓이 될 수 있다. 그러나 대우명제 '동물이 아니면 강아지도 아니다.'는 참이 된다.

Example 예제 •37 집합 N의 원소가 수일 때 'N에서 가장 큰 수를 찾을 수 없으면 N은 무한집합이다.'를 증명하여라.

증명

이 명제의 대우명제 'N이 유한집합이면 N에 가장 큰 수가 있다.'를 증명하면 된다.

N을 유한집합이라 하자. 그리면 원소의 개수가 유한개이므로 두 개씩 비교하여 가장 큰 수를 찾을 수 있다. 그러므로 명제는 참이다.

Problem 문제 •29 집합 N의 원소가 수일 때 'N에서 가장 작은 수를 찾을 수 없으면 N은 무한집합이다.'를 증명하여라.

Problem 문제 •30 자연수 n에 대하여 'n^2이 홀수이면 n은 홀수이다.'를 증명하여라.

Problem 문제 •31 문제 28의 역이 참이면 증명하고 거짓이면 반례를 들어라.

명제 $p \to q$가 참일 때 기호로

$$p \Rightarrow q$$

와 같이 나타낸다. 이때 p를 q되기 위한 **충분조건**(sufficient condition), q를 p되기 위한 **필요조건**(necessary condition)이라 한다. $p \Rightarrow q$이고 $q \Rightarrow p$이면 p를 q되기 위한 또는 q를 p되기 위한 **필요충분조건**(necessary and sufficient condition)이라 하면 기호로

$$p \Leftrightarrow q$$

로 나타낸다. 이 경우 각각의 진리집합은 서로 같고 p와 q는 서로 **동치**(equivalence)라고 한다.

예제 •38 (EXAMPLE)

(1) $ab=0 \Leftrightarrow a=0$ 또는 $b=0$이다.

(2) $x^2-2x=0 \Leftrightarrow x=0$ 또는 $x=2$이다.

(3) n^2이 홀수 $\Leftarrow n$이 홀수

(4) $x=0 \Rightarrow xy=0$

이것만은 알기!! ~모르면, 다시 한번 처음으로

(1) 반례란 무엇인가?
(2) 역명제와 대우명제의 차이를 설명하여라.
(2) 충분조건과 필요조건의 차이점을 설명하여라.

요약정리

이 장을 끝내기 전에 다음 용어와 기호에 익숙해져 있는지 알아보자.

용 어	정 의
집합	확실한 대상의 모임
원소	집합에 속하는 대상
원소나열법	집합 기호 { }와 함께 집합에 속하는 원소를 모두 나열하여 표현하는 방법
조건제시법	집합 기호 { }와 함께 집합에 속하는 원소의 조건을 제시하는 표현하는 방법
유한집합	원소의 개수가 유한개인 집합
무한집합	원소의 개수가 무한히 많은 집합
멱집합	집합의 부분집합들로 이루어진 집합
명제	참과 거짓이 명확한 문장이나 식
조건명제	주어진 값에 따라 참과 거짓이 판별되는 문장이나 식
진리집합	조건명제가 참이 되는 값의 집합
부정명제	명제 p에 대하여 'p가 아니다.'
반례	가정은 만족하지만 결론은 만족하지 않는 예
대우명제	$p \to q$의 대우는 $\sim q \to \sim p$
필요조건	$p \Rightarrow q$일 때 q를 p되기 위한 필요조건
충분조건	$p \Rightarrow q$일 때 p를 q되기 위한 충분조건
동치	$p \Leftrightarrow q$일 때 p와 q를 동치

기 호	설 명	용 어
$a \in A$	원소 a가 집합 A에 속힘	
$a \notin A$	a는 A에 속하지 않음	
$\varnothing$, { }	원소가 하나도 없는 집합	공집합
$n(A)$	유한집합 A에 속하는 원소의 개수	
$A \subset B$	A는 B에 포함됨	A는 B의 부분집합
$A \not\subset B$	A는 B에 포함되지 않음	
$A = B$	A와 B의 원소가 모두 같음	
$A \neq B$	A와 B에 서로 다른 원소가 있음	
$A \cup B$	A에 속하거나 또는 B에 속함	A, B의 합집합
$A \cap B$	A에도 속하고 동시에 B에도 속함	A, B의 공통집합
A^c	전체집합에서 A에 속하지 않는 원소	A의 여집합

기 호	설 명	용 어
$A-B$	A의 원소 중 B에 속하지 않는 원소	A에 대한 B의 차집합
$\sim p$	p의 부정	부정
$\forall$	for all, for any	모든, 임의의
$\exists$	for some, there exist	어떤
$p \rightarrow q$	p이면 q이다.	조건문
$p \Rightarrow q$	$p \rightarrow q$가 참이다.	
$p \Leftrightarrow q$	$p \Rightarrow q$, $q \Rightarrow p$	동치

성 질
$A \subset B$이면 $n(A) \leq n(B)$
$n(A \cup B) = n(A) + n(B) - n(A \cap B)$
$n(A) = k$이면 A의 멱집합의 원소의 수는 2^k이다.

chapter 3
집합과 명제

연습문제

1. $A=\{0, 3, 6, 9, 12, 15\}$, $B=\{2, 4, 6, 8, 10, 12\}$일 때 다음을 구하여라.

(1) $A\cup B$ (2) $A\cap B$

(3) $B-A$ (4) $A-B$

2. 자연수를 전체집합이라고 하자. $A=\{n|n<20\}$, B는 짝수의 집합, C는 3의 배수의 집합이라 할 때 다음을 구하여라.

(1) B^c (2) $A-B$

(3) $B\cap C$ (4) $A\cap C^c$

3. $A\cap B^c=\varnothing$이면 $A\subset B$임을 보여라.

4. $A\cap B^c$와 $A^c\cap B$는 서로 소임을 보여라.

5. 다음을 증명하여라.

(1) $(A-B)\cap(B-A)=\varnothing$ (2) $(A^c-B)^c=A\cup B$

(3) $A-(A-B^c)=A-B$ (4) $(A\cap B)\cup(A-B)=A$

6. 문제 5의 (4)를 이용하여 아래 관계가 성립하면 $A\subset B$임을 보여라.

$$\{(A\cap B)\cup(A-B)\}\cap B=A$$

7. 학생수가 40명인 수학과에서 25명은 버스, 10명은 지하철을 이용하여 통학한다. 버스와 지하철을 모두 이용하는 학생이 5명 이상이면, 버스와 지하철 중 적어도 하나를 이용하는 학생은 몇 명 이하인가?

8. 집합 $A\times B=\{(a, b)|a\in A, b\in B\}$라고 정의한다. $A=\{3, 6, 9\}$, $B=\{2, 3\}$일 때 다음을 구하여라.

(1) $A \times B$

(2) A, B, $A \times B$의 원소의 개수는 어떠한 관계가 있는가?

9. 문제 8의 정의를 이용하여 다음을 나타내고 기하학적으로 뜻하는 것을 설명하여라. 단 R은 실수의 집합이고 직선을 의미한다.

(1) $R \times R$ (2) $R \times R \times R$

10. 집합 A에 대하여 $\varnothing \subset A$임을 문제 17의 (2)를 이용하여 증명하여라.

11. 명제가 되는 것과 안 되는 것의 예를 들어라.

12. 조건명제의 예를 들고 그 명제의 진리집합을 구하여라.

13. '모든 실수 x에 대하여 x^2은 양수이다.'의 부정을 구하고, 참과 거짓을 판별하여라.

14. 문제 13의 주어진 명제를 기호로 나타내어라.

15. 자연수 n에 대하여 'n^2이 짝수이면 n은 짝수이다.'를 증명하여라.

16. 자연수 a, b에 대하여 'ab가 짝수이면 a 또는 b는 짝수이다.'가 참이면 증명하고 거짓이면 반례를 들어라.

17. 문제 15과 16의 대우명제를 구하여라.

18. '$x > y$이면 $x^2 > y^2$이다.'가 참이면 증명하고 거짓이면 반례를 들어라.

19. $x > 3$은 $x \geq 3$이기 위한 무슨 조건인가?

20. $x \geq 3$은 $x > 3$이기 위한 무슨 조건인가?

21. $A \cup B = B$는 $A \subset B$되기 위한 무슨 조건인가?

22. 다음 중에서 서로 동치인 것을 찾아라.

(1) $xy = 0$ (2) $xy \neq 0$

(3) $x = 0$ 또는 $y = 0$ (4) $x \neq 0$ 또는 $y \neq 0$

(5) $x = 0,\ y = 0$ (6) $x \neq 0,\ y \neq 0$

23. $p \Rightarrow q$이고 $q \Rightarrow r$이면 $p \Rightarrow r$임을 진리집합을 이용하여 보여라(이것을 삼단논법이라 한다).

24. 'n^2이 3의 배수이면 n은 3의 배수이다.'를 증명하여라.

25. '$A \subset B$이면 $n(A) < n(B)$이다.'가 맞으면 증명하고 틀리면 반례를 들어라.

대학기초수학

CHAPTER 04 방정식과 부등식

순서쌍, 직교좌표계, 직선의 방정식, 기울기
근의 공식, 근과 계수의 관계, 이차부등식
이 장에서 배울 기본개념

4.1 직교좌표

실수 a, b에 대하여 (a, b)를 **순서쌍**(ordered pair)이라 하며 a를 첫 번째 항, b를 두 번째 항이라 한다. 두 쌍 $(a,b)=(c, d)$라 함은 $a=c$이고 $b=d$임을 의미한다. 이 정의에 의하여 $a \neq b$이면 두 쌍은 $(a, b) \neq (b, a)$가 된다. 이러한 순서쌍의 집합을 $R \times R$이라고 표현한다. 즉

$$R \times R = \{(a, b) \mid a, b \in R\}$$

평면 위에서의 **직교좌표계**(rectangular 또는 Cartesian coordinate system)란 두 개의 좌표계가 수직으로 만나는 교점을 원점으로 하는 이차원 좌표계를 말하며 보통 수평한 축을 x축(x axis), 수직인 축을 y축(y axis)이라고 한다. 그림 4.1과 같이 평면 위의 임의의 점 P의 첫 번째 항은 점 P를 지나고 y축에 평행한 직선이 x축과 만나는 점을 나타낸 것으로 x의 좌표가 되며, 두 번째 항은 점 P를 지나고 x축에 평행한 직선이 y축과 만나는 점을 나타낸 것으로 y의 좌표가 된다.

참고

(1) $R \times R$을 간단히 R^2로 표현한다.
(2) 모든 점의 좌표 설정을 한 수직선을 좌표계라 한다.

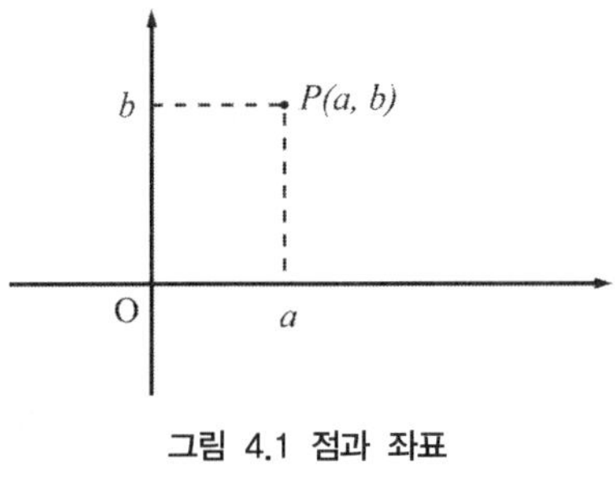

그림 4.1 점과 좌표

평면 위의 두 점 $P(x_1, y_1)$, $Q(x_2, y_2)$를 잇는 **선분의 길이**는 다음과 같이 정의한다.

$$d(P,\ Q) = \sqrt{(x_2 - x_1)^2 + (y_2 - y_1)^2}$$

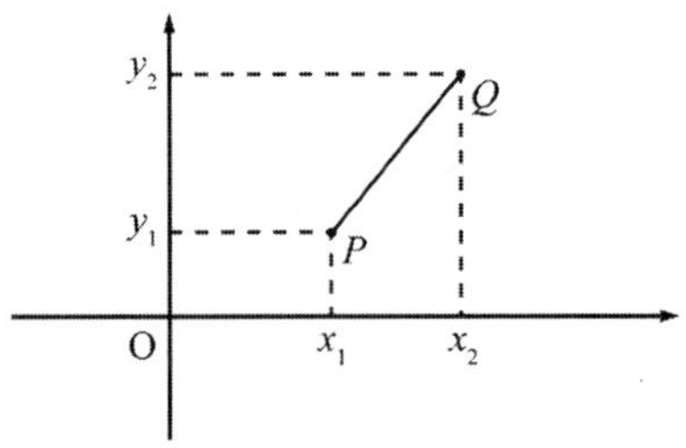

그림 4.2 선분의 길이

그림 4.2에서 보듯이 이 길이는 두 점을 잇는 최단길이이다.

예제 •1 (EXAMPLE) $A(1,\ 2)$, $B(-2,\ 3)$, $C(2,\ -5)$일 때 $d(A, B)$와 $d(B,\ C)$를 구하여 보자.

풀이

$$d(A,\ B) = \sqrt{(-2-1)^2 + (3-2)^2}$$

$$d(B,\ C) = \sqrt{(2+2)^2 + (-5-3)^2} = \sqrt{80}$$

평면 위의 두 점 $P(x_1, y_1)$와 $Q(x_2, y_2)$을 잇는 선분의 중점을 $M(x,\ y)$이라고 하면 $d(Q,\ M) = d(P,\ M)$이므로 **중점의 좌표**는 다음과 같이 구해진다.

$$M = \left(\frac{x_1 + x_2}{2},\ \frac{y_1 + y_2}{2}\right)$$

이것만은 알기!! ~모르면, 다시 한번 처음으로

(1) 순서쌍이란 무엇인가?
(2) 직교좌표계란 무엇인가?
(3) 두 점을 잇는 선분의 길이는 어떻게 구하는가?

4.2 직선의 방정식

평면 위에서 서로 다른 두 점을 지나는 직선은 단 하나 있음을 알고 있다. y축과 평행하지 않은 직선 위의 서로 다른 두 점을 $P_1(x_1, y_1)$, $P_2(x_2, y_2)$이라 하면 그 직선의 **기울기** m은 다음과 같이 정의된다.

$$m = \frac{y_2 - y_1}{x_2 - x_1}$$

두 직선의 기울기가 같으면 두 직선은 **평행**하다고 한다. 만일 직선이 수직선이면, $x_1 = x_2$이므로 기울기는 없다고 하거나 $m = \infty$라 하고, 직선이 수평선이면, $y_1 = y_2$이므로 $m = 0$이다.

예제 •2 (EXAMPLE) 다음 두 점을 지나는 직선의 기울기를 구하여라.

(1) $A(2, 5)$, $B(-2, -1)$ (2) $A(-2, 6)$, $B(3, -4)$

(3) $A(3, 7)$, $B(3, 25)$ (4) $A(4, 2)$, $B(-3, 2)$

풀이

(1) $m = \frac{-1-5}{-2-2} = \frac{3}{2}$ (2) $m = \frac{-4-6}{3+2} = -2$

(3) $m = \infty$ (4) $m = \frac{2-2}{-3-4} = 0$

직선 $x = a$는 $x = a + 0 \cdot y$이므로 모든 y의 좌표에 대하여 항상 x축의 좌표 a를 지나므로 y축과 평행한 직선이고 기울기는 없다고 하거나 $m = \infty$이다. 마찬가지로 $y = b$는 모든 x의 좌표에 대하여 y축의 좌표 b를 지나므로 x축에 평행한 직선이고 기울기 $m = 0$이다.

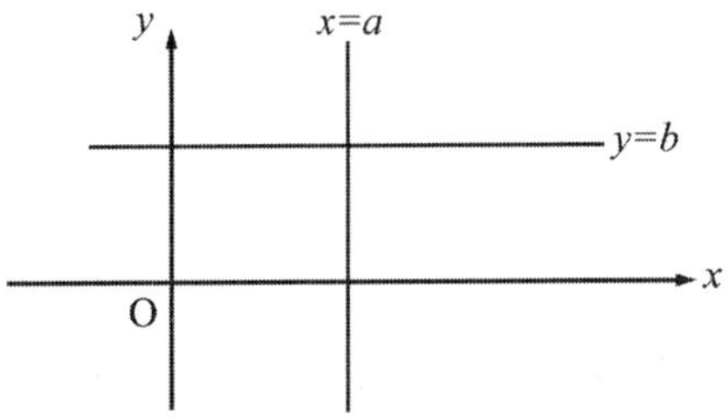

그림 4.3 직선 $x = a$와 $y = b$

기울기가 m이고 한 점 (a, b)를 지나는 직선은 그 점과 직선 위의 다른 임의의 점 (x, y)에서 기울기가 m이므로 $m = \frac{y-b}{x-a}$가 되어 다음과 같은 정리를 얻는다.

정리 4.1 직선의 방정식

기울기가 m이고 한 점 (a, b)를 지나는 직선의 방정식은 다음과 같다.

$$y = m(x-a) + b$$

예제 •3 EXAMPLE 한 점 (3, 6)을 지나고 기울기가 3인 직선의 방정식을 구하고 그래프를 그려보자.

풀이

$y - 6 = 3(x-3)$, 즉 $y = 3x - 3$이고 그래프는 다음과 같다.

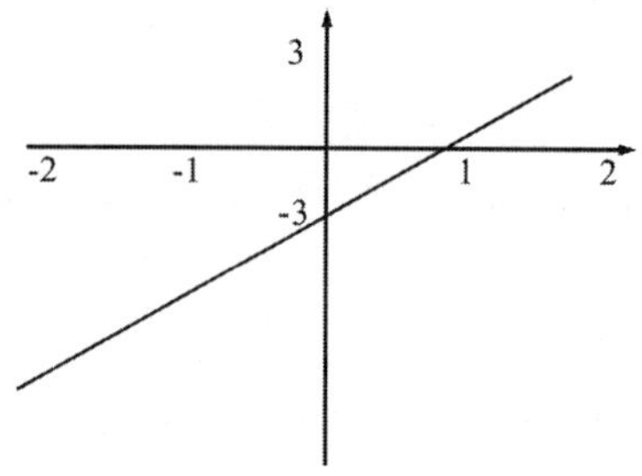

기울기가 m이고 y축의 좌표 b를 지나는 직선의 방정식은 점 $(0, b)$를 지나므로

$$y = mx + b$$

가 된다.

문제 •1 PROBLEM 기울기가 m이고 한 점 (a, b)를 지나는 다음 직선의 방정식을 구하여라.

(1) $m=-2,\ (a,\ b)=(2,\ 5)$

(2) $m=0,\ (a,\ b)=(2,\ 5)$

(3) $m=\infty,\ (a,\ b)=(2,\ 5)$

(4) $m=\dfrac{1}{2},\ (a,\ b)=(2,\ 5)$

두 점 $(x_1,\ y_1),\ (x_2,\ y_2)$를 지나는 직선의 기울기는 $\dfrac{y_2-y_1}{x_2-x_1}$이고 x의 좌표가 x_1(또는 x_2)일 때 y의 좌표는 y_1(또는 y_2)이므로 직선의 방정식은 다음과 같다.

$$y=\frac{y_2-y_1}{x_2-x_1}(x-x_1)+y_1 \text{ 또는}$$

$$y=\frac{y_2-y_1}{x_2-x_1}(x-x_2)+y_2$$

예제 •4 EXAMPLE 다음 두 점을 지나는 직선의 방정식을 구하여라.

(1) $A(2,\ 5),\ B(-2,\ -1)$

(2) $A(-2,\ 6),\ B(3,\ -4)$

풀이

(1) $y=\dfrac{-1-5}{-2-2}(x-2)+5=\dfrac{3}{2}x+2$

(2) $y=\dfrac{-4-6}{3+2}(x-3)-4=-2x+2$

예제 •5 EXAMPLE 한 점 $(2,\ -1)$을 지나고 $2x-3y=5$와 평행인 직선의 방정식을 구하여라.

풀이

$2x-3y=5$는 $y=\dfrac{2}{3}x-\dfrac{5}{3}$이므로 $m=\dfrac{2}{3}$이다. 그러므로 정리에 의하여 $y-(-1)=\dfrac{2}{3}(x-2)$이므로 $2x-3y=7$이 된다.

문제 •2 (PROBLEM) 다음 두 점을 지나는 직선의 방정식을 구하여라.

(1) $A(3, 5)$, $B(-2, -5)$

(2) $A(2, -3)$, $B(-3, 2)$

정리 4.2

두 직선이 서로 수직으로 만나기 위한 필요충분조건은 두 직선의 기울기의 곱이 -1이다.

증명 기울기가 같으면 평행하므로 두 직선을 평행이동하여 원점에서 만난다고 하자. 이 경우 두 직선은 다음과 같이 표현할 수 있다.

$$y = m_1 x,\ y = m_2 x$$

그림과 같이 두 직선의 임의의 점을 각각 $A(x_1, m_1x_1)$, $B(x_2, m_2x_2)$라고 하자. 이 두 점과 원점을 잇는 선분의 길이는 각각

$$d(A,\ O) = \sqrt{x_1^2 + m_1^2 x_1^2},\ d(B,\ O) = \sqrt{x_2^2 + m_2^2 x_2^2}$$

이고 두 점을 잇는 선분의 길이는

$$d(A,\ B) = \sqrt{(x_1 x_2)^2 + (m_1x_1 - m_2x_2)^2}$$

이다.

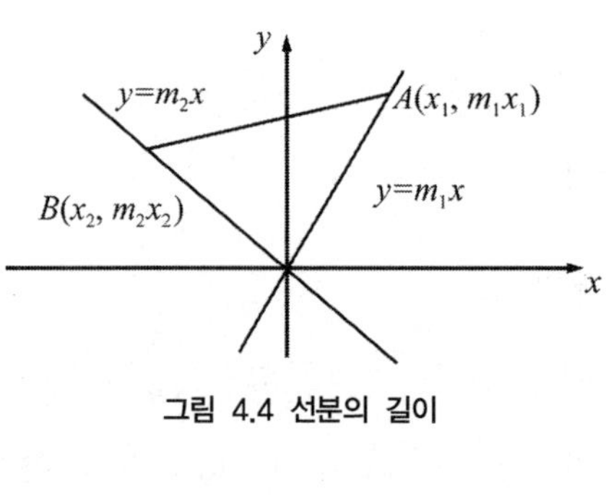

그림 4.4 선분의 길이

두 직선이 수직으로 만나면 원점과 이 두 점을 잇는 삼각형은 직각삼각형이므로

$$\begin{aligned} d(A,\ B)^2 &= (x_1 - x_2)^2 + (m_1x_1 - m_2x_2)^2 \\ &= x_1^2 + m_1^2x_1^2 + x_2^2 + m_2^2x_2^2 \\ &\quad - 2(1 + m_1m_2)x_1x_2 \\ &= d(A,\ O)^2 + d(B,\ O)^2 \end{aligned}$$

이 된다. 그러므로 $m_1m_2 = -1$이다. 만일 $m_1m_2 = -1$이면

$$d(A,\ B)^2 = d(A,\ O)^2 + d(B,\ O)^2$$

이고 원점과 두 점 A, B를 잇는 삼각형은 직각삼각형이므로 두 직선은 수직으로 만난다.

예제 •6 두 점 $A(-2, 6)$, $B(3, -4)$를 잇는 선분의 중점을 지나고 두 점을 지나는 직선과 수직으로 만나는 직선의 방정식을 구하여라.

풀이

두 점을 잇는 선분의 중점은 $\left(\frac{1}{2},\ 1\right)$이고 직선의 기울기가 -2이므로 수직으로 만나는 직선의 기울기는 $\frac{1}{2}$이다. 그러므로 수직으로 만나는 직선의 방정식은

$$y = \frac{1}{2}\left(x - \frac{1}{2}\right) + 1 = \frac{1}{2}x + \frac{3}{4}$$

이다.

문제 •3 다음 직선의 방정식을 구하여라.

(1) $(2,\ -1)$을 지나고 기울기가 3인 직선

(2) $(2,\ -1)$을 지나고 (1)번 직선과 수직인 직선

이것만은 알기!! ~모르면, 다시 한번 처음으로

(1) 기울기가 m이고 한 점 (a, b)를 지나는 직선의 방정식은 무엇인가?

(2) 두 점 (x_1, y_1), (x_2, y_2)를 지나는 직선의 방정식은 무엇인가?

(3) 두 직선이 수직일 필요충분조건은 무엇인가?

4.3 이차방정식

실수 a, b에 대하여 $ax+b=0$과 같은 꼴을 일차방정식이라 한다. 이 방정식의 해는 $a \neq 0$이면

$$x = \frac{b}{a}$$

이다.

실수 a, b, c에 대하여 $ax^2+bx+c=0,\ a \neq 0$과 같은 꼴을 **이차방정식**이라 한다. 이 방정식의 해는 방정식이 인수분해가 되어 $a(x-\alpha)(x-\beta)=0$이 되면 $x=\alpha, \beta$가 된다. 그러나 쉽게 인수분해가 되지 않으면 주어진 식을 다음과 같이 완전제곱의 형태로 나타낸다.

$$\begin{aligned} ax^2+bx+c &= a\left(x^2+\frac{b}{a}x\right)+c \\ &= a\left(x^2+\frac{b}{a}x+\frac{b^2}{4a^2}\right)-\frac{b^2}{4a}+c \\ &= a\left(x+\frac{b}{2a}\right)^2-\frac{b^2-4ac}{4a} \end{aligned}$$

그러면 $ax^2+bx+c=0$은

$$a\left(x+\frac{b}{2a}\right)^2=\frac{b^2-4ac}{4a}$$

으로 나타낼 수 있으므로 방정식의 해는

$$x=-\frac{b}{2a}\pm\frac{\sqrt{b^2-4ac}}{2a}$$

이 된다. 이것을 이차방정식 $ax^2+bx+c=0$의 **근의 공식**이라 한다. b^2-4ac의 부호에 따라 해가 달라지므로 b^2-4ac를 **판별식**이라고 한다.

정리 4.3

이차방정식 $ax^2+bx+c=0$에 대하여

(1) $b^2-4ac>0$이면 x는 서로 다른 두 실근

$$\frac{-b+\sqrt{b^2-4ac}}{2a},\ \frac{-b-\sqrt{b^2-4ac}}{2a}$$

(2) $b^2-4ac=0$이면 x는 중근

$$-\frac{b}{2a}$$

(3) $b^2-4ac<0$이면 x는 허근

$$\frac{-b+\sqrt{4ac-b^2}\,i}{2a},\ \frac{-b-\sqrt{4ac-b^2}\,i}{2a}$$

을 갖는다.

예제 •7 EXAMPLE 다음 이차방정식을 완전제곱으로 나타낸 후 해를 구하여라.

(1) $x^2-x-2=0$ (2) $4x^2-4x+1=0$

(3) $x^2+x+1=0$

풀이

(1) $x^2-x-2=\left(x^2-x+\frac{1}{4}\right)-\frac{9}{4}=\left(x-\frac{1}{2}\right)^2-\frac{9}{4}$이므로

$x-\frac{1}{2}=\pm\frac{3}{2}$, 따라서 $x=2,\,-1$

(2) $4x^2-4x+1=(2x-1)^2$이므로 $2x-1=0$, 따라서

$x=\frac{1}{2}$

(3) $x^2+x+1=\left(x^2+x+\frac{1}{4}\right)+\frac{3}{4}=\left(x+\frac{1}{2}\right)^2+\frac{3}{4}$이므로

$x+\frac{1}{2}=\pm\frac{\sqrt{3}}{2}i$, 따라서 $x=-\frac{1}{2}\pm\frac{\sqrt{3}}{2}i$

예제 •8 (EXAMPLE) 다음 이차방정식의 해를 근의 공식을 이용하여 구하여라.

(1) $x^2-x-2=0$ (2) $4x^2-4x+1=0$

(3) $x^2+2x+2=0$

풀이

(1) $x=\dfrac{1\pm\sqrt{1+8}}{2}=\dfrac{1\pm 3}{2}=2,\ -1$

(2) $x=\dfrac{4\pm\sqrt{16-16}}{8}=\dfrac{1}{2}$

(3) $x=\dfrac{-2\pm\sqrt{4-8}}{2}=\dfrac{-2\pm\sqrt{4}\,i}{2}=-1\pm i$

문제 •4 (PROBLEM) 이차방정식 $x^2+qx+1=0$에 대하여

(1) 중근을 갖도록 q의 값을 구하여라.

(2) 두 실근을 갖도록 q의 범위를 구하여라.

(3) 두 허근을 갖도록 q의 범위를 구하여라.

이차방정식 $ax^2+bx+c=0$에서 일차항의 계수가 짝수일 때, $b=2b'$라 하면 **근의 제2공식**은 다음과 같이 더욱 간단해진다.

$$x=\frac{-b'\pm\sqrt{b'^2-ac}}{a}$$

예제 •9 (EXAMPLE) 다음 이차방정식을 근의 제2공식을 이용하여 해를 구하여라.

(1) $4x^2-4x+1=0$ (2) $x^2+2x-3=0$

(3) $x^2+2x+2=0$

풀이

(1) $x=\dfrac{2\pm\sqrt{(-2)^2-4}}{4}=\dfrac{1}{2}$

(2) $x=-1\pm\sqrt{(1)^2+3}=-1\pm 2=1,\ -3$

(3) $x=-1\pm\sqrt{1-2}=-1\pm i$

P문제 •5 이차방정식의 근의 공식으로부터 근의 제2공식을 유도하여라.

이차방정식의 두 근을 α, β라 하자. 즉

$$\alpha = \frac{-b+\sqrt{b^2-4ac}}{2a},$$

$$\beta = \frac{-b-\sqrt{b^2-4ac}}{2a}$$

그러면

$$\alpha+\beta = -\frac{b}{a},\ \alpha\beta = \frac{c}{a}$$

가 된다. 따라서

$$\begin{aligned} ax^2+bx+c &= a\left(x^2+\frac{b}{a}x+\frac{c}{a}\right) \\ &= a(x^2-(\alpha+\beta))x+\alpha\beta \\ &= a(x-\alpha)(x-\beta) \end{aligned}$$

가 성립한다.

E예제 •10 이차방정식 $x^2+2x-3=0$의 두 근을 α, β라 하면 $\alpha+\beta = -2$, $\alpha\beta = -3$이다.

P문제 •6 이차방정식 $x^2+2x+5=0$의 두 근을 α, β라 할 때 다음을 구하여라.

(1) $\alpha^2+\beta^2$ (2) $(\alpha-\beta)^2$

이것만은 알기!! ~모르면, 다시 한번 처음으로

(1) 이차방정식의 근의 공식을 유도하여라.
(2) 이차방정식의 근과 계수의 관계를 설명하여라.

4.4 고차방정식

3차 이상의 고차방정식이 인수분해가 쉽게 되지 않으면 그 근을 찾기가 쉽지 않다. 이 절에서는 고차방정식을 인수분해하기 위하여 조립제법을 적용하여 본다.

4.2절의 인수정리에 의하면 다항식 $p(x)$가 $x-a$로 나누어지기 위한 필요충분조건은 $p(a)=0$임을 알 수 있다. 즉 $p(a)=0$가 되는 적당한 상수 a를 찾으면 다항식 $p(x)$는 $x-a$로 나누어떨어지고 그 몫은 차수가 하나 작은 다항식이 된다. 그 몫에 이 과정을 반복하여 몫이 2차방정식이 나올 때까지 하고 2차방정식은 근의 공식을 이용하면 다항식 $p(x)$의 모든 근을 구할 수 있다.

참고

인수정리
다항식 $p(x)$가 $x-a$로 나누어지기 위한 필요충분조건은 $p(a)=0$이다.

$p(a)=0$가 되는 상수 a는 인수정리에 의하여 상수항의 계수의 약수가 된다. 그러므로 상수항의 약수 중에서 $p(a)=0$를 만족하는 상수를 찾아야 한다.

EXAMPLE 예제 •11 $x^3+8=0$의 근을 구하여라.

풀이

$p(x)=x^3+8$에서 $p(-2)=0$이므로 조립제법을 적용하면

$$\begin{array}{r|rrrr} & 1 & 0 & 0 & 8 \\ -2 & & -2 & 4 & -8 \\ \hline & 1 & -2 & 4 & 0 \end{array}$$

이므로 $p(x)=x^3+8x$가 된다. 근의 공식에 의하여 근은 $-2,\ 1\pm\sqrt{3}i$이다.

EXAMPLE 예제 •12 $x^4-x^3+8x-8=0$의 근을 구하여라.

풀이

$p(x)=x^4-x^3+8x-8$에서 $p(1)=0$이므로 조립제법을 적용하면

$$
\begin{array}{r|rrrrr}
 & 1 & -1 & 0 & 8 & -8 \\
1 & & 1 & 0 & 0 & 8 \\
\hline
 & 1 & 0 & 0 & 8 & 0
\end{array}
$$

이므로 $p(x)=x^4-x^3+8x-8=(x-1)(x^3+8)$이 된다.
예제 11에 의하여 근은 $1,\ -2,\ 1\pm\sqrt{3}\,i$이다.

예제 12의 조립제법을 반복 적용하면 다음과 같다.

$$
\begin{array}{r|rrrrr}
 & 1 & -1 & 0 & 8 & -8 \\
1 & & 1 & 0 & 0 & 8 \\
\hline
 & 1 & 0 & 0 & 8 & 0 \\
-2 & & -2 & 4 & -8 & \\
\hline
 & 1 & -2 & 4 & 0 &
\end{array}
$$

$$x^4-x^3+8x-8=(x-1)(x+2)(x^2-2x+4)$$

문제 •7 (PROBLEM) 다음 다항식의 근을 구하여라.

(1) $x^4-2x^3-3x^2+8x-4=0$

(2) $x^4-4x^3-8x^2+3=0$

다항식 $p(x)$의 최고차항의 계수가 1이 아닌 a라 하자. 그러면 $p(x)=aq(x)$, $q(x)=\left(\dfrac{1}{a}p(x)\right)$이므로 $p(x)=0$의 근과 $q(x)=0$의 근은 같다. 따라서 $p(x)$를 a로 나누었을 때 나온 계수를 조립제법에 이용하여 $p(x)=0$의 근을 구할 수 있다.

예제 •13 (EXAMPLE) $8x^3-1=0$의 근을 구하여라.

풀이

8로 나누면 $x^3-\dfrac{1}{8}=0$이므로

$$
\begin{array}{r|rrrr}
 & 1 & 0 & 0 & -1/8 \\
1/2 & & 1/2 & 1/4 & 1/8 \\
\hline
 & 1 & 1/2 & 1/4 & 0
\end{array}
$$

따라서

$$p(x) = 8x^3 - 1 = 8\left(x - \frac{1}{2}\right)\left(x^2 + \frac{1}{2}x + \frac{1}{4}\right) = 0$$

가 된다. 근의 공식에 의하여 근은 $\frac{1}{2}$, $\frac{1 \pm \sqrt{3}\,i}{4}$ 이다.

4.5 이차부등식

실수에 있어서 $a<b$의 뜻은 $b-a>0$이라는 의미와 같다. 이러한 기호를 부등식이라 하며 부등식의 성질은 다음과 같다.

(1) $a<b,\ b<c \Rightarrow a<c$

(2) $a<b \Rightarrow a+c<b+c,\ \forall c \in R$

(3) $a<b,\ c>0 \Rightarrow ac<bc$

(4) $a<b,\ c<0 \Rightarrow ac>bc$

즉 음수를 양변에 곱할 때만 부등호의 방향이 바뀌고 그 외에는 방향을 그대로 유지한다. 기호 $\leq$은 $<$ 또는 $=$의 의미로 $\leq$로 사용하기도 한다.

부등식 성질에 의하여 $ax+b<0,\ a\neq 0$의 해는 다음과 같다.

$$a>0\text{이면 } x<-\frac{b}{a}$$

$$a<0\text{이면 } x>-\frac{b}{a}$$

문제 •8 (PROBLEM) 다음을 증명하여라.

(1) $a>0,\ b>0$일 때, $a^2>b^2 \Leftrightarrow a>b$

(2) $a>b,\ c>d$이면 $ac+bd>ad+bc$

$a>0$일 때 절댓값의 정의에 따라 다음이 성립한다.

$$|x|<a \Leftrightarrow -a<x<a$$

$$|x|>a \Leftrightarrow x<-a \text{ 또는 } x>a$$

예제 •14 (EXAMPLE) 부등식 $|2x-7|<3$의 해를 구하여라.

풀이

$|2x-7|<3$은 $-3<2x-7<3$이므로 $2<x<5$가 된다.

문제 •9 (PROBLEM) 다음을 풀어라.

(1) $|2x-7|>3$ (2) $|4-x|\le 3$

(3) $2|x-4|-|x+1|<4$

α, β를 서로 다른 두 실수라 하자. 그러면

$$(x-\alpha)(x-\beta)<0 \Leftrightarrow \alpha<x<\beta$$
$$(x-\alpha)(x-\beta)>0 \Leftrightarrow x<\alpha \text{ 또는 } x<\beta$$

이 성립한다. $ax^2+bx+c=0$의 판별식이 양수라고 하자. 서로 다른 두 실근을 α, β라 하고 $\alpha<\beta$이면

$$ax^2+bx+c=a(x-\alpha)(x-\beta)$$

이므로 $a>0$이면 다음이 성립한다.

참고

$\le$나 $\ge$의 경우도 그대로 따라간다.

(1) $ax^2+bx+c<0$의 해는 $\alpha<x<\beta$

(2) $ax^2+bx+c>0$의 해는 $x<\alpha$ 또는 $x>\beta$

예제 •15 (EXAMPLE) 다음 이차부등식을 풀어라.

(1) $x^2-4x+3\le 0$

(2) $-2x^2+3x+2<0$

풀이

(1) $x^2-4x+3=(x-1)(x-3)\le 0$이므로 $1\le x\le 3$

(2) $-2x^2+3x+2=-2\left(x+\frac{1}{2}\right)(x-2)<0$이므로

$\left(x+\frac{1}{2}\right)(x-2)>0$이다.

따라서 $x<-\frac{1}{2}$ 또는 $x>2$

이차방정식 $ax^2+bx+c=0$의 판별식이 0이면 중근 α를 갖는다. 즉 $ax^2+bx+c=a(x-\alpha)^2$, 따라서 $a>0$이면 다음이 성립한다.

(1) $ax^2+bx+c<0$의 해는 없다.

(2) $ax^2+bx+c>0$의 해는 $x \neq \alpha$인 모든 실수

(3) $ax^2+bx+c \leq 0$의 해는 $x=\alpha$

(4) $ax^2+bx+c \geq 0$의 해는 모든 실수

예제 •16 (EXAMPLE) 다음 이차부등식을 풀어라.

(1) $x^2-4x+4 \leq 0$ (2) $-9x^2+6x-1<0$

풀이

(1) $x^2-4x+4 \leq 0$이므로 $x=2$

(2) $-9x^2+6x-1=-(3x-1)^2$이므로 $(3x-1)^2>0$이다. 따라서 해는 $x \neq \dfrac{1}{3}$인 모든 실수이다.

이차방정식 $ax^2+bx+c=0$은

$$ax^2+bx+c=a\left(x+\frac{b}{2a}\right)^2-\frac{b^2-4ac}{4a}$$

이므로, $a>0$이고 판별식 $b^2-4ac<0$이면 위 이차방정식은 항상 양수이다. 따라서 $a>0$이고 $b^2-4ac<0$이면 다음이 성립한다.

(1) $ax^2+bx+c<0$의 해는 없다.

(2) $ax^2+bx+c>0$의 해는 모든 실수

(3) $ax^2+bx+c \leq 0$의 해는 없다.

(4) $ax^2+bx+c \geq 0$의 해는 모든 실수

예제 •17 (EXAMPLE) 다음 이차부등식을 풀어라.

(1) $x^2-4x+5 \leq 0$ (2) $3x^2+3x+1>0$

풀이

(1) 판별식이 -1이므로 해는 없다.

(2) 판별식이 -3이므로 모든 실수가 해이다.

PROBLEM 문제 •10 다음 이차부등식을 풀어라.

(1) $-3x^2+2x+1 \geq 0$ (2) $2x^2-3x+5 \leq 0$

(3) $-4x^2+4x-1 \geq 0$ (4) $x^2-5x+6 \geq 0$

이것만은 알기!! ~모르면, 다시 한번 처음으로

(1) 이차방정식의 근의 공식을 유도하여라.
(2) 이차방정식의 근과 계수의 관계는?
(3) $a>0$일 때 $|x|<a$과 $|x|>a$의 해의 범위는?
(4) $(x-\alpha)(x-\beta)<0$의 해의 범위는?
(5) $(x-\alpha)(x-\beta)>0$의 해의 범위는?

■ ■ 요약정리

이 장을 끝내기 전에 다음을 알고 있는지 알아보자.

두 점 (x_1, y_1), (x_2, y_2)를 잇는 선분의 길이 $\sqrt{(x_2-x_1)^2+(y_2-y_1)^2}$
기울기가 m이고 (a, b)를 지나는 직선의 방정식 $y=m(x-a)+b$
두 점 (x_1, y_1), (x_2, y_2)를 지나는 직선의 방정식 $y=\dfrac{y_2-y_1}{x_2-x_1}(x-x_1)+y_1$
$ax^2+bx+c=0$의 근의 공식 $x=\dfrac{-b\pm\sqrt{b^2-4ac}}{2a}$
$ax^2+2b'x+c=0$의 근의 제2공식 $x=\dfrac{-b'\pm\sqrt{b'^2-ac}}{a}$
$ax^2+bx+c=0$의 두 근이 α, β이면 $\alpha+\beta=\dfrac{-b}{a}$, $\alpha\beta=\dfrac{c}{a}$
α, β가 서로 다른 두 실수이면 $(x-\alpha)(x-\beta)<0 \Leftrightarrow \alpha<x<\beta$ $(x-\alpha)(x-\beta)>0 \Leftrightarrow x<\alpha$ 또는 $x>\beta$ (단, $\alpha<\beta$)

연습문제

1. 다음 직선의 방정식을 구하고 그 직선을 그려라.

(1) $(-2,\ 7)$을 지나고 기울기가 2

(2) 기울기가 3이고 y축 절편이 -3

(3) $A(2,\ 0)$, $B(1,\ 6)$를 지나는 직선

(4) x축 절편이 1, y축 절편이 -2인 두 점을 지나는 직선

2. 주어진 방정식에서 직선의 기울기를 구하고, x축과 y축을 지나는 좌표를 결정하여 직선을 그려라.

(1) $y+x=0$ (2) $y-1=2(x+3)$

(3) $2x+y=4$ (4) $-x+3y=6$

3. 어느 직선의 쌍이 평행이고 또는 직교하는지, 또는 둘 다 아닌지 결정하여라. 평행이 아닌 임의의 쌍에 대해서는 교점을 구하여라.

(1) $y-2x=1$과 $y+\frac{1}{2}x=-1$

(2) $x-y=-1$과 $x=y$

(3) $2x+3y=-1$과 $2y+2=3(x-1)$

(4) $x=2$와 $x=-1$

4. 주어진 직선에 평행이고 주어진 점 P를 지나는 직선의 방정식을 구하여라.

(1) $y=3x-1$; $P=(-1,\ -2)$

(2) $x+y=1$; $P=(-1,\ -3)$

(3) $3x+2y=10$; $P=(2,\ 1)$

(4) $2x+1=y$; $P=(-1,\ -3)$

5. 주어진 직선에 수직이고 점 P를 지나는 직선의 방정식을 구하여라.

(1) $2x+1=y$; $P=(-1,\ -3)$

(2) $3x+3y-6=0$; $P=(2,\ 3)$

(3) $y-1=2(x-3)$; $P=(4,\ -2)$

(4) $x+y=1\,;\,P=(-1,\,-3)$

6. 다음 이차방정식의 해를 구하여라.

(1) $x^2-x-6=0$ (2) $9x^2-6x+1=0$

(2) $x^2-2x+5=0$ (4) $x^2+2x-24=0$

7. 이차방정식 $x^2+qx+2q=0$에 대하여

(1) 중근을 갖도록 q의 값을 구하여라.

(2) 두 실근을 갖도록 q의 범위를 구하여라.

(3) 두 허근을 갖도록 q의 범위를 구하여라.

8. $x^2+qx+r=0$의 두 근을 α, β라 할 때 다음을 구하여라.

(1) $\alpha^2+\beta^2$ (2) $(\alpha-\beta)^2$

9. 다음 부등식을 풀어라.

(1) $1+\dfrac{1}{2}x \ge \dfrac{x-10}{3}$ (2) $|-2x-5|>1$

10. 다음 이차부등식을 풀어라.

(1) $x^2+2x \le -3x+1$ (2) $x^2-8x+16 \le 0$

(3) $x^2+4x-1>0$ (4) $x^2-3x+3>0$

11. 다음 삼차부등식을 풀어라.

(1) $x^3-6x^2+11x-6<0$ (2) $x^3-6x^2+11x-6 \ge 0$

(3) $x^3-7x^2+15x-9<0$ (4) $x^3-x^2+5x+7>0$

12. $|x+y| \le |x|+|y|$임을 보여라.

13. $x \ge 0$, $y \ge 0$일 때, $\dfrac{x+y}{2} \ge \sqrt{xy} \ge \dfrac{2xy}{x+y}$임을 보여라.

참고

$\dfrac{x+y}{2}$는 산술평균,
$\sqrt{xy}$는 기하평균,
$\dfrac{2xy}{x+y}$는 조화평균

14. $a^2+b^2+c^2 \ge ab+bc+ca$임을 보여라.

15. $(a^2+b^2)(x^2+y^2) \geq (ac+by)^2$임을 보여라.

16. $a>0,\ b>0$일 때, $\sqrt{a}>\sqrt{b} \Leftrightarrow a>b$임을 보여라.

17. 임의의 실수 $a,\ b$에 대하여 $a^3>b^3 \Leftrightarrow a>b$임을 보여라.

대학기초수학

함수

함수, 정의역, 공역, 치역, 독립변수, 종속변수, 일대일 함수, 위로의 함수, 항등함수, 상수함수, 그래프, 우함수, 기함수, 최대정수함수, 다항함수, 유리함수, 합성함수, 역함수

이 장에서 배울 기본개념

CHAPTER 05

5.1 대응과 함수

함수는 수학에서 가장 중요한 개념이라 할 수 있다. 함수 없이는 수학을 이야기하기가 힘들다. 함수를 통하여 주변에서 일어나는 생활현상이나 자연현상을 설명할 수 있다. 서로 관계를 갖는 두 사물의 대응관계를 알아보면서 함수를 알아보기로 하자.

신입생인 근표는 지금부터 대학 졸업할 때까지 4년 동안 일본, 중국, 러시아, 독일, 프랑스, 영국에 배낭여행하기로 계획하고, 그 나라의 중심이 되는 도시인 수도를 알아보아 다음과 같은 관계를 얻었다.

나라	독일	일본	중국	러시아	영국	프랑스
수도	베를린	도쿄	베이징	모스코바	런던	파리

위 표에 의하면 독일의 수도는 베를린이고 영국의 수도는 런던이 된다. 여기서 대응한다는 말을 써보자. 독일의 수도에 대응하는 도시는 베를린, 일본의 수도에 대응하는 도시는 도쿄, … 프랑스의 수도에 대응하는 도시는 파리. 나라의 수도에 관하여 이야기한다면 단순히 한국에 대응하는 것은 서울, 영국에 대응하는 것은 런던, 중국에 대응하는 것은 베이징이 된다. 이와 같이 나라를 도시에 대응시킬 수 있다. 대응하는 것을 화살표 기호를 사용하여 다음과 같이 나타낸다.

독일 $\rightarrow$ 베를린, 일본 $\rightarrow$ 도쿄, 중국 $\rightarrow$ 베이징
러시아 $\rightarrow$ 모스코바, 영국 $\rightarrow$ 런던, 프랑스 $\rightarrow$ 파리

우리가 나라의 수도에 관하여 이야기한다고 알고 있고, 대응하는 도시를 화살표 기호를 사용한다는 것을 안다면, 위의 표가 한눈에 들어온다. 이것을 말로 표현해 보자.

독일의 수도는 베를린이고 일본의 수도는 도쿄이고
중국의 수도는 베이징이고 러시아의 수도는 모스코바이고
영국의 수도는 런던이며 프랑스의 수도는 파리이다.

얼마나 길고 복잡한가. 집합을 이용하여 다시 한 번 설명하자. 나라의 집합을 S, 수도의 집합을 C라고 하자.

S = { 일본, 중국, 러시아, 영국, 프랑스, 독일}
C = { 도쿄, 베이징, 베를린, 모스코바, 런던, 파리}

나라에서 수도로 대응하는 것은 이제 집합 S에서 집합 C로 대응하는 것으로 볼 수 있다. 집합에서는 나열 순서가 달라도 같다. 화살표를 이용하면 다음과 같은 대응이 있음을 알 수 있다.

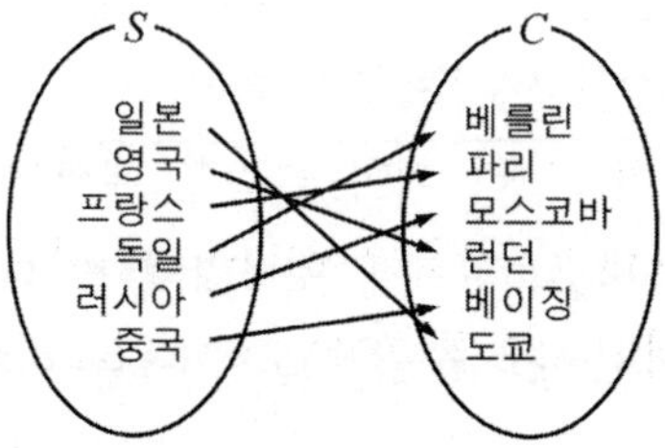

집합 S의 모든 나라는 모두 C에 수도가 있다. 또한 S에 있는 한 나라에 대응하는 서로 다른 두 개의 수도가 집합 C에는 없다. 이 두 사실을 꼭 기억하자.

동네 친구인 근표, 형표, 태순, 형순, 화진, 도균의 키를 재보았다. 그 결과 다음과 같은 표를 얻었다.

이름	근표	형표	태순	형순	화진	도균
키(cm)	178	170	172	167	159	172

위 표에 의하면 근표의 키에 해당하는 수는 178이고 화진이 키에 해당하는 수는 159가 된다. 여기서 해당한다는 말 대신에 대응한다는 말을 써보자. 형표 키에 대응하는 수는 170이고 형순이 키에 대응하는 수는 167이 된다. 이와 같이 이름을 키에 대응시킬 수 있다. 대응하는 것을 화살표 기호를 사용해 보자.

근표 → 178　　형표 → 170　　태순 → 172

형순 → 167　　화진 → 159　　도균 → 172

집합을 이용하여 다시 한 번 설명하자. 이름의 집합을 X, 키의 집합을 Y라고 하자.

$X = \{$근표, 형표, 태순, 형순, 화진, 도균$\}$

$Y = \{167, 159, 170, 172, 178\}$

이름에서 키로 대응하는 것은 이제 집합 X에서 집합 Y로 대응하는 것으로 볼 수 있다. 화살표를 이용하면 다음과 같은 대응이 있음을 알 수 있다.

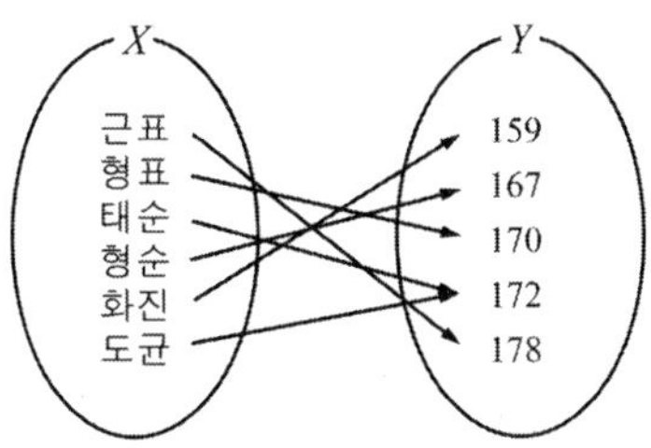

집합 X의 모든 학생의 키에 대응하는 수는 모두 Y에 있다. 비록 두 학생의 키가 같을 수는 있으나, 한 학생의 키가 두 개일 수는 없다.

예제 •1 EXAMPLE 동네 친구인 근표, 형표, 태순, 형순, 화진, 도균의 몸무게를 재보았더니 다음과 같은 표를 얻었다. 이름의 집합은 N, 몸무게의 집합을 W라고 할 때 집합 N에서 집합 W로 가는 대응을 나타내보자.

이름	근표	형표	태순	형순	화진	도균
몸무게(kg)	78	65	65	62	59	73

풀이

집합에서 같은 원소는 한 번만 사용하므로 몸무게의 집합 W는

$$W = \{62, 65, 73, 78, 59\}$$

이다. 그러므로 집합 N에서 집합 W로 가는 대응은 다음과 같다.

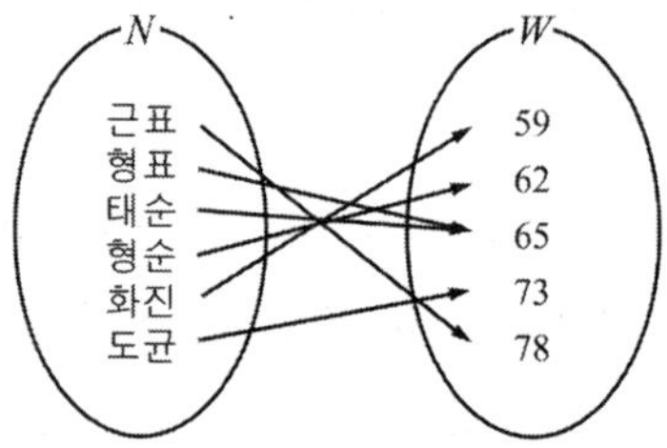

P문제 •1 다음 표는 각 교과서의 쪽 수를 나타낸 것이다. 교과서의 집합을 T, 쪽 수의 집합을 P라고 할 때, 집합 T에서 집합 P로 가는 대응과 P에서 T로 가는 대응을 각각 화살표를 이용하여 나타내보자.

교과서	국어	수학	영어	과학	사회
쪽 수	348	335	317	372	359

예제 1에서 $Z = \{62, 65, 73, 59\}$라고 하자. 그러면 N의 원소 '근표'에 대응하는 원소 '78'이 Z에 없다. 즉

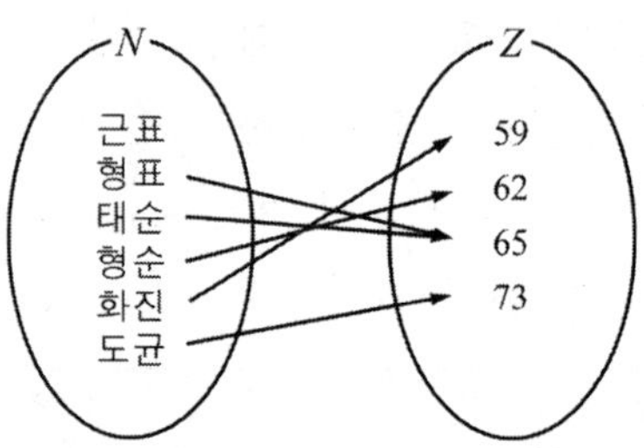

또한 W에서 N으로 가는 대응을 화살표를 이용하여 나타내면 다음과 같다.

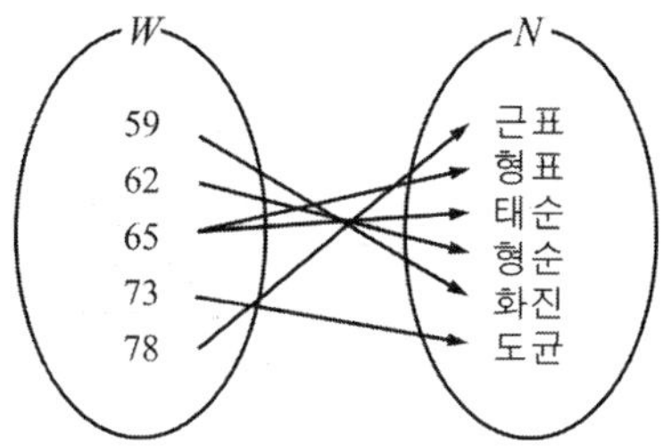

N에서 W로 가는 관계는 N의 각 원소에 대응하는 원소가 W에 단 하나 있으나, N에서 Z로 가는 관계는 N의 원소 '근표'에 대응하는 원소가 Z에 없고, W에서 N으로 가는 대응은 W의 65가 N의 서로 다른 원소 형표와 태순에 대응한다. 이와 같이 N에 속하는 원소에 대응하는 원소가 없거나 아니면 있어도 두 개 이상인 경우와 구별하여, 단 하나에 대응하는 관계를 **함수**(function, map)라고 한다.

위에서 설명한 나라와 수도의 대응은 함수가 되며, 이름의 집합 X에서 키의 집합 Y로 가는 대응도 X에서 Y로의 함수가 된다. 예제 1의 집합 N에서 집합 W로 가는 대응도 N에서 W로의 함수가 된다. 그러나 N에서 Z로 가는 관계는 함수가 아니며 또한 W의 원소 65에 대응하는 집합 N의 원소가 둘이므로, W에서 N으로 가는 대응도 함수가 아니다.

정의

집합 X의 원소에 대응하는 원소가 집합 Y에 단 하나 있는 대응관계를 함수라 한다.

예제 •2 EXAMPLE 근표, 형표, 태순, 형순, 화진, 도균이의 책가방 색깔은 다음과 같다.

이름	근표	형표	태순	화진
책가방 색	검정	노랑	초록	빨강

$X=\{$근표, 형표, 태순 화진$\}$이고 $Z=\{$노랑, 초록, 검정$\}$, $Y=\{$빨강, 주황, 노랑, 초록, 검정, 보라$\}$라고 하자. X에서 Y의 대응관계와 X에서 Z의 대응관계가 함수인지 설명해 보자.

풀이

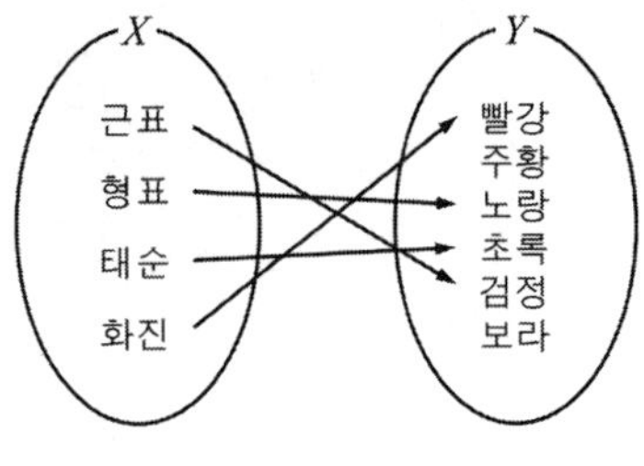

집합 X의 각 원소에 대응하는 집합 Y의 원소가 단 하나이므로 함수가 된다. 그러나 X에서 Z의 대응관계는 X의 원소 '화진'에 대응하는 원소 '빨강'이 Z에 없으므로 함수가 안 된다.

PROBLEM 문제 •2 $L=\{1, 2, 3\}$, $S=\{1, 4, 9, 16\}$이라고 하자. L을 변의 길이의 집합, S를 정사각형의 면적의 집합이라고 할 때, 변의 길이에 대응하는 정사각형의 면적은 L에서 S로 가는 대응관계로 나타낼 수 있다. 이것을 화살표로 나타내고 함수인지 설명하여라.

PROBLEM 문제 •3 음료수 자동판매기가 있다. 가격은 모두 천원이다. 5개의 단추가 있고 누르면 그 위에 보이는 음료수가 떨어진다.

(1) 단추에서 음료수로 가는 관계가 함수가 되려면 음료수를 어떻게 배치해야 하는가?

(2) 음료수를 어떻게 배치하면 단추에서 음료수로 가는 관계가 함수가 되지 않는가?

PROBLEM 문제 •4 다음 대응 관계에서 함수가 되는 것을 모두 찾아라.

1)

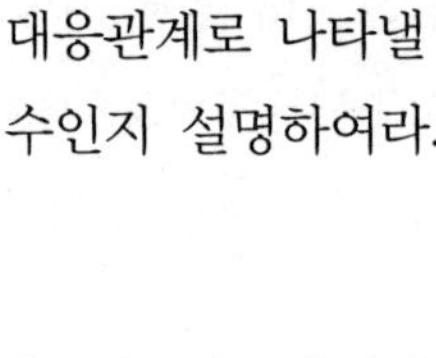

2)

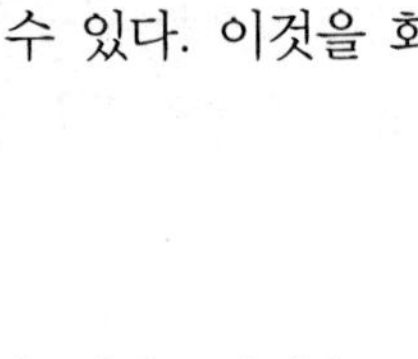

3)

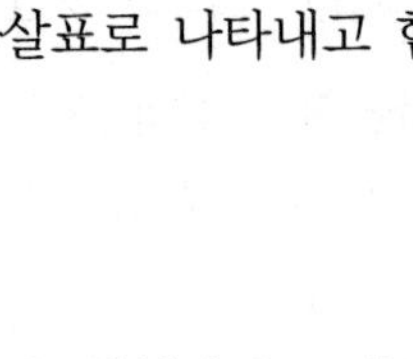

P문제 ·5 활쏘기 시합이 있다. 선수는 '근표, 형표, 형순, 태순, 화진' 모두 5명이다. 하나의 과녁을 놓고 모두 함께 단 한 번만 화살을 쏜다. 과녁의 점수는 1점부터 5점까지 있고, 과녁을 맞추지 못하면 0점이다.

(1) 선수에서 선수가 얻은 점수로 가는 관계가 함수가 되도록 관계를 설정하여라.

(2) 선수에서 선수가 얻은 점수로 가는 관계가 함수가 되지 않는 경우를 설명하여라.

이것만은 알기!! ~모르면, 다시 한번 처음으로

(1) X에서 Y의 대응관계가 함수가 되기 위한 조건을 설명하여라.

5.2 정의역과 치역

함수는 미분적분학을 이해하는 데 매우 중요한 개념으로 실생활에서도 함수관계를 많이 볼 수 있다. 예를 들면 대학 신입생과 대학이름과의 관계, 사람과 그의 나이의 관계, 도서관의 책과 그 책의 도서번호와의 관계, 지폐와 지폐에 적힌 일련번호의 관계 등 생활과 함수는 밀접한 관계를 갖고 있다. 이 관계의 공통점은 신입생이 단 하나의 대학에 다녀야 하고, 사람이 단 하나의 나이를 가지며 지폐가 단 하나의 일련번호를 갖듯이 대응되는 것이 단 하나 있다는 것이다. 이와 같은 관계를 함수관계라고 하며 수학적인 용어를 사용하여 다음과 같이 정의한다.

정의 5.1

집합 X에 속하는 모든 원소에 집합 Y의 단 하나의 원소가 대응하는 관계를 X에서 Y로의 **함수**(a function of X into Y)라 한다. 이 관계를 $f: X \to Y$ 또는 $y = f(x)$로 나타낸다. $f(x)$을 x에서 함수 f의 값(image, **함수값**), X를 함수 f의 **정의역**(domain), Y를 함수 f의 **공역**(codomain)이라 한다. 함수값 전체의 집합

$$f(x) = \{f(x) \mid x \in X\}$$

를 함수 f의 **치역**(range)이라 한다.

정의
다음 조건을 만족하면 $f: X \to Y$를 함수라 한다.
(1) $\forall x \in X,\ f(x) \in Y$
(2) $x_1 = x_2 \Rightarrow f(x_1) = f(x_2)$
또는
(2′) $f(x_1) \neq f(x_2) \Rightarrow x_1 \neq x_2$

X에 속하는 모든 원소에 집합 Y의 단 하나의 원소가 대응한다는 것은, X에 속하는 모든 x에 대응하는 $f(x)$가 집합 Y에 속하고 단 하나이다. 즉 다음 두 조건을 만족한다.

(1) 임의의 $x \in X$에 대하여 $f(x) \in Y$이다.
(2) $x_1 = x_2$이면 $f(x_1) = f(x_2)$이다.

두 번째 조건 '$x_1 = x_2$이면 $f(x_1) = f(x_2)$이다.'의 대우명제는 '$f(x_1) \neq f(x_2) \Rightarrow x_1 \neq x_2$'이므로 두 번째 조건 대신

$$f(x_1) \neq f(x_2)\text{이면 } x_1 \neq x_2\text{이다.}$$

를 만족하여도 된다. 함수의 첫 번째 조건 '임의의 $x \in X$에 대하여 $f(x) \in Y$이다.'에 의하여 f가 함수이면 항상

$$f(X) \subset Y$$

가 성립한다.

함수 $f: X \rightarrow Y$에서 X의 원소를 **독립변수**(independent variable), Y의 원소를 **종속변수**(dependent variable)라고 한다. 예를 들어, 대학 신입생(또는 사람, 책, 지폐)의 집합을 X, 대학이름(또는 나이, 도서번호, 일련번호)의 집합을 Y라 하면 대학 신입생과 대학이름과의 관계 또는 사람과 그의 나이의 관계, 도서관의 책과 그 책의 도서번호와의 관계, 지폐와 지폐에 적힌 일련번호의 관계는 모두 집합 X에서 집합 Y로의 함수 f가 되며

$$f(\text{신입생}) = \text{한국대학교},\ f(\text{사람}) = 22$$
$$f(\text{책}) = 515 - \text{수}819,\ f(\text{지폐}) = \text{나차아}8260036$$

과 같이 나타낼 수 있다.

예제 •3 EXAMPLE X를 대학교 신입생들의 집합, Y를 전체 학교의 집합이라고 하자. $f(\text{신입생})$을 그가 입학한 대학교라고 정의하자. 그러면 정의구역은 대학교 신입생들의 집합이 되고 공역은 전체 학교의 집합이다. 한편 치역은 대학교의 집합이 된다.

형표는 아버지와 함께 차를 타고 시속 60km의 일정한 속도로 쉬지 않고 5시간을 갔다. 거리는 속도에 시간을 곱하면 되므로 처음부터 매 시간 마다 간 거리는 다음과 같이 나타난다.

시간	0	1	2	3	4	5
거리(km)	0	60	120	180	240	300

또한 1시간 30분 간 거리는 30분이 0.5시간이므로 60×1.5=60km가 된다. 시간을 x, 거리를 y라고 하면 거리는 속도×시간이므로 x와

y의 관계는 $y = 60x$가 된다. 따라서 5시간까지의 시간의 집합을 X, 그때 진행된 거리의 집합을 Y라고 하면

$$X = \{x | 0 \le x \le 5\}, \quad Y = \{y | 0 \le y \le 300\}$$

이 된다. 이 대응관계는 X에 속하는 시간 x에 대하여 대응하는 거리 $60x$가 단 하나이고 Y에 속하므로 X에서 Y로 가는 함수가 된다. 이 함수를 f로 표시하면 $f : X \to Y$이고 $f(x) = 60x$라고 나타난다. 그러므로 시간에 대응하는 거리 y는

$$y = f(x) \text{ 또는 } y = 60x$$

로 표현할 수 있다. $f(x) = 60x$이므로 1의 함수값은 60, 3의 함수값은 180이 된다. 집합 $Y = \{y | 0 \le y \le 300\}$는 함수 f의 함수값 전체의 집합을 나타내므로 함수 f의 치역이 된다.

예제 •4 (EXAMPLE) 예제 2와 문제 4의 (1)과 (3)에서 각각의 함수값과 치역을 구해보자.

풀이

(1) 예제 2에서의 치역은 근표의 함수값은 검정, 형표의 함수값은 노랑, 태순의 함수값은 초록, 화진의 함수값은 빨강이다. 따라서 치역은 {빨강, 초록, 노랑, 검정}이다.

(2) 문제 4의 (1)에서는 a의 함수값은 0, b의 함수값은 1, c의 함수값은 4, d의 함수값은 0이다. 따라서 치역은 $\{0, 1, 4\}$이다.

(3) 문제 4의 (3)에서는 대전, 서울, 부산의 함수값은 모두 한국. 따라서 치역은 {한국}.

참고

치역은 함수값 전체의 집합이고, 공역은 함수값 전체를 포함하므로 치역은 공역에 포함된다. 즉 치역⊂공역. 따라서 정의구역의 원소에 대응하지 않는 원소도 공역에는 있을 수 있다.

문제 •6 (PROBLEM) 문제 3의 음료수 자동판매기 문제에서, 단추에서 음료수로 가는 관계가 함수가 될 때 정의역과 공역은 무엇이 되는가?

P문제 •7 문제 5의 활쏘기 시합에서, 선수에서 점수로 가는 관계가 함수일 때 정의역과 공역을 구하여라.

이것만은 알기!! ~모르면, 다시 한번 처음으로

(1) 함수란 무엇인가?
(2) 정의역과 공역은 무엇인가?
(3) 공역과 치역은 어떻게 다른가?

5.3 일대일 대응

나이의 경우 서로 다른 사람이라도 같은 나이를 가질 수 있는 경우가 있는가 하면, 지폐의 일련번호와 같이 어느 지폐에 대응하는 일련번호가 다른 어떠한 지폐에도 없는 경우가 있다. 이와 같이 함수값에 대응하는 X의 원소가 단 하나 있는 함수를 다음과 같이 정의한다.

정의 5.2

함수 $f: X \to Y$에서 함수값에 대응하는 X의 원소가 단 하나 있을 때 f를 **일대일**(one-to-one) 함수라고 한다.

$f: X \to Y$가 일대일 함수이면 X에 속하는 원소가 서로 다를 때 이에 대응하는 Y의 원소도 서로 다르므로 다음과 동치이다.

정의

다음을 만족하는 함수 f를 일대일 함수라 한다.
$f(x_1) = f(x_2) \Rightarrow x_1 = x_2$

(1) $x_1 \neq x_2 \Rightarrow f(x_1) \neq f(x_2)$ 또는

(2) $f(x_1) = f(x_2) \Rightarrow x_1 = x_2$

따라서 지폐나 주민등록번호와 같이 일련번호가 똑같은 것이 없는 경우를 일대일 함수라 할 수 있다.

예제 3의 경우 서로 다른 학생이 동시에 같은 학교에 입학할 수 있으므로 일대일 함수가 되지 않는다.

정의

다음을 만족하는 함수 f를 Y 위로의 함수라 한다.
$\forall y \in Y, \exists x \in X$ s.t.

$$f(x) = y$$

정의 5.3

함수 $f: X \to Y$에서 모든 $y \in Y$에 대하여 $f(x) = y$를 만족시키는 원소 $x \in X$가 있으면 f를 X에서 Y 위로의 (onto)함수라고 하며 x를 y의 **역상**(inverse image)이라 한다.

즉, 공역의 모든 원소가 정의역에 있는 적당한 원소의 함수값으로

만들 수 있으면 이 함수는 위로의 함수가 된다. 예제 3의 경우 전체학교에는 대학교만 있는 것이 아니므로 위로의 함수가 되지 않는다. 그러나 공역을 대학교의 집합으로 축소하면 어느 대학을 택하든지 그 대학에 간 학생이 있으므로 신입생의 집합에서 대학교 집합 위로의 함수가 된다. 일대일이고 위로의 함수를 일대일 대응이라고 한다.

함수 f가 위로의 함수이면 정의에 의하여 모든 $y \in Y$에 대하여 $y = f(x)$가 되는 x가 X에 있으므로 $Y \subset f(X)$가 되고, 원래 함수는 $f(X) \subset Y$을 만족하므로

$$Y = f(X)$$

가 되어 치역과 공역이 같다. 마찬가지로 공역과 치역이 같은 함수는 위로의 함수이다.

예제 •5 (EXAMPLE) $f : X \to Y,\ f(x) = x^2$에 대하여,

(1) $X = [-2,\ 2],\ Y = [-4,\ 4]$이면 $f(-1) = f(1)$이므로 일대일이 아니다. 또한 $-3 = x^2$에 대응하는 x가 X에 없으므로 위로의 함수도 아니다.

(2) $X = [0,\ 2],\ Y = [0,\ 4]$이면, $x_1,\ x_2 \in X$에 대하여 $x_1^2 = x_2^2$이면 $x_1 = x_2$이므로 일대일이다. 또한 $y \in Y$에 대하여 $y \in [0,\ 4]$이므로 $\sqrt{y} \in [0,\ 2] = X$이다. 따라서 Y 위로의 함수가 된다.

문제 •8 (PROBLEM) 함수 $f : X \to Y,\ f(x) = 2x + 1$에 대하여 $X = [-1,\ 2]$라고 하자.

(1) 이 함수는 일대일임을 보여라.

(2) 위로의 함수가 되기 위한 Y의 범위를 구하여라.

정의

다음을 함수 f의 그래프라 한다. 단 정의역은 X

$\{(x,\ f(x)) | x \in X\}$

함수 $f : X \to Y$에 대하여 좌표평면 위의 점의 집합

$$\{(x,\ f(x)) | x \in X\}$$

을 함수 f의 **그래프**(graph)라 한다.

예제 •6 EXAMPLE 다음 함수의 그래프를 구하여라.

(1) $f:[0,\ 2]\to[0,\ 4],\ f(x)=x^2$

(2) $f:[-4,\ 4]\to[-4,\ 4],\ f(x)=x$

(3) $f:[-4,\ 4]\to\{2\},\ f(x)=2$

풀이

(1) $\{(x,\ x^2)\mid x\in[0,\ 2]\}$

(2) $\{(x,\ x)\mid x\in[-4,\ 4]\}$

(3) $\{(x,\ 2)\mid x\in[-4,\ 4]\}$

예제 5에서 보듯이 주어진 함수가 일대일이 아닌 경우 정의역을 축소하면 일대일 함수가 될 수 있고, 위로의 함수가 아닌 경우 공역을 축소하면 위로의 함수가 되게 만들 수 있다. 그래프에서 함수값(y)의 범위와 y축에 표시된 공역과 일치하면 위로의 함수가 되고 일치하지 않으면 위로의 함수가 아니다. 또한 그래프에서 함수값(y) 하나에 대하여 대응되는 x축의 원소가 단 하나이면 일대일이고 둘 이상이면 일대일이 되지 않는다.

$f(x)=x$와 같이 정의역에 속하는 원소와 대응하는 함수값이 모두 같은 함수를 **항등함수**(identity function)라 하며, $f(x)=a$와 같이 모든 원소에 대응하는 함수값이 특정한 상수일 경우 이러한 함수를 **상수함수**(constant function)라고 한다.

문제 •9 PROBLEM 문제 3의 음료수 자동판매기가 있다.

(1) 단추에서 음료수로 가는 관계가 상수함수가 되도록 음료수를 배치하여라.

(2) 단추에서 음료수로 가는 관계가 일대일 함수가 되도록 음료수를 배치하여라.

(3) 단추에서 음료수로 가는 함수는 음료수 위로의 함수가 되는지 설명하여라.

(4) 단추에서 음료수로 가는 함수가 일대일이면 일대일 대응이 되는지 설명하여라.

문제 •10 문제 5의 활쏘기 시합이 있다.

(1) 선수에서 점수로 가는 관계가 상수함수가 되는 경우는 어떤 경우인가?

(2) 선수에서 점수로 가는 관계가 일대일 함수가 되는 경우는 어떤 경우인가?

(3) 선수에서 점수로 가는 관계가 점수 위로의 함수가 되는 경우는 어떤 경우인가?

(4) 선수에서 점수로 가는 함수가 일대일이면 일대일 대응이 되는지 설명하여라.

이것만은 알기!! ~모르면, 다시 한번 처음으로

(1) 일대일 함수를 설명하여라.

(2) 위로의 함수를 설명하여라.

(3) 항등함수와 상수함수는 어떻게 다른가?

5.4 합성함수와 역함수

함수 중에 정의역의 모든 원소 x에 대하여 $f(-x)=f(x)$가 성립하는 함수 f를 **우함수**(even function)라 하고, $f(-x)=-f(x)$이 성립하는 함수를 **기함수**(odd function)라 한다.

예제 •7 $f(x)=x^2$, $f(x)=2$는 모두 $f(-x)=f(x)$가 성립하므로 우함수이고, $f(x)=x^3$은 $f(-x)=-f(x)$가 성립하므로 기함수이다.

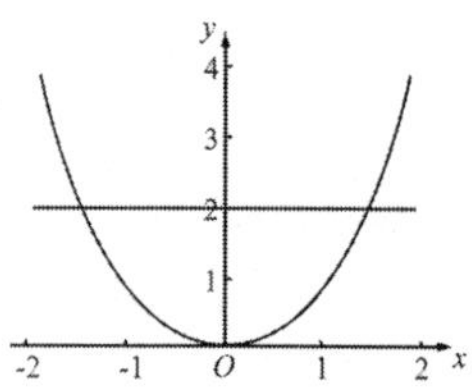

$f(x)=x^2$, $f(x)=2$

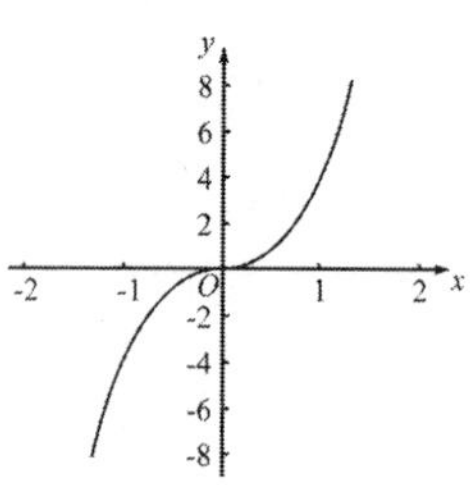

$f(x)=x^3$

우함수는 x나 $-x$에 대응하는 함수값이 같으므로 y축에 관하여 대칭이다. 기함수는 $-x$에 대응하는 함수값이 $-x$에 대응하는 함수값과 절댓값은 같고 부호만 다르므로 원점에 관하여 대칭이다.

실수 $-x$보다 크지 않은 정수 중 가장 큰 정수를 $-x$의 최대정수라 한다. 그러한 정수는 단 하나 있으므로 실수와 그에 대응하는 최대정수의 함수를 **최대정수함수**(greatest integer function 또는 Gauss function)라 하며 $f(x)=[x]$와 같이 나타낸다. 즉, 최대정수함수의 그래프는 다음 그림과 같고, 모든 정수 n에 대하여 함수값은 다음과 같다.

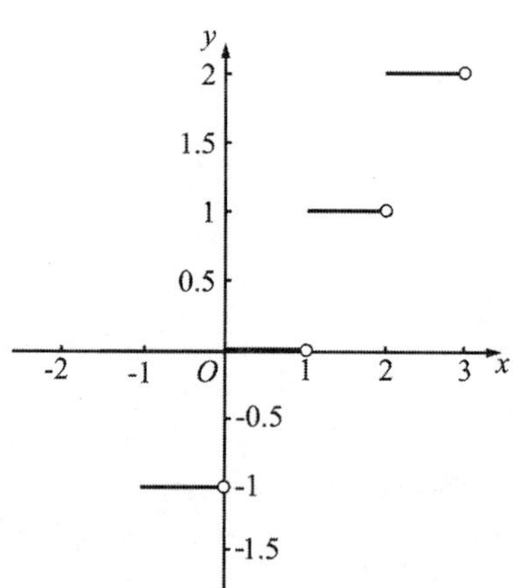

$$[x] = n,\ x \in [n,\ n+1)$$

함수 사이의 사칙연산은 다음과 같이 정의한다.

$$(f+g)(x) = f(x) + g(x)$$
$$(f-g)(x) = f(x) - g(x)$$
$$(fg)(x) = f(x)g(x)$$
$$\left(\frac{f}{g}\right)(x) = \frac{f(x)}{g(x)},\ (\text{단, } g(x) \neq 0)$$

예제 •8 EXAMPLE $f(x) = \sqrt{1-x^2}$, $g(x) = x+2$이고 $[-1,\ 1]$을 정의구역이라고 하면 함수의 사칙연산은 다음과 같다.

$$(f+g)(x) = \sqrt{1-x^2} + x + 2$$
$$(f-g)(x) = \sqrt{1-x^2} - (x+2)$$
$$(fg)(x) = \sqrt{1-x^2}\,(x+2)$$
$$\left(\frac{f}{g}\right)(x) = \frac{\sqrt{1-x^2}}{x+2}$$

음이 아닌 정수 n과 실수 $a_0,\ a_1,\ \cdots,\ a_n$에 대하여 함수

$$p(x) = a_0x^n + a_1x^{n-1} + \cdots + a_n$$

를 **다항함수**(polynomial function)라고 하며 두 다항함수의 분수 형태로 된 함수를 **유리함수**(rational function)라 한다.

예제 •9 EXAMPLE $2x^2+3x-1$은 다항함수, $\dfrac{2x^2+3x-1}{x-1}$은 유리함수이다.

함수 $f: X \to Y,\ g: Y \to Z$에 대하여 $\varnothing(x) = g(f(x))$로 정의된 함수 $\varnothing: X \to Y$를 f와 g의 **합성함수**(composite function)라 하고 $\varnothing(x) = (g \circ f)(x)$로 나타낸다.

예제 •10 (EXAMPLE) $f(x)=\sqrt{1-x^2}$, $g(x)=x+2$일 때 $(g \circ f)(x)$를 구하여라.

풀이

$$(g \circ f)(x)=g(f(x))=g(\sqrt{1-x^2})=\sqrt{1-x^2}+2$$

함수 $f: X \to Y$가 일대일이고 위로의 함수일 때 Y의 임의의 원소 y에 대하여 $f(x)=y$가 되는 X의 원소 x가 단 하나 존재한다. 이 경우 역상 x를 y에 대응하는 어떤 함수의 함수값으로 할 수 있다. 이 함수를 f의 **역함수**(inverse function)라 하고 f^{-1}로 나타낸다. 따라서 함수의 정의역은 역함수의 치역이 되고 함수의 치역은 역함수의 정의역이 된다. 또한 함수와 그 역함수와의 합성함수는 항상 항등함수가 된다. 즉

$$(f \circ f^{-1})(x)=x,\ (f^{-1} \circ f)(x)=x$$

함수 $f: X \to Y$가 일대일이고 Y 위로의 함수일 때 역함수 $y=f^{-1}(x)$를 구하려면 다음과 같이 세 단계의 과정을 밟으면 된다.

(1) 방정식 $y=f(x)$에서 x를 y에 관한 식으로 고친다.
(2) y에 관한 식을 $x=g(y)$라 둔다.
(3) y와 x를 교환하여 $y=g(x)$를 얻는다.

이때 $y=g(x)$가 바로 역함수 $y=f^{-1}(x)$가 된다. 결국, $y=f(x)$의 역함수는 $y=f(x)$에서 x와 y를 바꾼 다음 x에 관한 식으로 고친 함수이므로 역함수와 원래의 함수는 직선 $y=x$에 관하여 대칭이 된다.

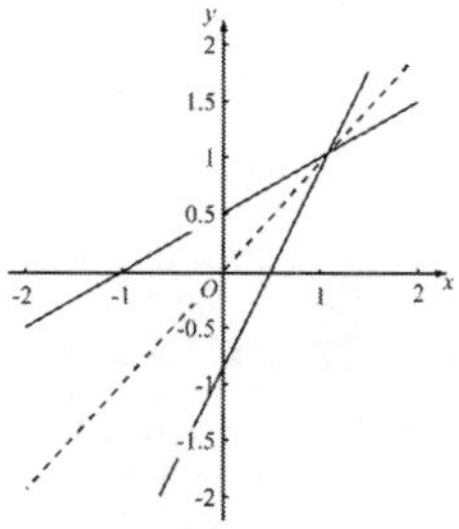

함수와 역함수의 그래프

예제 •11 (EXAMPLE) $y=2x-1$의 역함수를 구하여라.

풀이

$y=2x-1$을 y에 관하여 풀면 $x=\frac{1}{2}y+\frac{1}{2}$이다. x와 y를 바꾸면 역함수는 $y=\frac{1}{2}x+\frac{1}{2}$가 된다.

예제 •12 (EXAMPLE) $f(x)=x^3$의 역함수를 구하고 f와 그 역함수의 합성함수가 항등함수임을 보여라.

풀이

함수 $y=x^3$의 y에 관한 식은 $x=y^{1/3}$이므로 역함수 $f^{-1}(x)$는 y와 x를 교환한 $y=x^{1/3}$가 된다. 한편

$(f \circ f^{-1})(x)=f(f^{-1}(x))=f(x^{1/3})=(x^{1/3})^3=x$

$(f^{-1} \circ f)(x)=f^{-1}(f(x))=f^{-1}(x^3)=(x^3)^{1/3}=x$

이 되어 항등함수이다.

문제 •11 (PROBLEM) $f: X \rightarrow Y,\ f(x)=x^2-2x+2$에 대하여 $X=[1,\ 3]$이고 $Y=[1,\ 5]$라고 하자.

(1) 이 함수가 일대일이고 위로의 함수임을 보여라.

(2) 이 함수의 역함수를 구하여라.

(3) f와 그 역함수의 합성함수가 항등함수임을 보여라.

정리 5.4

다음이 성립한다.

(1) $(f^{-1})^{-1}=f$

(2) $(g \circ f)^{-1}=f^{-1} \circ g^{-1}$

예제 11에서 $y=2x-1$의 역함수는 $y=\dfrac{x+1}{2}$임을 보았다. 다시 이 함수의 역함수를 구하면 $x=\dfrac{y+1}{2}$, 즉 $y=2x-1$이 된다. 즉 역함수의 역함수는 원래 함수가 된다.

$f(x)=x^3$이라 하고 $g(x)=2x-1$라 하면

$$(g \circ f)x=g(f(x))=g(x^3)=2x^3-1$$

이다. 이 함수의 역함수는 $x=2y^3-1$이므로

$$y=\sqrt[3]{\frac{x+1}{2}}=(g\circ f)^{-1}(x)$$

이다. 한편 예제 11과 12에 의하여 $g^{-1}(x)=\dfrac{x+1}{2}$ 이고 $f^{-1}(x)=\sqrt[3]{x}$ 이다. 따라서

$$\begin{aligned}(f^{-1}\circ g^{-1})(x)&=(f^{-1}(g^{-1}(x)))=f^{-1}\left(\frac{x+1}{2}\right)\\&=\sqrt[3]{\frac{x+1}{2}}\end{aligned}$$

가 되어

$$(g\circ f)^{-1}=f^{-1}\circ g^{-1}$$

가 성립한다.

이것만은 알기!! ~모르면, 다시 한번 처음으로

(1) 우함수와 기함수는 어떻게 다른가?
(2) 최대정수함수란 무엇인가?
(3) 합성함수는 어떻게 정의하는가?
(4) 역함수는 어떻게 구하는가?

요약정리

이 장을 끝내기 전에 다음을 알고 있는지 알아보자.

용 어	정 의
함수	$f: X \to Y$가 함수라 함은 ① 모든 $x \in X$에 대하여 $f(x) \in Y$ ② 그러한 $f(x)$는 단 하나이다. 이때 X를 정의역 Y를 공역, $f(x)$를 치역이라 한다.
일대일 함수	$x_1 \neq x_2$이면 $f(x_1) \neq f(x_2)$인 함수
위로의 함수	$f(X) = Y$인 함수
일대일 대응	일대일이고 위로의 함수
우함수, 기함수	$f(-x) = f(x)$이면 우함수 $f(-x) = -f(x)$이면 기함수
역함수	일대일 대응인 함수에서 $y = f^{-1}(x) \Leftrightarrow x = f(y)$
합성 함수	$(f \circ g)(x) = f(g(x))$

연습문제

1. $f:R\to R$일 때, 다음 함수의 정의역을 구하여라.

(1) $f(x)=\dfrac{2}{x-1}$ (2) $f(x)=\sqrt{2x+3}$

(3) $f(x)=\sqrt{\dfrac{1}{x+1}}$ (4) $f(x)=|5x-3|$

(5) $f(x)=\dfrac{4-x^2}{x^2-x-6}$ (6) $f(x)=\sqrt{x+2}$

(7) $f(x)=\sqrt{1-\sqrt{x^2-3}}$ (8) $f(x)=\dfrac{2x-3}{x^2-4}$

2. 다음 정의역에서 함수의 치역을 구하여라.

(1) $f(x)=-1,\ x\in R$ (2) $f(x)=3x-2,\ x\geq 4$

(3) $f(x)=\dfrac{1}{x-1},\ x\neq 1$ (4) $f(x)=\sqrt{x+2},\ x\geq -2$

(5) $f(x)=x^2-4x+1,\ x\in R$

3. 다음 함수가 일대일인지, 위로의 함수인지를 보여라.

(1) $f:[0,1]\to[-1,1],\ f(x)=\sqrt{1-x^2}$

(2) $f:[-1,1]\to[0,1],\ f(x)=x^2$

(3) $f:[-1,2]\to[0,3],\ f(x)=|1-x|$

(4) $f:[-1,1]\to[-1,5],\ f(x)=3x+2$

4. 다음 함수가 우함수인지, 기함수인지 아니면 어느 것도 아닌지를 말하고 증명하여라.

(1) 두 우함수의 합 (2) 두 기함수의 합

(3) 두 우함수의 곱 (4) 두 기함수의 곱

(5) 우함수와 기함수의 곱

5. $f(x)=x^2+2$와 $g(x)=\dfrac{2}{x-1}$에 대하여 다음 함수를 구하고 각각 정의역을 구하여라.

(1) $(f+g)(x)$　　(2) $\left(\frac{g}{f}\right)(x)$

(3) $(f \circ g)(x)$　　(4) $(g \circ f)(x)$

6. 다음 함수의 역함수를 구하여라.

(1) $f(x)=3x-5$　　(2) $f(x)=x^2-3$

(3) $f(x)=\sqrt{2x+5}$　　(4) $f(x)=\frac{3x+2}{2x+1}$

7. 문제 6에서 구한 역함수와 원 함수를 합성하여 항등함수가 나오는지 살펴보라.

8. $f(x)=x+1,\ g(x)=x^2,\ \ x \geq 0$이다. $(g \circ f)^{-1}=f^{-1} \circ g^{-1}$가 성립함을 보여라.

대학기초수학

지수함수와 로그함수

지수함수, 로그함수, 지수법칙, 로그의 성질, 자연로그함수

이 장에서 배울 기본개념

CHAPTER 06

6.1 지수의 확장과 로그

$a > 0, b > 0$이고 m, n이 유리수이면 다음과 같은 지수법칙이 성립함을 알고 있다.

(1) $a^n a^m = a^{n+m}$ (2) $(a^n)^m = a^{nm}$

(3) $(ab)^n = a^n b^n$ (4) $\dfrac{a^n}{a^m} = a^{n-m}$

이 지수법칙은 지수가 실수일 때도 성립한다.

정리 6.1

$a > 0, b > 0$이고, x, y가 실수이면 다음이 성립한다.

(1) $a^x a^y = a^{x+y}$ (2) $(a^x)^y = a^{xy}$

(3) $(ab)^x = a^x b^x$ (4) $\dfrac{a^x}{a^y} = a^{x-y}$

예제 •1 EXAMPLE

(1) $3^{\sqrt{2}} 3^{\sqrt{8}} = 3^{\sqrt{2}+2\sqrt{2}} = 3^{3\sqrt{2}} = 27^{\sqrt{2}}$

(2) $(3^{\sqrt{2}})^{\sqrt{8}} = 3^{\sqrt{2}\sqrt{8}} = 3^4 = 81$

a는 1이 아닌 양수라 하자. 그러면 임의의 양수 n에 대하여 $a^x = n$을 만족시키는 실수 x는 단 하나뿐이다. 따라서 x를 n에 대응하는 관계는 함수가 된다. 이 함수를 **로그함수**라 하며 다음과 같이 정의한다.

정의

$a>0,\ a\neq 1,\ n>0,$
$x=\log_a n \Leftrightarrow a^x=n$

정의 6.2

$a>0,\ a\neq 1$인 실수 a와 양수 n에 대하여, $a^x=n$이 성립하면, 이때 x를 다음과 같이 정의한다.

$$x=\log_a n$$

이때 x는 a를 밑수로 하는 n의 **로그**(log)라 한다.

예제 EXAMPLE •2

(1) $16=2^4 \Leftrightarrow 4=\log_2 16$

(2) $4=\log_3 81 \Leftrightarrow 3^4=81$

(3) $0.01=10^{-2} \Leftrightarrow -2=\log_{10}0.01$

(4) $-2=\log_5 0.04 \Leftrightarrow 0.04=5^{-2}$

문제 PROBLEM •1 지수는 로그로 로그는 지수로 변환하여라.

(1) $9=3^2$　　(2) $\sqrt{9}=3$

(3) $\log_2 32=5$　　(4) $\log_{0.5}0.25=2$

지수를 이용하여 로그의 값을 구할 수 있다.

예제 EXAMPLE •3 다음의 값을 구하여라.

(1) $\log_2 8$　　(2) $\log_9\sqrt{3}$

풀이

(1) $\log_2 8=x$라고 하면 $2^x=8$이다. 따라서 $x=3$이다.

(2) $\log_9\sqrt{3}=x$라고 하면 $9^x=\sqrt{3}$이다. 즉 3^{2x}이므로 $x=\dfrac{1}{4}$이다.

예제 EXAMPLE •4 다음의 x값을 구하여라.

(1) $\log_2 x = 3$ (2) $\log_x \sqrt{5} = 0.5$

풀이

(1) $\log_2 x = 3$은 $x = 2^3 = 8$

(2) $\log_x \sqrt{5} = 0.5$는 $x^{0.5} = \sqrt{x} = \sqrt{5}$, 따라서 $x = 5$

문제 •2 PROBLEM 다음의 x값을 구하여라.

(1) $\log_9 3 = x$ (2) $\log_x e^5 = y$

(3) $\log_x 27 = 3$ (4) $\log_5 x = -5$

이것만은 알기!! ~모르면, 다시 한번 처음으로

(1) $c = \log_a b$를 지수로 표현하여라.

(2) $a^x = y$를 로그로 표현하여라.

6.2 로그의 성질

$a^0 = 1$, $a^1 = a$이므로 정의 6.2에 의하여

$$\log_a 1 = 0,\ \log_a a = 1$$

이다. $a > 0$, $a \neq 1$이고 $x > 0$, $y > 0$이라 하자.

$$\log_a x = X,\ \log_a y = Y$$

라고 하면 $x = a^X$, $y = a^Y$이다. 따라서

$$xy = a^X a^Y = a^{X+Y}$$

이다. 정의 6.2에 의하여

$$X + Y = \log_a xy$$

이므로 다음이 성립한다.

$$\log_a x + \log_a y = \log_a xy$$

같은 이유로 다음 정리가 성립한다.

정리 6.3

$a > 0$, $a \neq 1$이고, $x > 0$, $y > 0$이라 하자.
그러면 다음이 성립한다.

(1) $\log_a xy = \log_a x + \log_a y$

(2) $\log_a \dfrac{x}{y} = \log_a x - \log_a y$

(3) $\log_a x^k = k \log_a x$, k는 상수

(4) $\log_a x = \dfrac{\log_b x}{\log_b a}$, $b > 0$, $b \neq 1$

EXAMPLE 예제 •5 (1) $\log_2 8 = \log_2 2^3 = 3$

(2) $\log_3 \sqrt[4]{27} = \log_3 3^{3/4} = \dfrac{3}{4}$

PROBLEM 문제 •3 정리 9.3의 (2), (3), (4)를 증명하여라.

PROBLEM 문제 •4 다음을 계산하여라.

(1) $\log_5 45 + 3\log_5 \dfrac{5}{3} - \log_5 10$

(2) $5\log_5 3 - 3\log_5 75 + 2\log_5 125$

정리 6.4

1이 아닌 양수 a, b, c에 대하여 다음이 성립한다.

(1) $\log_a b = \dfrac{1}{\log_b a}$

(2) $a^{\log_a b} = b$

(3) $a^{\log_b c} = c^{\log_b a}$

PROBLEM 문제 •5 정리 6.4를 증명하여라.

이것만은 알기!! ~모르면, 다시 한번 처음으로

(1) $\log_a 1 = ?$, $\log_a a = ?$

(2) $\log_a x + \log_a y = ?$, $\log_a x - \log_a y = ?$

(3) k가 상수일 때 $k\log_a x = ?$

(4) $\log_a x$의 밑수를 바꾸어서 표현하면?

6.3 지수함수와 로그함수

정의 6.5

$a>0,\ a\neq 1$인 실수 a에 대하여, 함수 $f(x)=a^x$를 a를 밑수로 하는 **지수함수**(exponential function)라고 한다.

지수함수 $f(x)=a^x$는 $(-\infty,\ \infty)$에서 함수값이 존재하고 $f(x)=a^x>0$이다. 따라서 정의구역은 실수 전체의 집합 $(-\infty,\ \infty)$이며 치역은 양수의 집합 $(0,\ \infty)$가 된다.

밑수가 $a>1$인 경우 x가 커지면 $f(x)=a^x$도 커지므로 증가함수이고 $\lim_{x\to\infty} a^x=\infty$, $\lim_{x\to-\infty} a^x=0$이 된다. 밑수가 $0<a<1$인 경우 x가 커지면 $f(x)=a^x$는 작아지므로 감소함수이고 $\lim_{x\to\infty} a^x=0$, $\lim_{x\to-\infty} a^x=\infty$가 된다. 이 함수의 그래프는 다음 그림과 같다.

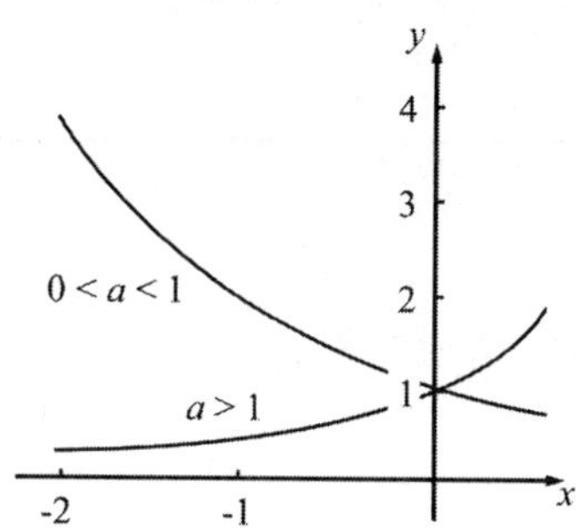

$f(x)=a^x$의 그래프

정리 6.6

지수함수는 다음을 만족한다.

(1) $a^0=1$ (2) $a^{x+y}=a^x a^y$

(3) $(a^x)^y=a^{xy}$ (4) $a^{-x}=\dfrac{1}{a^x}$

문제 •6 다음 지수함수의 그래프를 구하여라.

(1) $y = 2^x$ (2) $y = 2^x + 1$

(3) $y = 2^{x-1}$

a^{x_1}, a^{x_2}라고 하자. 그러면 $a^{x_1 - x_2} = 1$이므로 $x_1 = x_2$이다. 그러므로 $y = a^x$는 일대일 함수가 된다. $a^x > 0$이므로 임의의 양수 y에 대하여 $y = a^x$를 만족하는 실수 x는 단 하나 있으므로 실수 전체에서 양수 위로의(onto) 함수가 된다. 따라서 $y = a^x$는 역함수를 가지며 이 역함수를 로그함수라 한다. 로그함수의 정의역은 양수이고 치역은 실수 전체가 된다.

정의 6.7

$y = a^x$의 역함수를 밑수가 a인 **로그함수**(logarithmic function)라고 하며 다음과 같이 나타낸다.

$$y = \log_a x$$

정의 6.7에 의하여 지수함수와 로그함수 사이의 관계는 다음과 같다.

$$y = \log_a x \Leftrightarrow x = a^y$$

예제 •6 $2^{-1} = \frac{1}{2}$, $2^0 = 1$, $2^2 = 4$이므로

$$\log_2\left(\frac{1}{2}\right) = -1,\ \log_2(4) = 2$$

문제 •7 다음의 값을 구하여라.

(1) $\log_2 16$ (2) $\log_{10} 1000$

(3) $\log_e \sqrt{e}$

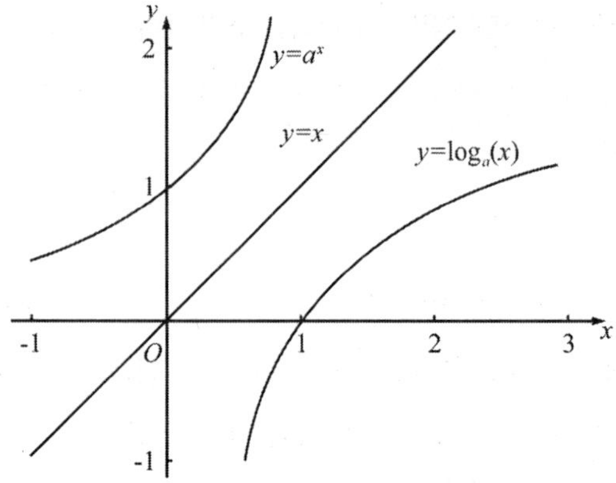

$y=\log_a x$와 $y=a^x$의 그래프

로그함수 $y=\log_a x$는 지수함수 $y=a^x$와 $y=x$에 관하여 대칭이므로 로그함수의 정의구역은 양수 $(0, \infty)$가고 치역은 $(-\infty, \infty)$가 된다. 밑수가 $a>1$일 경우 $y=\log_a x$은 증가함수이며

$$\lim_{x\to\infty}\log_a x=\infty,\ \lim_{x\to 0^+}\log_a x=-\infty$$

가 된다. $1>a>0$일 경우 $y=\log_a x$은 감소함수이며

$$\lim_{x\to\infty}\log_a x=-\infty,\ \lim_{x\to 0^+}\log_a x=\infty$$

가 된다. 그러므로 로그함수의 그래프는 다음 그림과 같다.

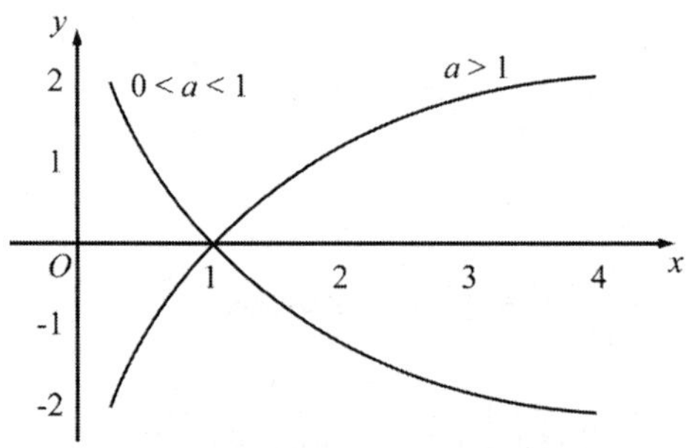

$y=\log_a x$의 그래프

정리 6.8

a는 양수이고 $a\neq 1$이라 하자. 양수 x, y에 대하여 다음이 성립한다.

(1) $\log_a a=1$, $\log_a 1=0$

(2) $\log_a(xy) = \log_a x + \log_a y$

(3) $\log_a \dfrac{x}{y} = \log_a x - \log_a y$

(4) $\log_a x^n = n\log_a x$

(5) $\log_a x = \dfrac{\log_c x}{\log_c a}$ (단, $c > 0$, $c \neq 1$)

(6) $\log_a x = \dfrac{1}{\log_x a}$ (단, $x \neq 1$)

(7) $a^{\log_a x} = x$

밑수가 e인 로그함수를 **자연로그함수**(natural logarithmic function)라 하며 $\ln x$로 나타낸다. 기하학적으로 $\ln x$는 $f(t) = \dfrac{1}{t}$의 $t = 1$에서 $t = x$로 둘러싸인 도형의 면적과 같다. 따라서 무리수 e는 $\ln x = 1$을 만족시키는 유일한 양의 실수이다.

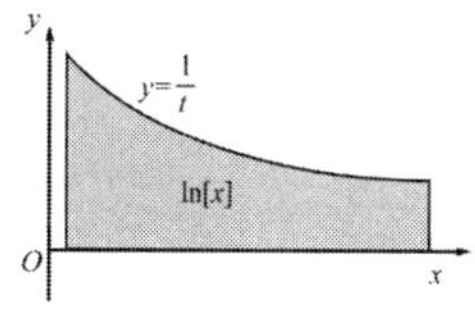

ln(x)와 같은 면적

예제 •7 EXAMPLE $\log_{10}(x+1) = 1 + \log_{10}(x-2)$의 해를 구하여라.

풀이

우선 $x+1 > 0$이고 $x-2 > 0$이어야 하므로 $x > 2$이어야 한다.

$$\begin{aligned}\log_{10}(x+1) &= 1 + \log_{10}(x-2)\\ &= \log_{10}10 + \log_{10}(x-2)\\ &= \log_{10}10(x-2)\end{aligned}$$

이므로 $x+1 = 10(x-2)$이다. 따라서 해는 $x = \dfrac{7}{3}$이다.

문제 •8 PROBLEM 다음 방정식의 해를 구하여라.

(1) $\log_{10}x^2 + (\log_{10}x)^2 = 3$

(2) $x^{2\log_{10}x} = \dfrac{x^4}{100}$

예제 •8 EXAMPLE $\log_{10}(x-1) > 2$의 해를 구하여라.

풀이

$x-1>0$이어야 하므로 $x>1$이다. 한편 $2=\log_{10}100$이고 밑수는 1보다 크므로 $x-1>100$이다. 그러므로 해는 $x>101$

문제 •9 PROBLEM 부등식 $\log_{10}x^2-(\log_{10}x)^2 \geq -3$의 해를 구하여라.

문제 •10 PROBLEM 양수 x, y, z가 $\log_2 x+2\log_4 y+3\log_8 z=4$를 만족할 때 xyz를 구하여라.

이것만은 알기!! ~모르면, 다시 한번 처음으로

(1) 지수함수와 로그함수의 관계를 설명하여라.
(2) 자연로그함수란 무엇인가?

요약정리

이 장을 끝내기 전에 다음을 알고 있는지 알아보자.

$y = \log_a x \Leftrightarrow x = a^y$
$\log_a a = 1,\ \log_a 1 = 0$
$\log_a (xy) = \log_a x + \log_a y$
$\log_a \dfrac{x}{y} = \log_a x - \log_a y$
$\log_a x^n = n\log_a x$
$\log_a x = \dfrac{\log_c x}{\log_c a}$ (단, $c > 0,\ c \neq 1$)
$\log_a x = \dfrac{1}{\log_x a}$
$a^{\log_a x} = x,\ e^{\ln x} = x$

연습문제

1. 다음에서 f의 정의역을 구하여라.

(1) $f(x)=\log(x+1)$ (2) $f(x)=\log(\cos x)$

(3) $f(x)=\log\dfrac{1}{1+x}$ (4) $f(x)=\log(e^x)$

2. 다음 방정식의 해를 구하여라.

(1) $4^{x^2}=2^{5x-2}$ (2) $2^{x+2}+4^x=32$

(3) $5^x=8$ (4) $\left(\dfrac{1}{3}\right)^x=100$

(5) $3^{4-x}=5$ (6) $4^{2x+3}=5^{x-2}$

(7) $3^{x+4}=5^{x-2}$ (8) $\log_{10}x=1-\log_{10}(x+2)$

(9) $\ln x=\ln(x-3)$ (10) $2\log_2 x-\log_2(x+2)=3$

3. $y=\ln|x|$의 그래프를 그려라.

4. a와 b는 양수이다. $A=\log a$, $B=\log b$이면 다음을 A와 B로 나타내어라.

(1) $\log ab$ (2) $\log a^2b^3$

(3) $\log\dfrac{a^2}{b}$ (4) $\log a^{-7}b$

(5) $\log\sqrt{a}$ (6) $\log\sqrt{ab}$

5. 다음을 계산하여라.

(1) $\log_2(32)$ (2) $\log_5\left(\dfrac{1}{125}\right)$

(3) $\log_4(2)$ (4) $\log_9\left(\dfrac{1}{3}\right)$

(5) $\log_{27}\left(\dfrac{1}{3}\right)$ (6) $\log_3(81)$

(7) $\log_{1/2}(8)$ (8) $\log_{1/3}(27)$

6. $\log_{10}^{2} = 0.3010$, $\log_{10}^{3} = 0.4771$ 임을 이용하여 3^{30} 은 몇 자리수인지 구하여라.

대학기초수학

삼각함수와 역삼각함수

라디안, 호도법, 삼각함수, 복소수의 극형식, 드 무아브르 정리

이 장에서 배울 기본개념

CHAPTER 07

7.1 호도법

물건 값을 결재할 때 국내에서는 원화를 이용하는 것이 편리한 반면, 무역을 하기 위해서는 달러화로 결재하는 것이 편리하다. 예를 들어보자. 1달러를 1000원이라고 가정하면, 30만원짜리 손전화는 300달러가 된다. 반대로 1000달러짜리 자전거는 100만원이 된다. 이러한 환전을 하기 위해서 필요한 것은 단지 1달러는 1000원이라는 사실뿐이다.

어떤 점을 중심으로 일정한 거리에 모여 있는 도형을 원이라 하며 원을 이루고 있는 각도는 360°(도, degree)이다. 중심각에 대응하는 호의 길이는 각도의 크기에 따라 전부 다르다. 이 사실을 이용하여 원화로 책정된 물건 값을 달러로 환전하듯이, 각도를 다른 용어로 정의할 수 있다. 즉 반지름이 1일 때, 중심각의 크기를 중심각에 대응하는 호의 길이로 대신한다. 호의 길이는 반지름의 길이에 정비례하므로 다음과 같이 정의한다.

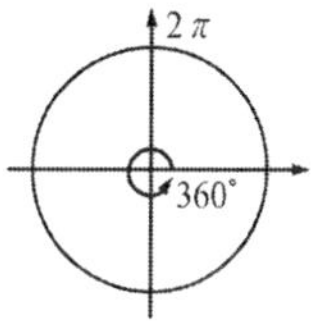

정의 7.1

호의 길이가 반지름의 길이와 같을 때, 그때의 중심각을 1**라디안**(radian)이라고 한다.

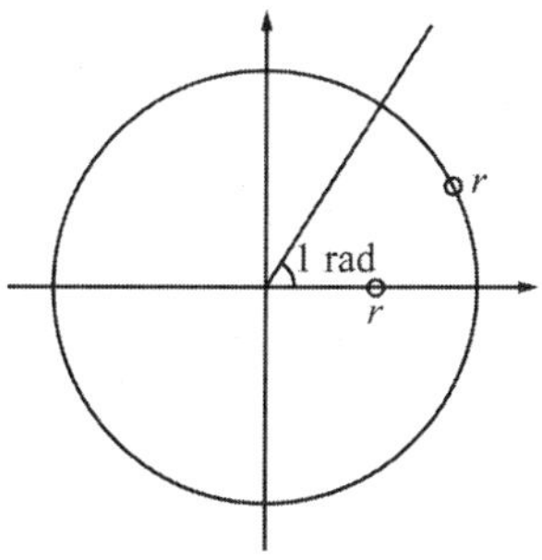

1라디안일 때 각도를 $\alpha°$라 하자. 그러면 반지름이 r인 원에서 중심각 360°에 대응하는 호의 길이, 즉, 원둘레는 $2\pi r$이므로 라디안과 각도의 관계는

$$\frac{\alpha°}{360°} = \frac{r}{2\pi r}$$

이 된다. $\alpha = \dfrac{180}{\pi}$이므로

참고
1라디안은 약 57°17′45″이다.

$$1\text{라디안} = \frac{180°}{\pi}\text{이고 } 1° = \frac{\pi}{180}\text{라디안}$$

이 된다. 따라서

$$\pi\text{라디안} = 180°$$

이다. 그러므로

$$\frac{\pi}{4}\text{라디안} = 45°,\ \frac{\pi}{2}\text{라디안} = 90°,\ \frac{\pi}{6}\text{라디안} = 30°$$

와 같은 관계가 성립한다. 이와 같이 중심각의 크기를 반지름이 1일 때 대응하는 호의 길이로 나타내는 방법을 호도법이라 하며 이때 단위를 라디안이라 한다. 호도법에서는 보통 라디안을 생략한다. 그러므로

$$2\pi = 360°,\ \pi = 180°,\ \frac{\pi}{2} = 90°$$

$$\frac{\pi}{3} = 60°,\ \frac{\pi}{4} = 45°,\ \frac{\pi}{6} = 30°$$

참고
원화를 달러로 환전하려면 1000으로 나누듯이 각도를 라디안으로 바꾸려면 $\frac{180}{\pi}$으로 나눈다. 즉 $\frac{\pi}{180}$을 곱한다.

가 되며, 위와 같은 각을 특수각이라 한다. 일반적으로 $x°$ $\dfrac{\pi}{180}x$라디안이다. 즉 각도를 라디안으로 변환하는 함수를 $f: R \to R$이라고 하면 $f(x) = \dfrac{\pi}{180}x$이다. 이 함수는 일대일이고 위로의 함수이므로 그 역함수인 라디안을 각도로 변환하는 함수 $g: R \to R$가 존재하고 $g(x) = \dfrac{180}{\pi}x$가 된다. 편의상 우리는 각도보다 라디안을 사용한다.

반지름이 r일 때 원둘레는 $2\pi r$이고 원의 면적은 πr^2이 된다. 호의 중심각이 θ라디안일 때 호의 길이를 ℓ이라 하면

$$2\pi : 2\pi r = \theta : \ell$$

이므로 $\ell = r\theta$가 된다. 같은 방법으로 호의 중심각이 θ라디안일 때 대응하는 부채꼴의 면적을 s라 하면 $s = \frac{1}{2}r^2\theta$가 된다. 따라서 호의 중심각이 θ라디안일 때 대응하는 호의 길이와 면적은 다음과 같이 결정된다.

$$\ell = r\theta,\ s = \frac{1}{2}r^2\theta = \frac{1}{2}r\ell$$

참고

중심각 θ가 2π이면 원둘레는 $2\pi r$이고 원의 면적은 πr^2이 된다.

예제 EXAMPLE •1 반지름이 1이고 중심각이 $\frac{\pi}{4}$일 때 호의 길이와 부채꼴의 면적을 구하여라.

풀이

$$\ell = r\theta = \frac{\pi}{4},\ s = \frac{1}{2}r\ell = \frac{\pi}{8}$$

문제 PROBLEM •1 호의 중심각이 θ라디안일 때 대응하는 부채꼴의 면적 s를 유도하여라.

이것만은 알기!! ~모르면, 다시 한번 처음으로

(1) 1라디안은 어떻게 정의하는가?
(2) 라디안과 각도의 관계를 설명하여라.

7.2 삼각함수

삼각함수에서 사용하는 각도는 전부 라디안으로 표기한다.

정의 7.2

직교좌표 상에서 반지름이 r인 원 위의 한 점 $P(a, b)$에서 원점을 잇는 선분과 x축과의 각을 θ라 하면 다음과 같이 정의한다.

$$\sin\theta = \frac{b}{r}, \ \cos\theta = \frac{a}{r}$$

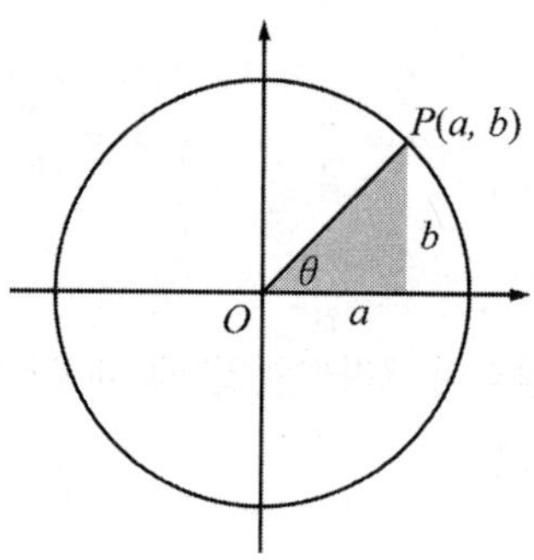

삼각함수의 각

직각삼각형에서 빗변의 길이는 항상 다른 두 변의 길이보다 크므로 $\sin\theta$와 $\cos\theta$는 1보다 항상 작다.

참고

삼각함수는 영어 sine, cosine, tangent, cosecant, secant, cotangent의 앞글자에서 따왔다.

정의 7.3

$$\tan\theta = \frac{\sin\theta}{\cos\theta}, \ \csc\theta = \frac{1}{\sin\theta}$$

$$\sec\theta = \frac{1}{\cos\theta}, \ \cot\theta = \frac{1}{\tan\theta}$$

이와 같이 정의된 함수를 **삼각함수**(trigonometric function)라 한다.

원 안의 삼각형은 반지름의 크기에 관계없이 각 변의 길이의 비는 일정하다. 따라서 반지름 $r=1$이면 사인(sin)함수의 함수값은 점 P의 y좌표인 b가 되고, 코사인(cos)함수의 함수값은 점 P의 x좌표인 a가 되며, 탄젠트(tan)함수는 점 P의 x좌표 대 y좌표의 비율, 즉 $\frac{b}{a}$가 된다.

$\theta=0, \frac{\pi}{6}, \frac{\pi}{4}, \frac{\pi}{3}, \frac{\pi}{2}$일 때 함수값은 피타고라스정리에 의하여 쉽게 얻을 수 있으며, 이때 각 삼각함수의 값은 다음 표와 같다.

θ	0	$\frac{\pi}{6}$	$\frac{\pi}{4}$	$\frac{\pi}{3}$	$\frac{\pi}{2}$
$\sin\theta$	0	$\frac{1}{2}$	$\frac{1}{\sqrt{2}}$	$\frac{\sqrt{3}}{2}$	1
$\cos\theta$	1	$\frac{\sqrt{3}}{2}$	$\frac{1}{\sqrt{2}}$	$\frac{1}{2}$	0
$\tan\theta$	0	$\frac{1}{\sqrt{3}}$	1	$\sqrt{3}$	∞

예제 •2 EXAMPLE $\theta=\frac{\pi}{6}$일 때 삼각함수의 값을 구하여라.

풀이

한 변의 길이가 2인 정삼각형의 높이는 피타고라스정리에 의하여 $\sqrt{3}$이다.

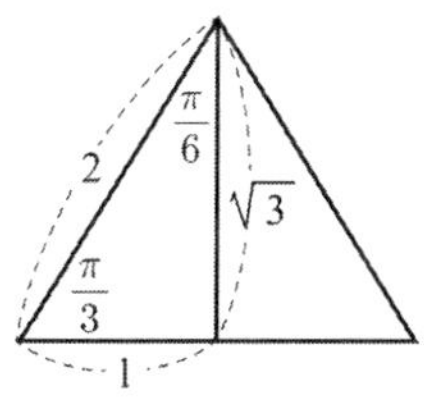

그러므로 $\sin\frac{\pi}{6}=\frac{1}{2}$, $\cos\frac{\pi}{6}=\frac{\sqrt{3}}{2}$, $\tan\frac{\pi}{6}=\sqrt{3}$이다.

따라서 $\csc\frac{\pi}{6}=2$, $\sec\frac{\pi}{6}=\frac{2}{\sqrt{3}}$, $\cot\frac{\pi}{6}=\frac{1}{\sqrt{3}}$

PROBLEM 문제 •2 $\theta = \frac{\pi}{3}, \frac{\pi}{4}$일 때 각 삼각함수의 값을 구하여라.

PROBLEM 문제 •3 $\theta = 0, \frac{\pi}{2}$일 때 각 삼각함수의 값을 구하여라.

삼각함수와 역삼각함수 …… 이것만은 알기!! ~모르면, 다시 한번 처음으로

(1) 삼각함수는 어떻게 정의되는가?

(2) 특수각에서 $\sin\theta$, $\cos\theta$, $\tan\theta$의 값을 구하여라.

7.3 삼각함수의 성질

반지름이 $r=1$인 원 위의 한 점 $P(a, b)$에서 원점을 잇는 선분과 x축과의 각을 θ라 하자. 그러면

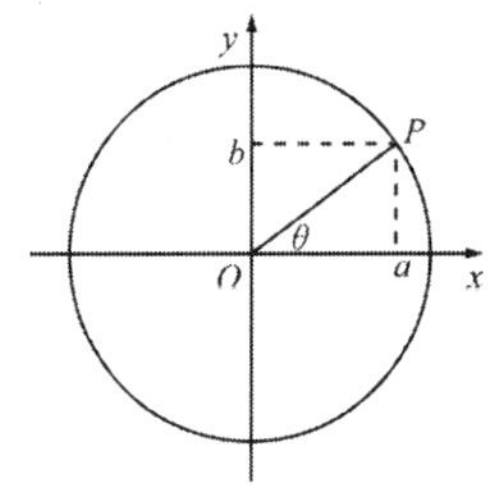

$$\sin\theta = b,\ \cos\theta = a,\ \tan\theta = \frac{b}{a}$$

이다. 따라서

$$\sin^2\theta + \cos^2\theta = b^2 + a^2 = 1$$

이다. 같은 방법으로 다음과 같은 성질을 얻는다.

정리 7.4 항등식

(1) $\sin^2\theta + \cos^2\theta = 1$

(2) $\tan^2\theta + 1 = \sec^2\theta$

(3) $1 + \cot^2\theta = \csc^2\theta$

참고

$(\sin x)^2$을 $\sin^2 x$로 나타낸다.

예제 •3 (EXAMPLE) $\sin\theta = \frac{4}{5}$일 때 $\cos\theta$의 값을 구하여라.

풀이

$\cos^2\theta = 1 - \sin^2\theta = 1 - \left(\frac{4}{5}\right)^2 = \frac{9}{25}$이므로 $\cos\theta = \pm\frac{3}{5}$

문제 •4 (PROBLEM) 정리 7.4의 (2)와 (3)이 성립함을 보여라.

원주각은 2π이므로 2π의 배수만큼 차이 나는 각 $2n\pi+\theta,\ n\in Z$는 그 위치가 항상 같다. 그러므로

$$\sin(2n\pi+\theta) = \sin\theta,\ \cos(2n\pi+\theta) = \cos\theta$$

가 된다.

참고

$\sin x$, $\cos x$는 주기가 2π인 주기함수이고, $\tan x$는 주기가 π인 주기함수이다.

정리 7.5 주기성

(1) $\sin(2n\pi+\theta)=\sin\theta$

(2) $\cos(2n\pi+\theta)=\cos\theta$

(3) $\tan(n\pi+\theta)=\tan\theta$

(단, n은 정수)

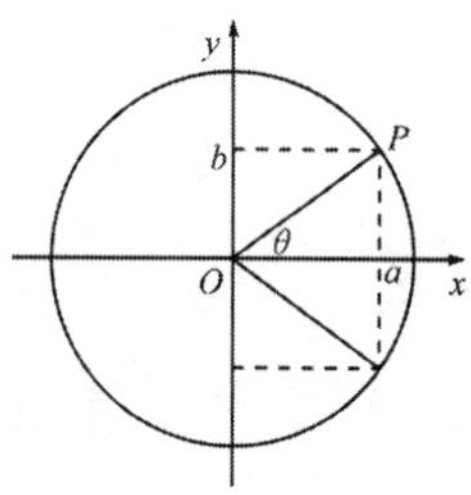

예제 •4 (1) $\sin\left(\frac{7\pi}{3}\right)=\sin\frac{\pi}{3}=\frac{\sqrt{3}}{2}$

(2) $\cos\left(-\frac{5\pi}{3}\right)=\cos\left(-2\pi+\frac{\pi}{3}\right)=\cos\left(\frac{\pi}{3}\right)=\frac{1}{2}$

x축과의 각이 $-\theta$가 되는 원점을 잇는 선분은 선분 OP와 x축에 대하여 대칭이므로 반지름이 $r=1$인 원과 만나는 점은 $(a,-b)$가 된다. 그러므로

$$\sin(-\theta)=-b=-\sin\theta,\ \cos(-\theta)=a=\cos\theta$$

이다.

참고

$y=\sin\theta$와 $y=\tan\theta$는 기함수, $y=\cos\theta$는 우함수이다.

정리 7.6 대칭성

(1) $\sin(-\theta)=-\sin\theta$

(2) $\cos(-\theta)=\cos\theta$

(3) $\tan(-\theta)=-\tan\theta$

예제 •5 $\sin\left(-\frac{\pi}{3}\right)=-\sin\frac{\pi}{3}=-\frac{\sqrt{3}}{2}$

문제 •5 다음의 값을 구하여라.

(1) $\cos\left(-\frac{\pi}{3}\right)$ (2) $\tan\left(-\frac{\pi}{3}\right)$

x축과의 각이 $\pi+\theta$가 되는 원점을 잇는 선분은 선분 OP와 원점에 대하여 대칭이므로 반지름이 $r=1$인 원과 만나는 점은 $(-a, -b)$가 된다. 그러므로

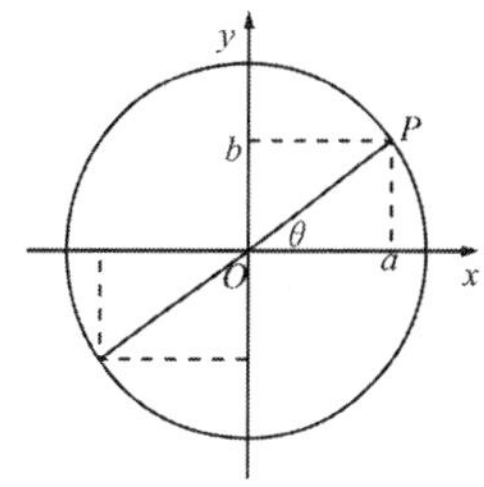

$$\sin(\pi+\theta) = -b = -\sin\theta$$
$$\cos(\pi+\theta) = -b = -\cos\theta$$

이다.

정리 7.7 **π 이동성**

(1) $\sin(\pi+\theta) = -\sin\theta$

(2) $\cos(\pi+\theta) = -\cos\theta$

(3) $\tan(\pi+\theta) = \tan\theta$

예제 •6 (EXAMPLE) $\sin\left(\dfrac{4\pi}{3}\right) = -\sin\left(\dfrac{\pi}{3}\right) = -\dfrac{\sqrt{3}}{2}$

문제 •6 (PROBLEM) $\sin(\pi-\theta)$, $\cos(\pi-\theta)$, $\tan(\pi-\theta)$를 $\sin\theta$, $\cos\theta$, $\tan\theta$로 나타내어라.

x축과의 각이 $\dfrac{\pi}{2}+\theta$가 되는 원점을 잇는 선분은 선분 OP를 90도 회전 이동한 것이므로 반지름이 $r=1$인 원과 만나는 점은 $(-b, a)$가 된다. 그러므로

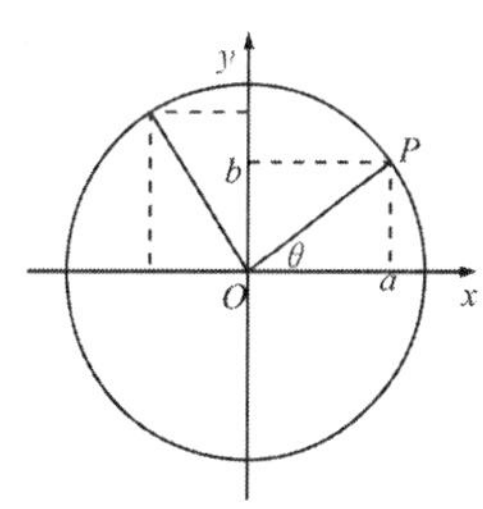

$$\sin\left(\frac{\pi}{2}+\theta\right) = a = \cos\theta,\ \cos\left(\frac{\pi}{2}+\theta\right) = -b = -\sin\theta$$

이다.

정리 7.8 **$\dfrac{\pi}{2}$ 이동성**

(1) $\sin\left(\dfrac{\pi}{2}+\theta\right) = \cos\theta$

(2) $\cos\left(\frac{\pi}{2}+\theta\right) = -\sin\theta$

(3) $\tan\left(\frac{\pi}{2}+\theta\right) = -\cot\theta$

예제 •7 EXAMPLE $\sin\frac{2\pi}{3} = \sin\left(\frac{\pi}{2}+\frac{\pi}{6}\right) = \cos\frac{\pi}{6} = \frac{\sqrt{3}}{2}$

문제 •7 PROBLEM $\sin\left(\frac{\pi}{2}-\theta\right)$, $\cos\left(\frac{\pi}{2}-\theta\right)$, $\tan\left(\frac{\pi}{2}-\theta\right)$를 $\sin\theta$, $\cos\theta$, $\cot\theta$로 각각 나타내어라.

이것만은 알기!! ~모르면, 다시 한번 처음으로

(1) 삼각함수의 성질을 설명하여라.

(2) $x=\frac{\pi}{2}+\theta$, $\pi+\theta$, $2\pi+\theta$에서 $\sin x$, $\cos x$, $\tan x$를 θ로 나타내어라.

7.4 삼각함수의 그래프

모든 x에 대하여 $f(x+r)=f(x)$일 때 f를 주기가 r인 주기함수라 한다.

원주각은 2π이므로 2π의 배수만큼 차이 나는 각은 그 위치가 항상 같다. 그러므로 삼각함수는 주기(period)가 2π인 **주기함수**(periodic function)가 된다. 특히 탄젠트함수는 주기가 π이다. 1사분면의 각에서는 함수값의 부호가 전부 양수이나, 2사분면에서는 사인함수가, 3사분면에서는 탄젠트함수, 4사분면에서는 코사인함수만 양수가 된다.

정의에 의하여 함수 $\sin x$와 $\cos x$의 정의구역은 모든 실수이고 치역은 $[-1, 1]$이다. 그러므로

$$-1 \le \sin x \le 1, \quad -1 \le \cos x \le 1$$

이다. 한편 $\cos x = 0$이면 $\tan x$의 분모가 0이 되므로 $\tan x$의 정의구역은 $\cos x = 0$이 되는 $x = \dfrac{(2n+1)\pi}{2}$, n은 정수를 제외한 모든 실수가 되고 치역은 모든 실수가 된다.

	$y=\sin x$	$y=\cos x$	$y=\tan x$
정의구역	$(-\infty, \infty)$	$(-\infty, \infty)$	$x \ne \dfrac{(2n+1)\pi}{2}$, $n \in Z$
시역	$[-1, 1]$	$[-1, 1]$	$(-\infty, \infty)$

정의

모든 x에 대하여 $f(x+r)=f(x)$일 때 f를 주기가 r인 주기함수라 한다.

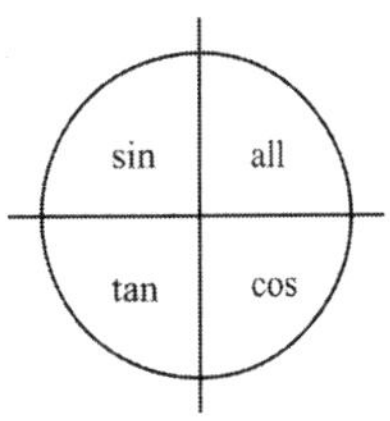

함수값이 양수인 부분

예제 •8 (EXAMPLE) $y=\sin 2x$의 주기를 구하여라.

풀이

$\sin 2(x+\pi)=\sin(2x+2\pi)=\sin 2x$이므로

$y=\sin 2x$의 주기는 π이다.

참고

(1) $\sin(2n\pi+\theta)=\sin\theta$
(2) $\cos(2n\pi+\theta)=\cos\theta$
(3) $\tan(2n\pi+\theta)=\tan\theta$

문제 •8 (PROBLEM)

(1) $y=\sin 4x$의 주기를 구하고 그래프를 그려라.

(2) $y=\tan 2x$의 주기를 구하고 그래프를 그려라.

$[0, 2\pi]$ 위에서 각 삼각함수의 그래프는 다음 그림과 같다.

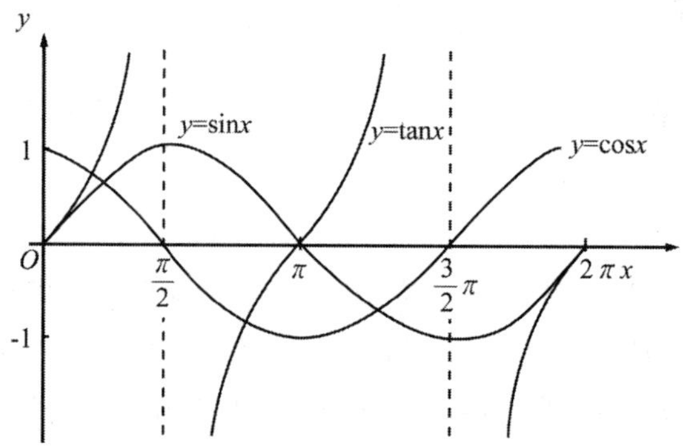

삼각함수의 그래프

문제 •9 $\tan(n\pi + x) = \tan x$임을 보여라.

문제 •10 구간 $[-\pi, \pi]$에서 $y = \tan x$의 그래프를 그려라.

참고
(1) $y=f(x)$와 $-y=f(-x)$가 동치이면 $y=f(x)$는 원점에 관하여 대칭
(2) $y=f(x)$와 $y=f(-x)$가 동치이면 $y=f(x)$는 y축에 관하여 대칭

$y = \sin x$와 $-y = \sin(-x)$와 동치이므로 $y = \sin x$는 원점에 관하여 대칭이다. 그러나 $y = \cos x$와 $y = \cos(-x)$가 동치이므로 $y = \cos x$는 y축에 관하여 대칭이다. 한편 $\sin\left(\frac{\pi}{2} + \theta\right) = \cos\theta$이므로 $y = \cos x$는 $y = \sin x$를 x축 방향으로 $-\frac{\pi}{2}$만큼 평행이동한 것이다.

$y = \csc x$의 정의구역은 $\sin x = 0$을 제외한 구역으로 $x \neq n\pi$(n은 정수)인 모든 실수이다. $-1 \leq \sin x \leq 1$이므로 치역은 $(-\infty, -1] \cup [1, \infty)$이다. 마찬가지로 $y = \sec x$의 정의구역은 $\cos x = 0$을 제외한 구역으로 $x \neq \frac{2n+1}{2}\pi$(n은 정수)인 모든 실수이다. $-1 \leq \cos x \leq 1$이므로 치역은 $(-\infty, -1] \cup [1, \infty)$이다. $y = \cot x$의 정의구역은 $\tan x = 0$을 제외한 구역으로 $x \neq n\pi$(n은 정수)인 모든 실수이다. $-\infty < \tan x < \infty$이므로 치역은 모든 실수가 된다.

	$y=\csc x$	$y=\sec x$	$y=\cot x$
정의구역	$x \neq n\pi$	$x \neq \dfrac{(2n+1)\pi}{2}$	$x \neq n\pi$
치역	$(-\infty, -1] \cup [1, \infty)$		$(-\infty, \infty)$

Problem 문제 •11 주어진 구간 위에서 다음 함수의 그래프를 그려라.

(1) $y=\csc x, \left[-\dfrac{\pi}{2}, \dfrac{\pi}{2}\right]-\{0\}$

(2) $y=\sec x, x \in [0, \pi]-\left\{\dfrac{\pi}{2}\right\}$

(3) $y=\cot x, x \in (0, \pi)$

이것만은 알기!! ~모르면, 다시 한번 처음으로

(1) $\sin x$, $\cos x$, $\tan x$의 그래프를 그려라.
(2) $\csc x$, $\sec x$, $\cot x$의 정의역을 구하고 그 이유를 설명하여라.

7.5 삼각함수의 공식

아래와 같은 삼각형에서 변의 길이와 각도의 관계를 알아보자. 삼각형의 밑변의 길이는 $a = b\cos C + c\cos B$이 된다. 같은 방법으로

$$b = c\cos A + a\cos C,\ c = a\cos B + b\cos A$$

가 된다.

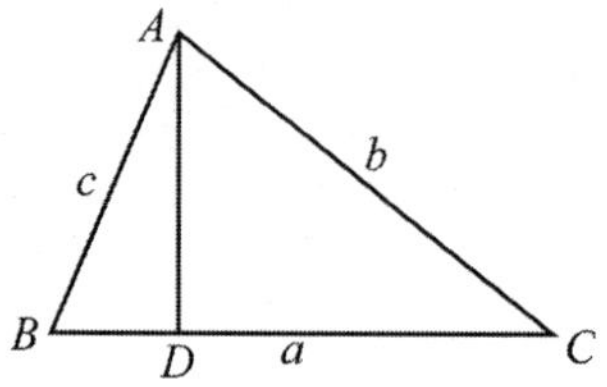

따라서

$$a^2 = ab\cos C + ac\cos B$$
$$b^2 = bc\cos A + ab\cos C$$
$$c^2 = ac\cos B + bc\cos A$$

위 식으로부터 다음과 같은 **제2코사인법칙**을 얻는다.

$$c^2 = a^2 + b^2 - 2ab\cos C$$

반지름이 1인 원 안에 내접하는 다음과 같은 삼각형 OBC에 제2코사인법칙을 적용하자.

그러면

$$\overline{BC}^2 = 2 - 2\cos(\alpha - \beta)$$

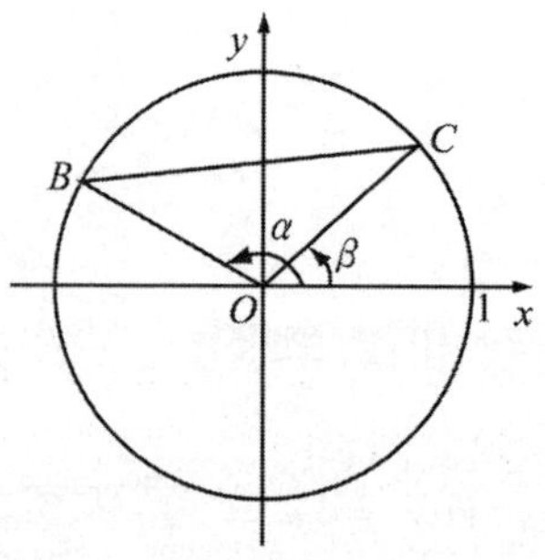

이고

$$\overline{BC}^2 = (\cos\alpha - \cos\beta)^2 + (\sin\alpha - \sin\beta)^2$$
$$= 2 - 2(\cos\alpha\cos\beta + \sin\alpha\sin\beta)$$

이다. 따라서

$$\cos(\alpha - \beta) = \cos\alpha\cos\beta + \sin\alpha\sin\beta$$

이고,

$$\cos(\alpha + \beta) = \cos\alpha\cos\beta - \sin\alpha\sin\beta$$

이다. 한편

$$\sin(\alpha + \beta) = \cos\left(\alpha - \frac{\pi}{2} + \beta\right)$$
$$= \cos\left(\alpha - \frac{\pi}{2}\right)\cos\beta - \sin\left(\alpha - \frac{\pi}{2}\right)\sin\beta$$
$$= \sin\alpha\cos\beta + \cos\alpha\sin\beta$$

이다. 따라서

$$\sin(\alpha - \beta) = \sin\alpha\cos\beta - \cos\alpha\sin\beta$$

이다. 따라서 다음 정리를 얻는다.

정리 7.9 합의 공식

(1) $\sin(x+y) = \sin x\cos y + \cos x\sin y$

(2) $\cos(x+y) = \cos x\cos y - \sin x\sin y$

(3) $\tan(x+y) = \dfrac{\tan x + \tan y}{1 - \tan x\tan y}$

예제 •9 $\sin\frac{5\pi}{12}$를 구하여라.

풀이

$$\sin\frac{5\pi}{12} = \sin\left(\frac{\pi}{4} + \frac{\pi}{6}\right)$$

$$= \sin\left(\frac{\pi}{4}\right)\cos\left(\frac{\pi}{6}\right) + \cos\left(\frac{\pi}{4}\right)\sin\left(\frac{\pi}{6}\right)$$

$$= \frac{1}{4}(\sqrt{6} + \sqrt{2})$$

PROBLEM 문제 •12 $\cos\frac{\pi}{12}$를 구하여라.

PROBLEM 문제 •13 정리 7.9의 (3)을 유도하여라.

정리 7.9로부터 다음 이배각 공식이 구해진다.

정리 7.10 이배각의 공식

(1) $\sin 2x = 2\sin x\cos x$

(2) $\cos 2x = \cos^2 x - \sin^2 x = 1 - 2\sin^2 x = 2\cos^2 x - 1$

(3) $\tan 2x = \dfrac{2\tan x}{1 - \tan^2 x}$

EXAMPLE 예제 •10 $\sin x = \frac{1}{3}$, 단 $0 < x < \frac{\pi}{2}$일 때 $\sin 2x$, $\cos 2x$를 구하여라.

풀이

$$\cos x = \sqrt{1 - \sin^2 x} = \frac{2\sqrt{2}}{3}$$

$$\sin 2x = 2\sin x\cos x = \frac{4\sqrt{2}}{9}$$

$$\cos 2x = 1 - 2\sin^2 x = \frac{7}{9}$$

PROBLEM 문제 •14 정리 7.10의 (2)와 (3)을 유도하여라.

정리 7.10의 (2)로부터 다음 반각 공식이 구해진다.

정리 7.11 반각의 공식

(1) $\sin^2\frac{x}{2} = \frac{1-\cos x}{2}$

(2) $\cos^2\frac{x}{2} = \frac{1+\cos x}{2}$

(3) $\tan^2\frac{x}{2} = \frac{1-\cos x}{1+\cos x}$

예제 •11 $\sin\frac{\pi}{12}$를 구하여라.

풀이

$$\sin^2\frac{\pi}{12} = \frac{1-\cos\frac{\pi}{6}}{2} = \frac{2-\sqrt{3}}{4} \text{이므로}$$

$$\sin\frac{\pi}{12} = \frac{1}{2}\sqrt{2-\sqrt{3}} = \frac{\sqrt{6}-\sqrt{2}}{4}$$

합의 공식

$$\sin(x+y) = \sin x\cos y + \cos x\sin y$$
$$\sin(x-y) = \sin x\cos y - \cos x\sin y$$

를 서로 더하면

$$2\sin x\cos y = \sin(x+y)+\sin(x-y)$$

이다. 이와 같이 합의 공식을 서로 더하거나 뺌으로서 다음 곱의 공식을 얻는다.

정리 7.12 곱의 공식

(1) $\sin x\cos y = \frac{1}{2}[\sin(x+y)+\sin(x-y)]$

(2) $\cos x \sin y = \frac{1}{2}[\sin(x+y) - \sin(x-y)]$

(3) $\cos x \cos y = \frac{1}{2}[\cos(x+y) + \cos(x-y)]$

(4) $\sin x \sin y = \frac{1}{2}[\cos(x-y) - \cos(x+y)]$

곱의 공식에서 $x+y = X$, $x-y = Y$로 놓으면

$$x = \frac{X+Y}{2},\ y = \frac{X-Y}{2}$$

가 되어 다음 정리가 성립한다.

정리 7.13 분해의 공식

(1) $\sin x + \sin y = 2\cos\frac{x-y}{2}\sin\frac{x+y}{2}$

(2) $\sin x - \sin y = 2\cos\frac{x+y}{2}\sin\frac{x-y}{2}$

(3) $\cos x + \cos y = 2\cos\frac{x+y}{2}\cos\frac{x-y}{2}$

(4) $\cos x - \cos y = -2\sin\frac{x+y}{2}\sin\frac{x-y}{2}$

그림에서 선분 OP의 각을 α라고 하자.

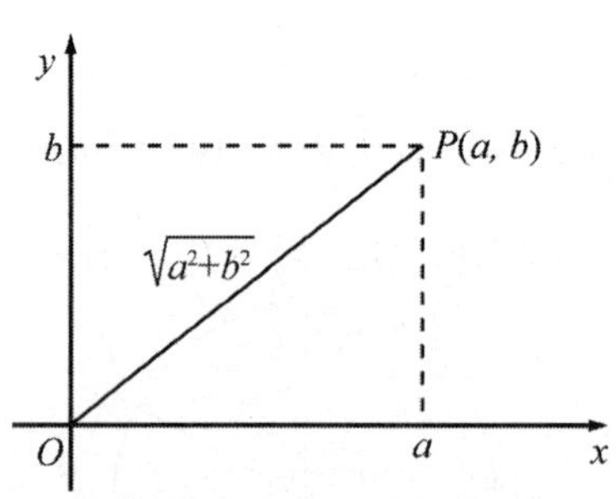

$r = \sqrt{a^2+b^2}$ 이라고 하면 $\sin\alpha = \frac{b}{r}$, $\cos\alpha = \frac{a}{r}$

이다. 따라서

$$a\sin x + b\cos x = r\left(\frac{a}{r}\sin x + \frac{b}{r}\cos x\right)$$
$$= r(\cos\alpha\sin x + \sin\alpha\cos x)$$
$$= r\sin(x+\alpha)$$

정리 7.14 **삼각함수의 합성**

$$a\sin x + b\cos x = r\sin(x+\alpha)$$

단, $r = \sqrt{a^2+b^2}$, $\tan\alpha = \dfrac{b}{a}$

정리 7.14와 같은 꼴로 고치는 것을 삼각함수를 합성한다고 한다. 정리 7.14에 의하여 다음이 성립한다.

$$-\sqrt{a^2+b^2} \le a\sin x + b\cos x \le \sqrt{a^2+b^2}$$

예제 EXAMPLE •12 $4\sin x + 3\cos x$를 합성하여라.

풀이

$r = \sqrt{3^2+4^2} = 5$이므로

$$4\sin x + 3\cos x = 5\sin(x+\alpha)$$

단, $\tan\alpha = \dfrac{3}{4}$

문제 PROBLEM •15 다음 삼각함수를 합성하여라.

(1) $3\sin x + 2\cos x$

(2) $\sqrt{3}\sin x - 2\cos x$

이것만은 알기!! ~모르면, 다시 한번 처음으로

(1) 합, 곱, 이배각, 반각의 공식을 설명하여라.
(2) 삼각함수의 합성을 설명하여라.

7.6 복소수의 극형식

실수의 집합은 수직선 위에 일대일 대응을 시킬 수 있다. 복소수는 $a+bi$의 형태이고 a, b는 임의의 실수이므로 점 (a, b)로 대응할 수 있다. 따라서 복소수의 집합과 평면의 좌표 사이에는 일대일 대응이 성립한다.

$$z = a+bi \Leftrightarrow P(a, b)$$

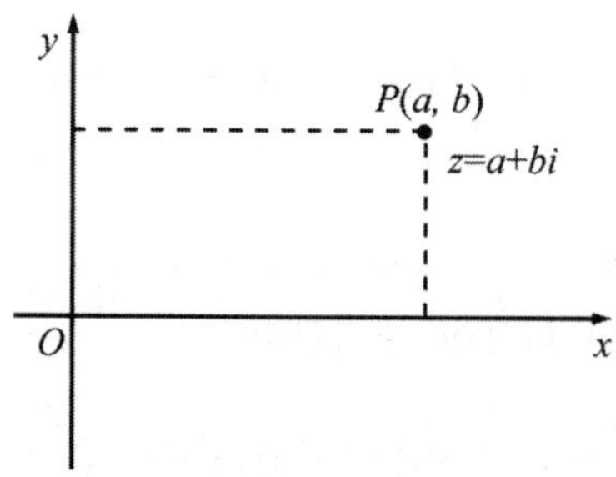

이와 같이 평면의 좌표를 복소수로 사용하는 경우 평면을 **복소평면** 또는 **가우스평면**이라고 한다.

복소평면에서 0이 아닌 복소수 $z=a+bi$가 나타내는 점을 P라고 하자. 선분 OP와 x축과의 사이각을 θ라 하고 선분의 길이를 r이라 하면,

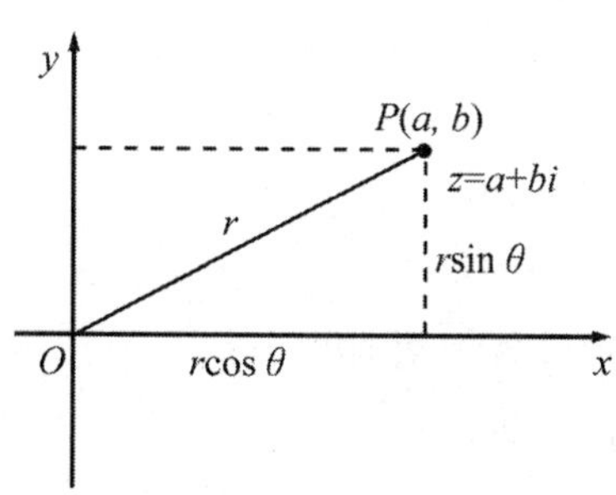

$r = |z| = \sqrt{a^2+b^2}$ 이고 $a = r\cos\theta,\ b = r\sin\theta$이므로

$$z = r(\cos\theta + i\sin\theta)$$

가 된다. 이와 같은 형식을 복소수의 **극형식**(polar form)이라 한다. 이

때 r을 z의 절댓값 또는 크기, θ를 z의 **편각**(argument)이라 하며 $\theta = \arg z$로 나타낸다.

정리 7.15 복소수의 극형식

$z = a + bi$의 극형식은 다음과 같다.

$$z = r(\cos\theta + i\sin\theta)$$

단, $r = \sqrt{a^2 + b^2}$, $\tan\theta = \dfrac{b}{a}$

예제 •13 $1 + \sqrt{3}i$의 극형식을 구하여라.

풀이

$r = 2$이고 $\cos\theta = \dfrac{1}{2}$, $\sin\theta = \dfrac{\sqrt{3}}{2}$이므로 $\theta = \dfrac{\pi}{3}$이다. 따라서 $1 + \sqrt{3}i = 2\left(\cos\dfrac{\pi}{3} + i\sin\dfrac{\pi}{3}\right)$이다.

문제 •16 다음 복소수의 극형식을 구하여라.

(1) 1 (2) $1 - i$

(3) $3i$ (4) $-1 - i$

복소수의 극형식을 이용하면 곱셈을 쉽게 계산할 수 있다. 특히

$$\begin{aligned}(\cos x + i\sin x)^2 &= (\cos^2 x - \sin^2 x) + i2\sin x\cos x \\ &= \cos 2x + i\sin 2x\end{aligned}$$

와 같이 크기가 1인 복소수의 거듭제곱은 다음과 같다.

정리 7.16 드 무아브르 정리

n이 임의의 정수일 때

$$(\cos x + i\sin x)^n = \cos nx + i\sin nx$$

증명 $n > 0$라 하고, 수학적귀납법에 의하여 증명하자. $n = 1$일 때 당연히 성립한다. $n = k$일 때 성립한다고 하자. 즉

$$(\cos x + i\sin x)^k = \cos kx + i\sin kx$$

그러면

$$\begin{aligned}&(\cos x + i\sin x)^{k+1}\\&= (\cos x + i\sin x)^k(\cos x + i\sin x)\\&= (\cos kx + i\sin kx)(\cos x + i\sin x)\\&= \cos(k+1)x + i\sin(k+1)x\end{aligned}$$

이다. 따라서 $n = k+1$일 때도 성립한다. 그러므로 모든 n에 대하여 성립한다.

예제(EXAMPLE) •14 $(1+i)^4$을 계산하여라.

풀이

$$1+i = \sqrt{2}\left(\frac{1}{\sqrt{2}} + \frac{1}{\sqrt{2}}i\right) = \sqrt{2}\left(\cos\frac{\pi}{4} + i\sin\frac{\pi}{4}\right)$$

이므로 드 무아브르 정리에 의하여

$$\begin{aligned}(1+i)^4 &= \left[\sqrt{2}\cos\left(\frac{\pi}{4} + i\sin\frac{\pi}{4}\right)\right]^4\\&= 4(\cos\pi + i\sin\pi) = -4\end{aligned}$$

문제(PROBLEM) •17 $n \le 0$인 정수일 때 드 무아브르 정리를 증명하여라.

이것만은 알기!! ~모르면, 다시 한번 처음으로

(1) 복소수의 극형식을 설명하여라.
(2) 드 무아브르 정리를 설명하여라.

7.7 역삼각함수

함수 $f: X \to Y$가 일대일이고 Y 위로의 함수이면 Y의 임의의 원소 y에 대하여 $f(x)=y$가 되는 X의 원소 x가 단 하나 존재한다. 이때 x를 y에 대응하는 함수값이라 하면 이 함수를 f의 **역함수**라 하고 f^{-1}로 나타내었으며 $x=f^{-1}(y)$로 나타내었다.

$y=f(x)$의 역함수 $y=f^{-1}(x)$는 다음과 같이 세 단계의 과정으로 구할 수 있다고 했다[5.4].

(1) 방정식 $y=f(x)$에서 x를 y에 관한 식으로 고친다.
(2) y에 관한 식을 $x=g(y)$라 둔다.
(3) y와 x를 교환하여 $y=g(x)$를 얻는다.

즉 $y=f(x)$의 역함수는 $y=f(x)$에서 x와 y를 바꾼 다음 x에 관한 식으로 고친 함수이므로 역함수와 원래의 함수는 직선 $y=x$에 관하여 대칭이 된다.

삼각함수의 역함수를 구하여 보자. $y=\sin x$는 구간 $\left[-\frac{\pi}{2}, \frac{\pi}{2}\right]$에서 일대일이고 치역은 $[-1, 1]$이므로 $\left[-\frac{\pi}{2}, \frac{\pi}{2}\right]$에서 $[-1, 1]$ 위로의 함수이다. 마찬가지로 $y=\cos x$는 $[0, \pi]$에서 일대일이고 $[-1, 1]$ 위로의 함수이며, $y=\tan x$은 $\left[-\frac{\pi}{2}, \frac{\pi}{2}\right]$에서 일대일이고 $(-\infty, \infty)$ 위로의 함수이다. 따라서 이 함수들의 역함수가 존재하고 이 역함수들을 다음과 같이 정의한다.

정의 7.17

다음과 같이 정의된 함수 y를 각각 **역사인**(arc sine), **역코사인**(arc cosine), **역탄젠트**(arc tangent)라고 한다.

(1) $y=\sin^{-1}x,\ x\in[-1, 1] \Leftrightarrow x=\sin y,\ y\in\left[-\frac{\pi}{2}, \frac{\pi}{2}\right]$

(2) $y=\cos^{-1}x,\ x\in[-1, 1] \Leftrightarrow x=\cos y,\ y\in[0, \pi]$

(3) $y=\cos^{-1}x,\ x\in(-\infty, \infty) \Leftrightarrow x=\tan y,\ y\in\left(-\frac{\pi}{2}, \frac{\pi}{2}\right)$

	$y=\sin^{-1}x$	$y=\cos^{-1}x$	$y=\tan^{-1}x$
정의역	$[-1, 1]$	$[-1, 1]$	$(-\infty, \infty)$
치역	$\left[-\frac{\pi}{2}, \frac{\pi}{2}\right]$	$[0, \pi]$	$\left(-\frac{\pi}{2}, \frac{\pi}{2}\right)$

예제 •15 $y=\sin^{-1}\frac{\sqrt{3}}{2}$의 값을 구하여라.

풀이

$\sin y=\frac{\sqrt{3}}{2}$이고 $-\frac{\pi}{2}\le y\le\frac{\pi}{2}$이므로 $y=\frac{\pi}{3}$이다.

예제 •16 $x\in[-1, 1]$이면, $\cos(\sin^{-1}x)=\sqrt{1-x^2}$이다.

풀이

$\sin^{-1}x=y$라 하자. $x=\sin y$이므로

$\cos^2 y=1-\sin^2 y=1-x^2$이다. $y\in\left[-\frac{\pi}{2}, \frac{\pi}{2}\right]$이므로

$\cos y\ge 0$이다. 그러므로

$$\cos y=\cos(\sin^{-1}x)=\sqrt{1-x^2}$$

예제 •17 $\sin^{-1}x=\cos^{-1}x$를 만족하는 x를 구하여라.

풀이

$y=\sin^{-1}x=\cos^{-1}x$라 하면 $x=\sin y=\cos y$이다.

$0\le y\le\frac{\pi}{2}$이므로 $y=\frac{\pi}{4}$이고 따라서 $x=\frac{1}{\sqrt{2}}$이다.

문제 •18 다음 값을 구하여라.

(1) $\sin^{-1}1$　　(2) $\cos^{-1}\frac{1}{\sqrt{2}}$

(3) $\tan^{-1}\sqrt{3}$　　(4) $\tan^{-1}1$

정의 7.17에 의하여, $y=\sin^{-1}x$의 치역은 $\left[-\frac{\pi}{2}, \frac{\pi}{2}\right]$, $y=\cos^{-1}x$의 치역은 $[0, \pi]$ 그리고 $y=\tan^{-1}x$의 치역은 $\left(-\frac{\pi}{2}, \frac{\pi}{2}\right)$이므로 삼각함수와 역삼각함수의 그래프는 다음과 같다.

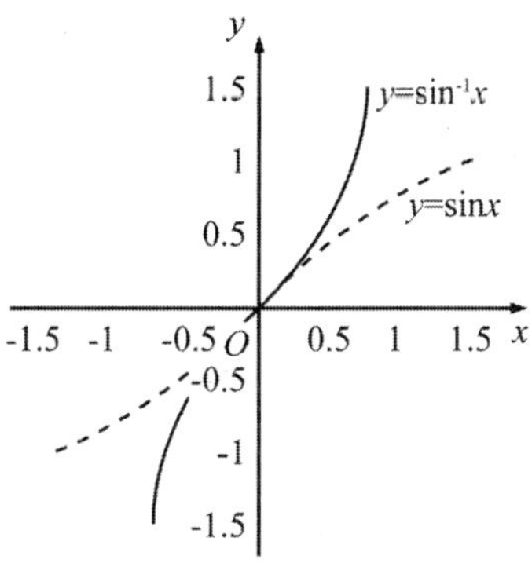

$y=\sin^{-1}x$와 $y=\sin x$

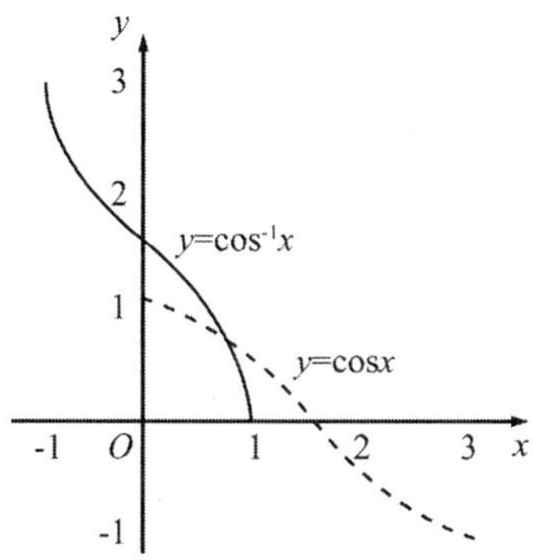

$y=\cos^{-1}x$와 $y=\cos x$

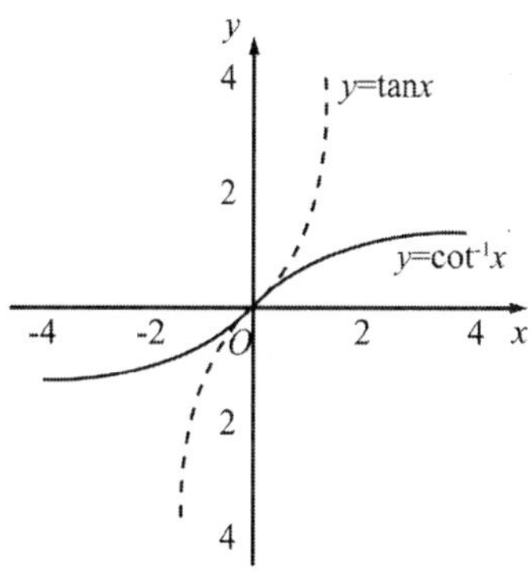

$y=\tan^{-1}x$와 $y=\tan x$

$y=\cos x$은 $\left[-\frac{\pi}{2}, \frac{\pi}{2}\right]\setminus 0$에서 일대일이고 $R\setminus(-1, 1)$ 위로 가는 함수이므로 역함수가 존재한다. 마찬가지로 $y=\sec x$는 $[0, \pi]\setminus\left\{\frac{\pi}{2}\right\}$에서 일대일이고 $R\setminus(-1, 1)$ 위로 가는 함수이므로 역함수가 존재하며 $y=\cot x$는 $(0, \pi)$에서 일대일이고 실수 위로 가는 함수이므로 역시 역함수가 존재한다.

정의 7.18

다음과 같이 정의된 함수 y를 각각 **역섹크**(arc sec), **역코섹크**(arc cosec), **역코탄젠트**(arc cotangent)라고 한다.

(1) $y=\csc^{-1}x,\ x\in R\setminus(-1, 1)\Leftrightarrow$

$x=\csc y,\ y\in\left[-\frac{\pi}{2}, \frac{\pi}{2}\right]\setminus\{0\}$

(2) $y=\sec^{-1}x,\ x\in R\setminus(-1, 1)\Leftrightarrow$

$x=\sec y,\ y\in[0, \pi]\setminus\left\{\frac{\pi}{2}\right\}$

(3) $y=\cot^{-1}x,\ x\in R\Leftrightarrow x=\cot y,\ y\in(0, \pi)$

	$y=\csc^{-1}x$	$y=\sec^{-1}x$	$y=\cot^{-1}x$
정의구역	$R\setminus(-1,1)$		R
치역	$\left[-\frac{\pi}{2},\frac{\pi}{2}\right]\setminus\{0\}$	$[0,\pi]\setminus\left\{\frac{\pi}{2}\right\}$	$(0,\pi)$

예제 EXAMPLE •18 $\csc^{-1}\frac{2}{\sqrt{3}}$, $\sec^{-1}2$, $\cot^{-1}\frac{1}{\sqrt{3}}$을 구하여라.

풀이

$y=\csc^{-1}\frac{2}{\sqrt{3}}$이면 $\csc y=\frac{2}{\sqrt{3}}$ · $\csc y=\frac{1}{\sin y}$이므로 $\sin y=\frac{\sqrt{3}}{2}$이다. 따라서 $y=\csc^{-1}\frac{2}{\sqrt{3}}=\frac{\pi}{3}$. 같은 방법으로 $\sec^{-1}2=\frac{\pi}{3}$, $\cot^{-1}\frac{1}{\sqrt{3}}=\frac{\pi}{3}$이다.

문제 PROBLEM •19 주어진 구간 위에서 다음 함수의 그래프를 그려라.

(1) $y=\csc^{-1}x,\ x\in R\setminus(-1,1)$

(2) $y=\sec^{-1}x,\ x\in R\setminus(-1,1)$

(3) $y=\cot^{-1}x,\ x\in R$

이것만은 알기!! ~모르면, 다시 한번 처음으로

(1) 역삼각함수의 정의역과 치역을 설명하여라.

요약정리

이 장을 끝내기 전에 다음을 알고 있는지 알아보자.

용 어	정 의
1라디안	호의 길이가 반지름의 길이와 같을 때의 중심각
호도법	중심각의 크기를 반지름이 1일 때 대응하는 호의 길이로 나타내는 방법
정의	$\tan x = \dfrac{\sin x}{\cos x}$, $\csc x \dfrac{1}{\sin x}$, $\sec x = \dfrac{1}{\cos x}$, $\cot x = \dfrac{1}{\tan x}$
특수각	$\sin 0 = 0$, $\cos 0 = 1$, $\tan 0 = 0$ $\sin\dfrac{\pi}{6} = \dfrac{1}{2}$, $\cos\dfrac{\pi}{6} = \dfrac{\sqrt{3}}{2}$, $\tan\dfrac{\pi}{6} = \dfrac{1}{\sqrt{3}}$ $\sin\dfrac{\pi}{4} = \dfrac{1}{\sqrt{2}}$, $\cos\dfrac{\pi}{4} = \dfrac{1}{\sqrt{2}}$, $\tan\dfrac{\pi}{4} = 1$ $\sin\dfrac{\pi}{3} = \dfrac{\sqrt{3}}{2}$, $\cos\dfrac{\pi}{3} = \dfrac{1}{2}$, $\tan\dfrac{\pi}{3} = \sqrt{3}$ $\sin\dfrac{\pi}{2} = 1$, $\cos\dfrac{\pi}{2} = 0$, $\tan\dfrac{\pi}{2} = \infty$
항등성	$\sin^2 x + \cos^2 x = 1$, $\tan^2 x + 1 = \sec^2 x$, $1 + \cot^2 x = \csc^2 x$
주기성	$\sin(2n\pi + x) = \sin x$, $\cos(2n\pi + x) = \cos x$, $\tan(n\pi + x) = \tan x$
대칭성	$\sin(-x) = -\sin x$, $\cos(-x) = \cos x$, $\tan(-x) = -\tan x$
이배각	$\sin 2x = 2\sin x \cos x$ $\cos 2x = \cos^2 x - \sin^2 x = 1 - 2\sin^2 x = 2\cos^2 x - 1$ $\tan 2x = \dfrac{2\tan x}{1 - \tan^2 x}$
반각	$\sin^2\dfrac{x}{2} = \dfrac{1-\cos x}{2}$, $\cos^2\dfrac{x}{2} = \dfrac{1+\cos x}{2}$
합	$\sin(x \pm y) = \sin x \cos y \pm \cos x \sin y$ $\cos(x \pm y) = \cos x \cos y \mp \sin x \sin y$
합성	$a\sin x + b\cos x = r\sin(x + \alpha)$ 단, $r = \sqrt{a^2 + b^2}$, $\tan\alpha = \dfrac{b}{a}$
극형식	$a + bi = r(\cos\theta + i\sin\theta)$ 단, $r = \sqrt{a^2 + b^2}$, $\tan\theta = \dfrac{b}{a}$
드 무아브르 정리	$(\cos x + i\sin x)^n = \cos nx + i\sin nx$
역삼각함수	$y = \sin^{-1} x$, $x \in [-1, 1] \Leftrightarrow x = \sin y$, $y \in \left[-\dfrac{\pi}{2}, \dfrac{\pi}{2}\right]$ $y = \cos^{-1} x$, $x \in [-1, 1] \Leftrightarrow x = \cos y$, $y \in [0, \pi]$ $y = \tan^{-1} x$, $x \in (-\infty, \infty) \Leftrightarrow x = \tan y$, $y \in \left(-\dfrac{\pi}{2}, \dfrac{\pi}{2}\right)$

연습문제

1. 다음 각을 라디안으로 고쳐라.

(1) $240°$ (2) $-60°$

(3) $-135°$ (4) $540°$

(5) $600°$ (6) $720°$

2. 다음 라디안을 60분법의 각의 크기로 나타내어라.

(1) $\frac{7\pi}{6}$ (2) $-\frac{\pi}{3}$

(3) $\frac{5\pi}{4}$ (4) $\frac{3\pi}{2}$

(5) $\frac{\pi}{18}$ (6) $\frac{\pi}{2}$

3. 본문에서 주어진 삼각함수의 기본성질들을 이용하여 다음 등식을 증명하여라.

(1) $\frac{\sin 2x}{1+\cos 2x} = \tan x$

(2) $\cos 3x = 4\cos^3 x - 3\cos x$

(3) $\frac{1-\cos x}{\sin x} = \tan\frac{x}{2}$

(4) $\sin 3x = 3\sin x - 4\sin^3 x$

4. $\sin t = -\frac{4}{5}$이고 $\cos t = \frac{3}{5}$일 때, $\tan t$를 구하여라.

5. $\tan\frac{x}{2} = a$일 때 $\sin x$를 a로 나타내어라.

6. 다음 값을 구하여라.

(1) $\sin\left(-\frac{\pi}{6}\right)$ (2) $\sec\left(\frac{4\pi}{3}\right)$

(3) $\cot\left(\frac{7\pi}{4}\right)$ (4) $\cos\left(\frac{9\pi}{2}\right)$

(5) $\sin\left(-\frac{4\pi}{3}\right)$　　　(6) $\tan\left(-\frac{5\pi}{3}\right)$

7. 다음 복소수의 극형식을 구하여라.

(1) $\sqrt{3}+i$　　　(2) 2

(3) $-4+4i$　　　(4) $(-1+\sqrt{3}i)^4$

8. De Moivre 정리에서 $n=2,\ 3$을 대입하여 사인과 코사인의 배각과 삼배각의 공식을 유도하여라.

9. $z^3=1$의 세 근을 구하여라.

10. $y=\sin^2 x+\sin x+3,\ 0\le x\le 2\pi$의 최댓값과 최솟값을 구하여라.

11. $\sin\theta+\cos\theta=\frac{1}{2}$일 때 $\sin\theta\cos\theta$을 구하여라.

12. $y=2\sin\left(2x-\frac{\pi}{3}\right)$의 최댓값, 최솟값 그리고 주기를 구하여라.

13. 다음 함수의 그래프를 그려라.

(1) $y=\sin|x|,\ -\pi\le x\le\pi$　　　(2) $y=|\cos x|,\ -\pi\le x\le\pi$

14. 다음의 값을 구하여디.

(1) $\sin^{-1}\frac{\sqrt{2}}{2}$　　　(2) $\sin^{-1}\left(-\frac{1}{2}\right)$

(3) $\cot^{-1}(-\sqrt{3})$　　　(4) $\cos^{-1}\left(\frac{1}{2}\right)$

(5) $\tan^{-1}(-\sqrt{3})$　　　(6) $\csc^{-1}\sqrt{2}$

(7) $\sin^{-1}\left(\cos\frac{\pi}{6}\right)$　　　(8) $\cos^{-1}(\cos\pi)$

15. 다음의 값을 구하여라.

(1) $\tan\left(2\sec^{-1}\frac{3}{2}\right)$　　　(2) $\sec\left(\tan^{-1}\frac{2}{3}\right)$

(3) $\sin\left(\cos^{-1}\dfrac{\sqrt{3}}{2}\right)$　　(4) $\tan\left(\sec^{-1}\sqrt{2}\right)$

(5) $\cos\left(2\sin^{-1}\dfrac{5}{13}\right)$　　(6) $\tan^{-1}\left(\tan\dfrac{4\pi}{3}\right)$

(7) $\sin\left(\cos^{-1}\dfrac{4}{5}\right)$　　(8) $\sin^{-1}\left(\sin\dfrac{\pi}{7}\right)$

16. 다음의 값을 구하여라.

(1) $\sin^{-1}\dfrac{12}{13}+\cos^{-1}\dfrac{12}{13}$

(2) $\cos^{-1}\dfrac{3}{5}+\cos^{-1}\dfrac{4}{5}$

(3) $\sin^{-1}\dfrac{12}{13}+\sin^{-1}\left(-\dfrac{12}{13}\right)$

(4) $\tan^{-1}2+\tan^{-1}(-2)$

(5) $\sin\left[\sin^{-1}\left(\dfrac{2}{3}\right)+\cos^{-1}\left(\dfrac{2}{3}\right)\right]$

17. 다음 항등식을 증명하여라.

(1) $\sin^{-1}x+\cos^{-1}x=\dfrac{\pi}{2}$　　(2) $\tan^{-1}x+\cot^{-1}x=\dfrac{\pi}{2}$

18. $\theta=\sin^{-1}\dfrac{3}{5}$일 때 $\cos\theta$, $\tan\theta$, $\sec\theta$ 및 $\csc\theta$를 구하여라.

대학기초수학

매개함수 · 쌍곡선함수 · 역쌍곡선함수

CHAPTER 08

매개함수, 매개변수, 쌍곡선함수, 역쌍곡선함수

이 장에서 배울 기본개념

8.1 매개함수

$x=x(t)$, $y=y(t)$로 표현되는 함수를 **매개함수**라 하며 사용된 변수 t를 **매개변수**(parameter)라 한다. 매개함수에서 매개변수 t를 소거하여 x, y 사이의 관계식 $f(x, y)=0$을 얻을 수는 있으나 항상 가능한 것은 아니다.

매개함수 $x=x(t)$, $y=y(t)$, $a \le t \le b$는 평면 위에서 점 $P(t)=x(t), y(t)$이 만드는 곡선으로 $P(a)$를 **시작점**, $P(b)$를 **끝점**이라 한다. $t_1 \ne t_2$일 때 $P(t_1)=P(t_2)$이면 곡선 위에서 중복되게 만나는 점이 있게 된다.

예제 •1 EXAMPLE

(1) $x=\cos t$, $y=\sin t$, $0 \le t \le 2\pi$은 $x^2+y^2=1$로 반지름이 1인 원이 된다. 이때 $f(x, y)=x^2-y-1$가 된다.
(1, 0)는 시작점인 동시에 끝점이 된다.

(2) $y=t^2$, $x=t$, $0 \le t \le 2$는 $y=x^2$으로 포물선이 된다. 이때 $f(x, y)=x^2-y$가 된다. (0, 0)는 시작점이고 (2, 4)는 끝점이 된다.

반지름의 길이가 a인 원을 x축 위에서 굴릴 때, 이 원 위의 한 점 P가 만드는 곡선을 **굴렁쇠선**(cycloid)이라 한다. 이것을 매개함수로 나타내면 다음과 같다.

$$x=a(t-\sin t),\ y=a(1-\cos t)$$

$a=1$인 경우 두 바퀴 돌린 굴렁쇠선의 그래프는 다음 그림과 같다.

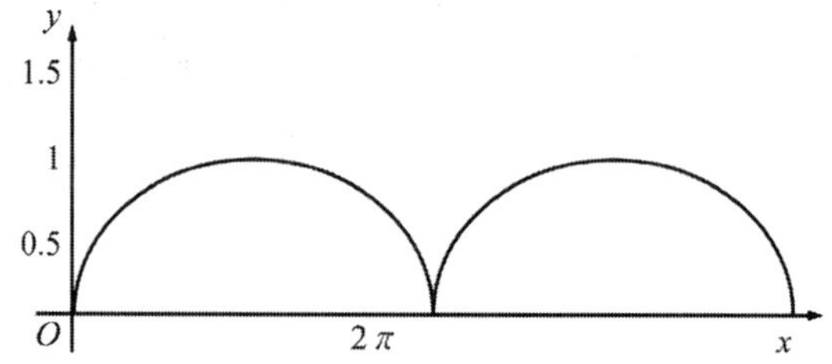

반지름 1인 굴렁쇠선

예제 •2 다음 매개함수에서 t를 소거하여 x, y의 관계식을 나타내어라.

(1) $x=a\cos t,\ y=b\sin t,\ 0\le t\le 2\pi$

(2) $x=t-\dfrac{1}{t},\ y=t+\dfrac{1}{t}$

풀이

(1) $x^2=a^2\cos^2 t,\ y^2=b^2\sin^2 t$이므로, $\cos^2 t=\dfrac{x^2}{a^2}$, $\sin^2 t=\dfrac{y^2}{b^2}$이다. 두 등식을 더하면

$$\frac{x^2}{a^2}+\frac{y^2}{b^2}=1$$

이 되어 타원을 나타낸다.

(2) $x^2=t^2-2+\dfrac{1}{t^2}$이고 $y^2=t^2+2+\dfrac{1}{t^2}$이므로 $t^2+\dfrac{1}{t^2}=x^2+2=y^2-2$이다. 그러므로

$$x^2-y^2=-4$$

가 되어 쌍곡선이 된다.

예제 •3 다음 함수를 매개함수로 나타내어라.

(1) $x=4y$ (2) $x=y^2+2$

풀이

(1) $y=t,\ x=4t$ (2) $y=t,\ x=t^2+2$

PROBLEM 문제 •1 다음 매개함수에서 t를 소거하여 $x,\ y$의 관계식을 나타내어라.

(1) $x=3\cos t-1,\ y=2\sin t-2$

(2) $x=e^t,\ y=e^{-2t}$

PROBLEM 문제 •2 다음 함수를 매개함수로 나타내어라.

(1) $y=2$

(2) $x^2+y^2=4$

이것만은 알기!! ~모르면, 다시 한번 처음으로

(1) 매개함수와 매개변수의 관계를 설명하여라.
(2) 굴렁쇠선이란 무엇인가?

8.2 쌍곡선함수

쌍곡선함수(hyperbolic function)는 지수함수 $y=e^x$와 $y=e^{-x}$의 결합으로 이루어지며 실용적인 면에서 많이 사용된다.

정의 8.1

쌍곡선 함수는 다음과 같이 정의한다.

$$\sinh x = \frac{e^x - e^{-x}}{2}, \quad \cosh x = \frac{e^x + e^{-x}}{2}$$

sinh은 하이퍼볼릭 사인(hyperbolic sine), cosh은 하이퍼볼릭 코사인(hyperbolic cosine)이라고 읽는다. 그 외의 쌍곡선함수는 삼각함수와 마찬가지로 다음과 같이 정의된다.

$$\tanh x = \frac{\sinh x}{\cosh x}, \quad \coth x = \frac{1}{\tanh x}$$

$$\operatorname{sech} x = \frac{1}{\cosh x}, \quad \operatorname{csch} x = \frac{1}{\sinh x}$$

따라서 지수함수로 표현하면 다음과 같다.

$$\tanh x = \frac{e^x - e^{-x}}{e^x + e^{-x}}, \quad \coth x = \frac{e^x + e^{-x}}{e^x - e^{-x}}$$

$$\operatorname{sech} x = \frac{2}{e^x + e^{-x}}, \quad \operatorname{csch} x = \frac{2}{e^x - e^{-x}}$$

지수함수의 정의역이 모든 실수이므로 쌍곡선함수 $y=\sinh x$, $y=\cosh x$의 정의역도 실수 전체의 집합이 된다. 그러나 $y=\sinh x$의 치역은 실수 전체이고, $y=\cosh x$의 치역은 $[1, \infty)$이다. 따라서 $y=\tanh x$의 분모는 0이 아니므로 $y=\tanh x$의 정의역도 실수 전체의 집합이다.

$y=\tanh x$의 치역은

$$\tanh x = \frac{e^x - e^{-x}}{e^x + e^{-x}}$$
$$= \frac{e^{2x} - 1}{e^{2x} + 1} = \frac{1 - e^{-2x}}{1 + e^{-2x}}$$

이므로, $y = \tanh x$는 x가 양의 방향으로 무한히 커지면 1로 가고, 음의 방향으로 무한히 커지면 -1로 간다. 그러므로 치역은 $(-1, 1)$이 된다. 각 함수의 그래프는 다음과 같다.

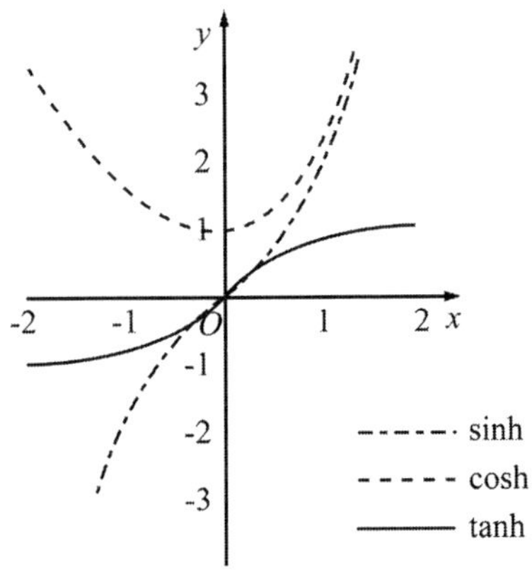

쌍곡선함수

예제 •4 (EXAMPLE) $\cosh 3x + \sinh 3x$를 지수함수로 간단히 써라.

풀이

$$\frac{e^{3x} + e^{-3x}}{2} + \frac{e^{3x} - e^{-3x}}{2} = e^{3x}$$

이것만은 알기!! ~모르면, 다시 한번 처음으로

(1) $\sinh x$, $\cosh x$, $\tanh x$의 정의는 무엇인가?
(2) $\sinh x$, $\cosh x$, $\tanh x$의 정의역은 무엇인가?
(3) $\sinh x$, $\cosh x$, $\tanh x$의 치역은 무엇인가?

8.3 쌍곡선함수의 성질

참고

(1) $\sin(-\theta) = -\sin\theta$
(2) $\cos(-\theta) = \cos\theta$
(3) $\tan(-\theta) = -\tan\theta$

x 대신 $-x$를 대입하면 정의 8.1에 의하여

$$\sinh(-x) = -\sinh x$$
$$\cosh(-x) = \cosh x$$
$$\tanh(-x) = -\tanh x$$

이 된다. 또한

참고

임의의 t에 대하여 $\cosh^2 t - \sinh^2 t = 1$이므로 $(\cosh t,\ \sinh t)$는 쌍곡선 $x^2 - y^2 = 1$ 위에 놓여 있음을 알 수 있다.

$$\begin{aligned}\cosh^2 x - \sinh^2 x &= \left(\frac{e^x + e^{-x}}{2}\right)^2 - \left(\frac{e^x - e^{-x}}{2}\right)^2 \\ &= \frac{e^{2x} + 2 + e^{-2x}}{4} - \frac{e^{2x} - 2 - e^{-2x}}{4} \\ &= 1\end{aligned}$$

이 성립한다.

참고

(1) $\sin^2\theta + \cos^2\theta = 1$
(2) $\tan^2\theta + 1 = \sec^2\theta$
(3) $1 + \cot^2\theta = \csc^2\theta$

정리 8.2 항등식

(1) $\cosh^2 x - \sinh^2 x = 1$
(2) $1 - \tanh^2 x = \text{sech}^2 x$
(3) $\coth^2 x - 1 = \text{csch}^2 x$

문제 PROBLEM ·3 정리 8.2의 (2)와 (3)을 증명하여라. 정의 8.1에 의해

$$\begin{aligned}&\sinh(x+y) \\ &= \frac{e^{x+y} - e^{-(x+y)}}{2} \\ &= \frac{e^x e^y - e^{-x} e^{-y}}{2} \\ &= \frac{e^x - e^{-x}}{2} \cdot \frac{e^y + e^{-y}}{2} + \frac{e^x + e^{-x}}{2} \cdot \frac{e^y - e^{-y}}{2} \\ &= \sinh x \cosh y + \cosh x \sinh y\end{aligned}$$

이다. 같은 방법으로 다음 등식이 성립함을 알 수 있다.

정리 8.3 합의 공식

(1) $\sinh(x \pm y) = \sinh x \cosh y \pm \cosh x \sinh y$

(2) $\cosh(x \pm y) = \cosh x \cosh y \pm \sinh x \sinh y$

(3) $\tanh(x \pm y) = \dfrac{\tanh x \pm \tanh y}{1 \pm \tanh x \tanh y}$

참고

$\sin(x+y) = \sin x \cos y + \cos x \sin y$

$\cos(x+y) = \cos x \cos y - \sin x \sin y$

$\tan(x+y) = \dfrac{\tan x + \tan y}{1 - \tan x \tan y}$

문제 •4 정리 8.3의 (2)와 (3)을 증명하여라.

정리 8.3으로부터 다음과 같은 이배각 공식을 구할 수 있다.

$$\begin{aligned}\sinh 2x &= \sinh x \cosh x + \cosh x \sinh x \\ &= 2\sinh x \cosh x\end{aligned}$$

같은 방법으로 다음 등식이 성립함을 알 수 있다.

정리 8.4 이배각의 공식

(1) $\sinh 2x = 2\sinh x \cosh x$

(2) $\cosh 2x = \cosh^2 x + \sinh^2 x$

(3) $\tanh 2x = \dfrac{2\tanh x}{1 + \tanh^2 x}$

참고

(1) $\sin 2x = 2\sin x \cos x$

(2) $\cos 2x = 1 - 2\sin^2 x = 2\cos^2 x - 1$

(3) $\tan 2x = \dfrac{2\tan x}{1 - \tan^2 x}$

문제 •5 정리 8.4의 (2)와 (3)을 증명하여라.

이것만은 알기!! ~모르면, 다시 한번 처음으로

(1) 쌍곡선함수의 성질을 설명하여라.

8.4 역쌍곡선함수

쌍곡선함수 $\sinh x : R \to R$, $\cosh x : [0, \infty) \to [1, \infty)$, $\tanh x : R \to (-1, 1)$은 일대일이고 위로의 함수이므로 삼각함수에서 정의한 것과 마찬가지로 쌍곡선함수에도 역쌍곡선함수(inverse hyperbolic function)를 정의할 수 있다.

정의 8.5

역쌍곡선함수는 다음과 같이 정의한다.

(1) $y = \sinh^{-1}x,\ x \in R \Leftrightarrow x = \sinh y,\ y \in R$

(2) $y = \cosh^{-1}x,\ x \geqq 1 \Leftrightarrow x = \cosh y,\ y \geqq 0$

(3) $y = \tanh^{-1}x,\ -1 < x < 1 \Leftrightarrow x = \tanh y,\ y \in R$

쌍곡선함수와 그 역함수의 그래프는 다음과 같다.

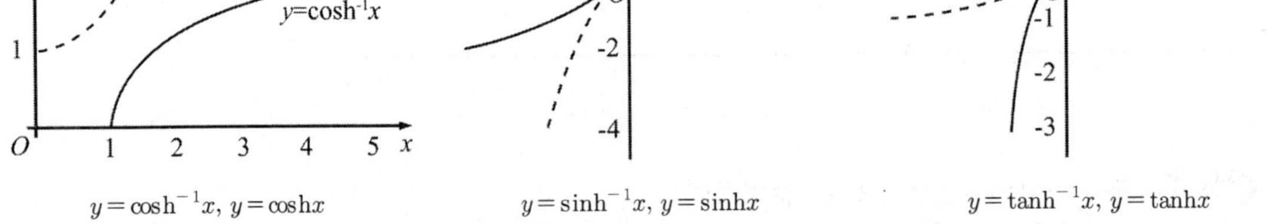

$y = \cosh^{-1}x,\ y = \cosh x$ $y = \sinh^{-1}x,\ y = \sinh x$ $y = \tanh^{-1}x,\ y = \tanh x$

쌍곡선함수는 지수함수의 결합으로 이루어지므로 역쌍곡선함수는 로그함수로 나타낼 수 있다. 즉 $y = \sinh^{-1}x$에서 $x = \sinh y = \dfrac{e^y - e^{-y}}{2}$이므로 $e^{2y} - 2xe^y - 1 = 0$가 성립한다. 이 식은 e^y에 관한 이차방정식이므로 $e^y = x \pm \sqrt{x^2+1}$ 이다. $e^y > 0$이므로 $e^y = x + \sqrt{x^2+1}$ 이다. 따라서 양변에 로그를 씌우면 다음이 성립한다.

$$y = \ln(x + \sqrt{x^2+1})$$

정리 8.6 항등식

(1) $\sinh^{-1}x = \ln(x + \sqrt{x^2+1}),\ -\infty < x < \infty$

(2) $\cosh^{-1}x = \ln(x + \sqrt{x^2-1}),\ x \geq 1$

(3) $\tanh^{-1}x = \dfrac{1}{2}\ln\dfrac{1+x}{1-x},\ |x| < 1$

(4) $\coth^{-1}x = \dfrac{1}{2}\ln\dfrac{1+x}{1-x},\ |x| > 1$

(5) $\operatorname{sech}^{-1}x = \ln\left(\dfrac{1}{x} + \sqrt{\dfrac{1}{x^2} - 1}\right),\ 0 < x \leq 1$

(6) $\operatorname{csch}^{-1}x = \ln\left(\dfrac{1}{x} + \sqrt{\dfrac{1}{x^2} + 1}\right),\ x \neq 1$

문제 PROBLEM •6 정리 8.6의 (2)부터 (6)까지 증명하여라.

이것만은 알기!! ~모르면, 다시 한번 처음으로

(1) 역쌍곡선함수의 정의역과 치역을 설명하여라.

요약정리

이 장을 끝내기 전에 다음 용어에 익숙해져 있는지 알아보자.

용 어	정 의
정의	$\sinh x = \dfrac{e^x - e^{-x}}{2}$, $\cosh x = \dfrac{e^x + e^{-x}}{2}$ $\tanh x = \dfrac{\sinh x}{\cosh x}$, $\coth x = \dfrac{1}{\tanh x}$ $\operatorname{sech} x = \dfrac{1}{\cosh x}$, $\operatorname{csch} x = \dfrac{1}{\sinh x}$
대칭성	$\sinh(-x) = -\sinh x$, $\cosh(-x) = \cosh x$, $\tanh(-x) = -\tanh x$
항등식	$\cosh^2 x - \sinh^2 x = 1$, $1 - \tanh^2 x = \operatorname{sech}^2 x$, $\coth^2 x - 1 = \operatorname{csch}^2 x$
합	$\sinh(x \pm y) = \sinh x \cosh y \pm \cosh x \sinh y$ $\cosh(x \pm y) = \cosh x \cosh y \pm \sinh x \sinh y$
이배각	$\sinh 2x = 2\sinh x \cosh x$ $\cosh 2x = \cosh^2 x + \sinh^2 x$ $\tanh 2x = \dfrac{2\tanh x}{1 + \tanh^2 x}$
역쌍곡선함수	$y = \sinh^{-1} x,\ x \in R \Leftrightarrow x = \sinh y,\ y \in R$ $y = \cosh^{-1} x,\ x \geq 1 \Leftrightarrow x = \cosh y,\ y \geqq 0$ $y = \tanh^{-1} x,\ -1 < x < 1 \Leftrightarrow x = \tanh y,\ y \in R$

chapter 8
매개함수 · 쌍곡선함수 · 역쌍곡함수

연습문제

1. 다음 매개함수에서 매개변수를 소거하여 방정식으로 나타내어라.

(1) $x=\sqrt{t},\ y=3t-2$ (2) $x=t^2,\ y=t^3$

(3) $x=2e^t,\ y=2e^{-t}$ (4) $x=t^2+1,\ y=2t^2-1$

(5) $x=e^t-e^{-t},\ y=e^t+e^{-t}$ (6) $x=2-t,\ y=t^2+1$

2. 다음 방정식을 매개함수로 나타내어라.

(1) $3x+4y=5$ (2) $2x-y^2+3y-6=0$

(3) $3x^2+4y^2=12$ (4) $x^2+2x+y^2=3$

3. 다음 주어진 문제에 수치값을 구하여라.

(1) $\sinh 0$ (2) $\sinh(\ln 2)$

(3) $\tanh(\ln 2)$ (4) $\coth(\ln 4)$

4. 다음 함수들을 지수함수로 간단히 써라.

(1) $\cosh 5x+\sinh 5x$ (2) $\sinh 7x-\cosh 7x$

(3) $(\cosh x-\sinh x)^2$ (4) $1+\operatorname{csch}^2 3x$

(5) $1-\operatorname{sech}^2 8x$ (6) $\tanh^2 2x+\operatorname{sech}^2 2x$

(7) $\dfrac{\cosh 4x+1}{2}$ (8) $\cosh^2 2x-\sinh^2 2x$

5. $\sinh x=-2$일 때 $\cosh x$, $\tanh x$의 값을 구하여라.

6. $\coth x=2$일 때 $\cosh x$, $\sinh x$의 값을 구하여라.

7. 다음을 증명하여라.

(1) $\cosh x+\sinh x=e^x$ (2) $\cosh x-\sinh x=e^{-x}$

CHAPTER 09

행렬과 암호와 연립일차방정식

행렬, 역행렬, 행렬식, 정사각행렬, 암호문

이 장에서 배울 기본개념

암호란 원문을 암호문으로 변환하여 다른 사람에게는 비밀로 하면서 필요한 사람에게 전달하기 위해 쓰는 글이다. 암호의 역사는 고대 이집트 시대에 죽은 사람의 묘비에 새겨 넣은 상형문자에서 시작된다.

시저(Julina Caesar)는 2000여 년 전에 이미 군사 정보를 숨기기 위하여 단순한 종류의 암호를 사용하였다고 한다. 암호학의 이론 및 기술은 전쟁에서 상대방의 공격목표, 병력의 이동 등 적군의 기밀을 알기 위하여 암호를 해독하고 반대로 아군 쪽의 계획과 전달사항은 적군이 알지 못하도록 암호화하는 것으로부터 출발하여 지금까지 발달되어 왔다. 1차, 2차 세계대전동안 각국은 참모본부 안에 암호 부서를 설치하여 적군의 암호를 해독하고 또 아군들을 위한 암호 만들기에 주력했다. 2차 세계대전에서 연합군이 승리한 원인 중 하나가 암호전에서 승리하였기 때문이라는 사실은 잘 알려져 있다. 영화 '뷰티풀 마인드(Beautiful mind)'에도 나오지만, 미국이 일본을 이긴 이유 중 하나는 미국의 수학자들이 적군의 암호를 푸는 데에 성공했기 때문이라 한다. 현대에는 전자상거래의 활성화와 인터넷을 이용한 거래가 활성화되면서 신용카드 번호, 계좌번호, 비밀번호, 산업기술정보, 전자우편 등을 보호하기 위하여 끊임없이 발달되고 있으며 모든 분야 전반에 걸쳐 폭넓게 사용되고 있다. 현대의 암호이론은 수준 높은 수학의 광범위한 이론을 사용하기에 수학을 많이 공부하지 않은 사람들은 이해하기 어렵지만 현대에 사용되는 많은 암호체계들은 대단히 안전하다.

암호를 해독하는 방법은 암호키라고 부르는 암호해독의 열쇠를 가져야 한다. 이 장에서는 행렬을 암호키로 사용한 초보적인 암호이론을 공부하기로 한다.

9.1 행렬

행렬을 이용한 암호를 공부하기 전에 행렬에 대하여 알아보자. 행렬이란 수의 직사각형 모양의 배열이다. 예를 들면 다음과 같다.

$$\begin{pmatrix} 3 & -1 & 5 \\ 4 & 2 & -7 \end{pmatrix}$$

가로를 **행**(row), 세로를 **열**(column)이라 하고 배열된 수를 그 **행렬의 성분**(entry)이라고 한다.

위의 행렬은 2개의 행과 3개의 열로 이루어져 있으며 6개의 성분을 갖고 있다. 위 행렬의 첫 번째 행은 $(3\ -1\ \ 5)$이고 두 번째 행은 $(4\ \ 2\ -7)$이다.

첫 번째 열은 $\begin{pmatrix} 3 \\ 4 \end{pmatrix}$이고 두 번째 열은 $\begin{pmatrix} -1 \\ 2 \end{pmatrix}$이며 세 번째 열은 $\begin{pmatrix} 5 \\ -7 \end{pmatrix}$이다.

행렬의 크기

행렬의 크기는 행의 수와 열의 수에 의하여 결정된다. 행렬 $\begin{pmatrix} 3 & -1 & 5 \\ 4 & 2 & -7 \end{pmatrix}$의 크기는 2×3이다. 행과 열의 개수가 같은 행렬을 **정사각행렬**이라 한다.

행렬의 연산

두 행렬의 덧셈, 빼셈은 두 행렬의 크기가 같을 경우에만 정의된다.

두 행렬 A와 B의 덧셈과 빼셈 $A \pm B$는 A와 B를 각각 성분별로 합하거나 뺀 것이다. 즉,

$$A = \begin{pmatrix} a_{11} & a_{12} \\ a_{21} & a_{22} \end{pmatrix},\ B = \begin{pmatrix} b_{11} & b_{12} \\ b_{21} & b_{22} \end{pmatrix} \text{일 때,}$$

$$A \pm B = \begin{pmatrix} a_{11} \pm b_{11} & a_{12} \pm b_{12} \\ a_{21} \pm b_{21} & a_{22} \pm b_{22} \end{pmatrix} \text{이다.}$$

행렬의 스칼라배는 행렬 A에 실수 k를 곱한 것이다. 즉, 행렬의 각 성분에 k를 곱한 것이다. 예를 들어 2×2행렬 A의 k 스칼라배는 다음과 같다.

$$kA=\begin{pmatrix} ka_{11} & ka_{12} \\ ka_{21} & ka_{22} \end{pmatrix}\text{이다.}$$

행렬 A와 B의 곱 AB는 A의 행과 B의 열을 순서대로 각각 곱하여 합한 성분들을 나타낸 것이다. 예를 들어 2×2행렬

$$A=\begin{pmatrix} a_{11} & a_{12} \\ a_{21} & a_{22} \end{pmatrix}\text{와 } B=\begin{pmatrix} b_{11} & b_{12} \\ b_{21} & b_{22} \end{pmatrix}\text{의 곱 } AB\text{를 계산할 때,}$$

$$AB=\begin{pmatrix} a_{11} & a_{12} \\ a_{21} & a_{22} \end{pmatrix}\begin{pmatrix} b_{11} & b_{12} \\ b_{21} & b_{22} \end{pmatrix}=\begin{pmatrix} c_{11} & c_{12} \\ c_{21} & c_{22} \end{pmatrix}\text{이면,}$$

c_{11}은 A의 첫 번째 행과 B의 첫 번째 열을 순서대로 각각 곱하여 더한 것이다.

c_{12}은 A의 첫 번째 행과 B의 두 번째 열을 순서대로 각각 곱하여 더한 것이다.

c_{21}은 A의 두 번째 행과 B의 첫 번째 열을 순서대로 각각 곱하여 더한 것이다.

c_{22}은 A의 두 번째 행과 B의 두 번째 열을 순서대로 각각 곱하여 더한 것이다.

$$\text{즉, } AB=\begin{pmatrix} a_{11} & a_{12} \\ a_{21} & a_{22} \end{pmatrix}\begin{pmatrix} b_{11} & b_{12} \\ b_{21} & b_{22} \end{pmatrix}$$
$$=\begin{pmatrix} a_{11}b_{11}+a_{12}b_{21} & a_{11}b_{12}+a_{12}b_{22} \\ a_{21}b_{11}+a_{22}b_{21} & a_{21}b_{12}+a_{22}b_{22} \end{pmatrix}\text{이다.}$$

예제 •1 (EXAMPLE) 다음 두 행렬을 곱해보자.

$$\begin{pmatrix} 1 & 0 \\ 0 & 1 \end{pmatrix}\begin{pmatrix} a & b \\ c & d \end{pmatrix}=\begin{pmatrix} a & b \\ c & d \end{pmatrix}$$

$$\begin{pmatrix} 1 & 2 \\ 3 & 4 \end{pmatrix}\begin{pmatrix} 1 & 0 \\ 0 & 1 \end{pmatrix}=\begin{pmatrix} 1 & 2 \\ 3 & 4 \end{pmatrix}$$

$$\begin{pmatrix} 1 & 0 \\ 0 & -3 \end{pmatrix}\begin{pmatrix} a & b \\ c & d \end{pmatrix}=\begin{pmatrix} a & b \\ -3c & -3d \end{pmatrix}$$

$$\begin{pmatrix} 1\,0\,3 \\ 0\,1\,0 \\ 0\,0\,1 \end{pmatrix}\begin{pmatrix} a\ b\ c \\ d\ e\ f \\ g\ h\ i \end{pmatrix} = \begin{pmatrix} a+3g & b+3h & c+3i \\ d & e & f \\ g & h & i \end{pmatrix}.$$

참고

정사각행렬 A에 대하여, $A^2 = AA$, $A^3 = A^2A$, $\cdots$, $A^m = A^{m-1}A$이다.
3×3행렬의 곱셈도 위의 방법과 비슷하게 할 수 있다.

$$\begin{pmatrix} a_{11}\ a_{12}\ a_{13} \\ a_{21}\ a_{22}\ a_{23} \\ a_{31}\ a_{32}\ a_{33} \end{pmatrix}\begin{pmatrix} b_{11}\ b_{12}\ b_{13} \\ b_{21}\ b_{22}\ b_{23} \\ b_{31}\ b_{32}\ b_{33} \end{pmatrix} =$$

$$\begin{pmatrix} a_{11}b_{11}+a_{12}b_{21}+a_{13}b_{31} & a_{11}b_{12}+a_{12}b_{22}+a_{13}b_{32} & a_{11}b_{13}+a_{12}b_{23}+a_{13}b_{33} \\ a_{21}b_{11}+a_{22}b_{21}+a_{23}b_{31} & a_{21}b_{12}+a_{22}b_{22}+a_{23}b_{32} & a_{21}b_{13}+a_{22}b_{23}+a_{23}b_{33} \\ a_{31}b_{11}+a_{32}b_{21}+a_{33}b_{31} & \cdots & \cdots \end{pmatrix}$$

행렬식

다음은 간단한 행렬식에 대해 알아보자.

이차행렬식은

$$\begin{vmatrix} a & b \\ c & d \end{vmatrix} = ad - bc \tag{1}$$

로 정의된다. 예를 들면,

$$\begin{vmatrix} 1 & 2 \\ -3 & 4 \end{vmatrix} = 1(4) - 2(-3) = 10$$

이다.

3차행렬식은 이차행렬식의 항으로 다음과 같이 정의할 수 있다.

$$\begin{vmatrix} a_1 & a_2 & a_3 \\ b_1 & b_2 & b_3 \\ c_1 & c_2 & c_3 \end{vmatrix} = a_1\begin{vmatrix} b_2 & b_3 \\ c_2 & c_3 \end{vmatrix} - a_2\begin{vmatrix} b_1 & b_3 \\ c_1 & c_3 \end{vmatrix} + a_3\begin{vmatrix} b_1 & b_2 \\ c_1 & c_2 \end{vmatrix} \tag{2}$$

식 (2)의 우변의 각 항은 행렬식의 첫 번째 행의 수 a_i를 포함하고 있으며, 또 a_i왼쪽 행렬식은 원래의 3차행렬식 (2)에서 a_i가 들어 있는 행과 열을 제거함으로써 얻어지는 이차행렬식으로 이루어진다. 예를 들면 다음과 같다.

$$\begin{vmatrix} 1 & 2 & -1 \\ 4 & 0 & 1 \\ -5 & 3 & 2 \end{vmatrix} = 1\begin{vmatrix} 0 & 1 \\ 3 & 2 \end{vmatrix} - 2\begin{vmatrix} 4 & 1 \\ -5 & 2 \end{vmatrix} + (-1)\begin{vmatrix} 4 & 0 \\ -5 & 3 \end{vmatrix}$$

$$= 1(0-3) - 2(8+5) + (-1)(12-0)$$
$$= -41$$

역행렬

정의 9.1

정사각행렬 A에 대하여 $AB = BA = \begin{pmatrix} 1 & 0 \\ 0 & 1 \end{pmatrix}$를 만족하는 정사각행렬 B가 존재할 때 행렬 B를 행렬 A의 역행렬이라 한다.

정리 9.2

만약 $ad - bc \neq 0$ 이면, 2×2행렬 $A = \begin{pmatrix} a & b \\ c & d \end{pmatrix}$의 역행렬은 다음과 같다.

$$A^{-1} = \frac{1}{ad-bc}\begin{pmatrix} d & -b \\ -c & a \end{pmatrix}$$

참고

$\begin{vmatrix} a & b \\ c & d \end{vmatrix} = ad - bc = 0$이면 역행렬이 존재하지 않는다.

증명 행렬 $A = \begin{pmatrix} a & b \\ c & d \end{pmatrix}$의 역행렬을 $A^{-1} = \begin{pmatrix} x & y \\ z & w \end{pmatrix}$라 하자.

역행렬의 정의에 의하여 $\begin{pmatrix} a & b \\ c & d \end{pmatrix}\begin{pmatrix} x & y \\ z & w \end{pmatrix} = \begin{pmatrix} 1 & 0 \\ 0 & 1 \end{pmatrix}$를 만족하는 $\begin{pmatrix} x & y \\ z & w \end{pmatrix}$를 구하기 위하여 먼저 왼쪽의 두 행렬을 곱하여 전개하면, $ax + bz = 1$, $cx + dz = 0$, $cy + bw = 0$, $cy + dw = 1$이 된다.

위의 식을 만족하는 x, y, z, w를 구하기 위하여 연립방정식을 풀면, $acx + bcz = c$, $acx + adz = 0$, $acy + bcw = 0$, $acy + adw = a$가 되므로 $z = \dfrac{-c}{ad-bc}$, $x = \dfrac{d}{ad-bc}$, $w = \dfrac{a}{ad-bc}$, $y = \dfrac{-b}{ad-bc}$가 되어

$A^{-1} = \dfrac{1}{ad-bc}\begin{pmatrix} d & -b \\ -c & a \end{pmatrix}$가 된다.

예제 •2 위 정리를 사용하여 다음 행렬의 역행렬을 구하여라.

(1) $A=\begin{pmatrix}2&-3\\4&4\end{pmatrix}$ (2) $B=\begin{pmatrix}2&0\\0&3\end{pmatrix}$

풀이

(1) $A=\begin{pmatrix}2&-3\\4&4\end{pmatrix}$

$$A^{-1}=\frac{1}{2\times4-(-3)\times4}\begin{pmatrix}4&-(-3)\\-4&2\end{pmatrix}$$

$$=\begin{pmatrix}\frac{4}{20}&\frac{3}{20}\\-\frac{4}{20}&\frac{2}{20}\end{pmatrix}=\begin{pmatrix}\frac{1}{5}&\frac{3}{20}\\-\frac{1}{5}&\frac{1}{10}\end{pmatrix}\text{이다.}$$

(2) $B=\begin{pmatrix}2&0\\0&3\end{pmatrix}$

$$B^{-1}=\frac{1}{6-0}\begin{pmatrix}3&0\\0&2\end{pmatrix}=\begin{pmatrix}\frac{3}{6}&0\\0&\frac{2}{6}\end{pmatrix}=\begin{pmatrix}\frac{1}{2}&0\\0&\frac{1}{3}\end{pmatrix}\text{이다.}$$

예제 •3 행렬 $A=\begin{pmatrix}2&0\\4&1\end{pmatrix}$가 주어졌을 때, A^{-1}, A^3, A^{-3}을 구하여라.

풀이

$$A^{-1}=\frac{1}{2}\begin{pmatrix}1&0\\-4&2\end{pmatrix}=\begin{pmatrix}\frac{1}{2}&0\\-2&1\end{pmatrix}$$

$$A^3=\begin{pmatrix}2&0\\4&1\end{pmatrix}\begin{pmatrix}2&0\\4&1\end{pmatrix}\begin{pmatrix}2&0\\4&1\end{pmatrix}$$

$$=\begin{pmatrix}4&0\\12&1\end{pmatrix}\begin{pmatrix}2&0\\4&1\end{pmatrix}=\begin{pmatrix}8&0\\28&1\end{pmatrix}$$

$$A^{-3}=(A^{-1})^3=\begin{pmatrix}0.5&0\\-2&1\end{pmatrix}\begin{pmatrix}0.5&0\\-2&1\end{pmatrix}\begin{pmatrix}0.5&0\\-2&1\end{pmatrix}$$

$$=\begin{pmatrix}0.25&0\\-3&1\end{pmatrix}\begin{pmatrix}0.5&0\\-2&1\end{pmatrix}=\begin{pmatrix}0.125&0\\-3.5&1\end{pmatrix}$$

9.2 행렬을 이용한 암호문

다음은 행렬 $A=\begin{pmatrix}2&1\\1&3\end{pmatrix}$를 이용하여 MERRY* CHRISTMAS*의 암호문을 만들어 보자.

먼저 영어 알파벳에 사연수를 다음과 같이 대응시키자.

A	B	C	D	E	F	G	H	I	J	K	L	M	N
1	2	3	4	5	6	7	8	9	10	11	12	13	14
O	P	Q	R	S	T	U	V	W	X	Y	Z	*	
15	16	17	18	19	20	21	22	23	24	25	26	27	

위 표를 이용하여 MERRY*CHRISTMAS*를 숫자화하면 (13, 5, 18, 18, 25, 27, 3, 8, 18, 9, 19, 20, 13, 1, 19, 27)가 된다.

이것을 2×8 행렬로 나타내면

$$\begin{pmatrix}13&5&18&18&25&27&3&8\\18&9&19&20&13&1&19&27\end{pmatrix}$$

이 된다.

이것을 암호화하기 위하여 이 행렬 왼쪽에 행렬 A를 곱하여

$$\begin{pmatrix}2&1\\1&3\end{pmatrix}\begin{pmatrix}13&5&18&18&25&27&3&8\\18&9&19&20&13&1&19&27\end{pmatrix}=\begin{pmatrix}44&19&55&56&63&55&25&43\\67&32&75&78&64&30&60&89\end{pmatrix}$$

를 얻는다.

이 숫자 (44, 19, 55, 56, 63, 55, 25, 43, 67, 32, 75, 78, 64, 30, 60, 89)가 암호문이 된다.

이제는 암호문 (44, 19, 55, 56, 63, 55, 25, 43, 67, 32, 75, 78, 64, 30, 60, 89)이 주어졌을 때 행렬 $A=\begin{pmatrix}2&1\\1&3\end{pmatrix}$를 이용하여 암호문을 풀어보자.

$A=\begin{pmatrix}2&1\\1&3\end{pmatrix}$의 역행렬은 $A^{-1}=\frac{1}{5}\begin{pmatrix}3&-1\\-1&2\end{pmatrix}$이므로 위의 과정을 역으로 올라가면

$$\frac{1}{5}\begin{pmatrix} 3 & -1 \\ -1 & 2 \end{pmatrix}\begin{pmatrix} 44 & 19 & 55 & 56 & 63 & 55 & 25 & 43 \\ 67 & 32 & 75 & 78 & 64 & 30 & 60 & 89 \end{pmatrix}$$

$$= \frac{1}{5}\begin{pmatrix} 65 & 25 & 90 & 90 & 125 & 135 & 15 & 40 \\ 90 & 45 & 95 & 100 & 65 & 5 & 95 & 135 \end{pmatrix}$$

$$= \begin{pmatrix} 13 & 5 & 18 & 18 & 25 & 27 & 3 & 8 \\ 18 & 9 & 19 & 20 & 13 & 1 & 19 & 27 \end{pmatrix}$$

MERRY*CHRISTMAS*가 된다.

이때 행렬 $A=\begin{pmatrix} 2 & 1 \\ 1 & 3 \end{pmatrix}$를 **암호키**라 한다. 보안을 위하여 정기적으로 암호키를 바꿔주는 것이 바람직하다.

예제 •4 HAPPY*BIRTHDAY를 다음 암호키인 행렬 $A=\begin{pmatrix} 2 & 1 \\ 1 & 3 \end{pmatrix}$를 이용하여 암호화하고 다시 암호를 풀어보아라.

풀이

HAPPY*BIRTHDAY를 숫자화하면 (8, 1, 16, 16, 25, 27, 2, 9, 18, 20, 8, 4, 1, 25)가 된다. 이것을 2×7행렬로 나타내면 $\begin{pmatrix} 8 & 1 & 16 & 16 & 25 & 27 & 2 \\ 9 & 18 & 20 & 8 & 4 & 1 & 25 \end{pmatrix}$이 된다.

이것을 암호화하기 위하여 이 행렬 왼쪽에 행렬 A를 곱하여

$$\begin{pmatrix} 2 & 1 \\ 1 & 3 \end{pmatrix}\begin{pmatrix} 8 & 1 & 16 & 16 & 25 & 27 & 2 \\ 9 & 18 & 20 & 8 & 4 & 1 & 25 \end{pmatrix} = \begin{pmatrix} 25 & 20 & 52 & 40 & 54 & 55 & 29 \\ 35 & 55 & 76 & 40 & 37 & 30 & 77 \end{pmatrix}$$

를 얻는다.

이 숫자 (25, 20, 52, 40, 54, 55, 29, 35, 55, 76, 40, 37, 30, 77)이 암호가 된다.

이제는 암호문 (25, 20, 52, 40, 54, 55, 29, 35, 55, 76, 40, 37, 30, 77)이 주어졌을 때 행렬 $A=\begin{pmatrix} 2 & 1 \\ 1 & 3 \end{pmatrix}$를 이용하여 암호문을 풀어보자.

$A=\begin{pmatrix} 2 & 1 \\ 1 & 3 \end{pmatrix}$의 역행렬은 $A^{-1}=\frac{1}{5}\begin{pmatrix} 3 & -1 \\ -1 & 2 \end{pmatrix}$이므로 위의 과정을 역으로 올라가면

$$\frac{1}{5}\begin{pmatrix} 3 & -1 \\ -1 & 2 \end{pmatrix}\begin{pmatrix} 25 & 20 & 52 & 40 & 54 & 55 & 29 \\ 35 & 55 & 76 & 40 & 37 & 30 & 77 \end{pmatrix}$$

$$= \frac{1}{5}\begin{pmatrix} 40 & 5 & 80 & 80 & 125 & 135 & 10 \\ 45 & 90 & 100 & 40 & 20 & 5 & 125 \end{pmatrix}$$

$$= \begin{pmatrix} 8 & 1 & 16 & 16 & 25 & 27 & 2 \\ 9 & 18 & 20 & 8 & 4 & 1 & 25 \end{pmatrix}$$

이 되어 HAPPY*BIRTHDAY가 된다.

다시 한번 확인하기

- 2×2행렬 $A=\begin{pmatrix} a_{11} & a_{12} \\ a_{21} & a_{22} \end{pmatrix}$와 $B=\begin{pmatrix} b_{11} & b_{12} \\ b_{21} & b_{22} \end{pmatrix}$곱 AB는 다음과 같다.

$$AB=\begin{pmatrix} a_{11} & a_{12} \\ a_{21} & a_{22} \end{pmatrix}\begin{pmatrix} b_{11} & b_{12} \\ b_{21} & b_{22} \end{pmatrix}=\begin{pmatrix} a_{11}b_{11}+a_{12}b_{21} & a_{11}b_{12}+a_{12}b_{22} \\ a_{21}b_{11}+a_{22}b_{21} & a_{21}b_{12}+a_{22}b_{22} \end{pmatrix}$$이다.

- 2×2행렬 $A=\begin{pmatrix} a & b \\ c & d \end{pmatrix}$의 행렬식은 $\begin{vmatrix} a & b \\ c & d \end{vmatrix}=ad-bc$이다.
- 2×2행렬 $A=\begin{pmatrix} a & b \\ c & d \end{pmatrix}$의 역행렬은 $A^{-1}=\frac{1}{ad-bc}\begin{pmatrix} d & -b \\ -c & a \end{pmatrix}$이다.

9.3 행렬과 연립일차방정식

역행렬을 이용하여 연립일차방정식을 풀어보자.

연립일차방정식 $\begin{cases} x+2y=1 \\ \quad\;\; 3y=2 \end{cases}$는 행렬을 써서 $\begin{pmatrix} 1 & 2 \\ 0 & 3 \end{pmatrix}\begin{pmatrix} x \\ y \end{pmatrix}=\begin{pmatrix} 1 \\ 2 \end{pmatrix}$와 같이 나타낼 수 있다.

일반적으로, 연립일차방정식

$$\begin{cases} ax+by=p \\ cx+dy=q \end{cases}$$

를 행렬을 이용하여 나타내어 보면 $\begin{pmatrix} ax+by \\ cx+dy \end{pmatrix}=\begin{pmatrix} p \\ q \end{pmatrix}$로 나타낼 수 있다.

그런데 좌변은 $\begin{pmatrix} ax+by \\ cx+dy \end{pmatrix}=\begin{pmatrix} a & b \\ c & d \end{pmatrix}\begin{pmatrix} x \\ y \end{pmatrix}$이므로 연립일차방정식은 $\begin{pmatrix} a & b \\ c & d \end{pmatrix}\begin{pmatrix} x \\ y \end{pmatrix}=\begin{pmatrix} p \\ q \end{pmatrix}$처럼 행렬로 나타낼 수 있다.

$A=\begin{pmatrix} a & b \\ c & d \end{pmatrix}$, $X=\begin{pmatrix} x \\ y \end{pmatrix}$, $B=\begin{pmatrix} p \\ q \end{pmatrix}$라면 위 행렬은 $AX=B$가 된다.

따라서 연립일차방정식을 푼다는 것은 $AX=B$를 만족시키는 X를 구하는 것과 같다. 여기서 $ad-bc\neq 0$이면 A는 역행렬 A^{-1}를 가지므로 $X=A^{-1}B$를 얻는다.

참고

$ad-bc=0$이면 행렬식이 0이므로 역행렬이 존재하지 않으므로 역행렬을 이용하여 풀 수가 없다.

$$AX=B \Leftrightarrow X=A^{-1}B$$

즉, $\begin{cases} ax+by=p \\ cx+dy=q \end{cases}$에서 $ad-bc\neq 0$이면 $\begin{pmatrix} x \\ y \end{pmatrix}=\dfrac{1}{ad-bc}\begin{pmatrix} d & -b \\ -c & a \end{pmatrix}\begin{pmatrix} p \\ q \end{pmatrix}$이다.

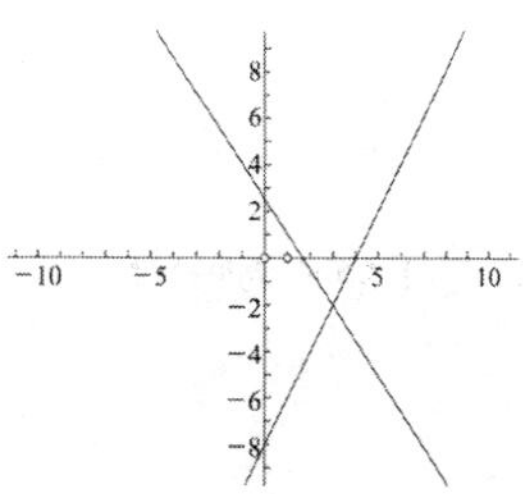

그림 9.1

예제 •5 (EXAMPLE) 다음 연립일차방정식을 역행렬을 이용하여 풀어라.

$$\begin{cases} 2x-1y=8 \\ 3x+2y=5 \end{cases}$$

풀이

주어진 연립일차방정식은 다음과 같이 쓸 수 있다.

$$\begin{pmatrix} 2 & -1 \\ 3 & 2 \end{pmatrix}\begin{pmatrix} x \\ y \end{pmatrix} = \begin{pmatrix} 8 \\ 5 \end{pmatrix}, \quad A = \begin{pmatrix} 2 & -1 \\ 3 & 2 \end{pmatrix}$$

$D = 2\times 2 - (-1)\times 3 = 7 \neq 0$이므로 $A^{-1} = \frac{1}{7}\begin{pmatrix} 2 & 1 \\ -3 & 2 \end{pmatrix}$이다. 그러므로

$$\begin{pmatrix} x \\ y \end{pmatrix} = \frac{1}{7}\begin{pmatrix} 2 & 1 \\ -3 & 2 \end{pmatrix}\begin{pmatrix} 8 \\ 5 \end{pmatrix} = \frac{1}{7}\begin{pmatrix} 21 \\ -14 \end{pmatrix} = \begin{pmatrix} 3 \\ -2 \end{pmatrix}$$

따라서, 구하는 해는 $x = 3,\ y = -2$다.
그림 9.1에서 보듯이 두 식은 직선을 나타내고 해는 두 직선이 만나는 교점이다.

다음에는 $ad - bc = 0$인 경우를 생각하자.

예제 •6 EXAMPLE 다음 연립일차방정식의 해를 구하여라.

$$\begin{cases} x - 2y = 3 \\ 2x - 4y = 6 \end{cases}$$

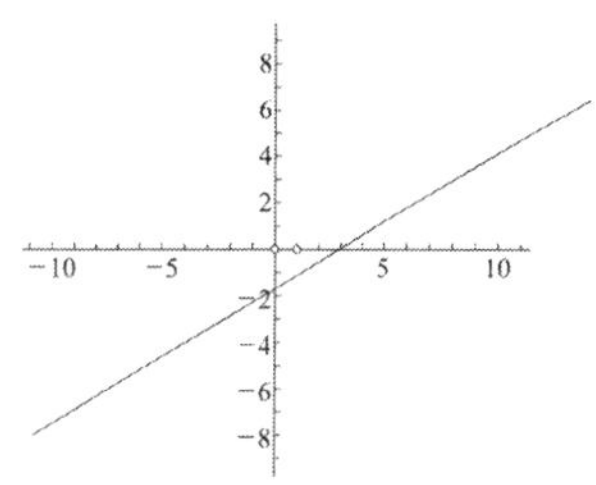

그림 9.2

풀이

주어진 연립일차방정식은 다음과 같이 쓸 수 있다.

$$\begin{pmatrix} 1 & -2 \\ 2 & -4 \end{pmatrix}\begin{pmatrix} x \\ y \end{pmatrix} = \begin{pmatrix} 3 \\ 6 \end{pmatrix}, \quad A = \begin{pmatrix} 1 & -2 \\ 2 & -4 \end{pmatrix}$$

$D = 1\times(-4) - (-2)\times 2 = 0$이므로 역행렬을 이용하여 풀 수가 없다.

연립방정식 $\begin{cases} x - 2y = 3 \\ 2x - 4y = 6 \end{cases}$에서 $x - 2y = 3$의 양변을 2배 하면 방정식 $2x - 4y = 6$이 되므로, 이 연립방정식은 한 개의 방정식 $x - 2y = 3$과 동치이다.
주어진 연립방정식의 해는 $x - 2y = 3$ 위에 놓인 모든 점이므로 무수히 많은 해를 가진다.

예제 •7 EXAMPLE 다음 연립일차방정식을 풀어라.

$$\begin{cases} x-2y=-3 \\ 2x-4y=5 \end{cases}$$

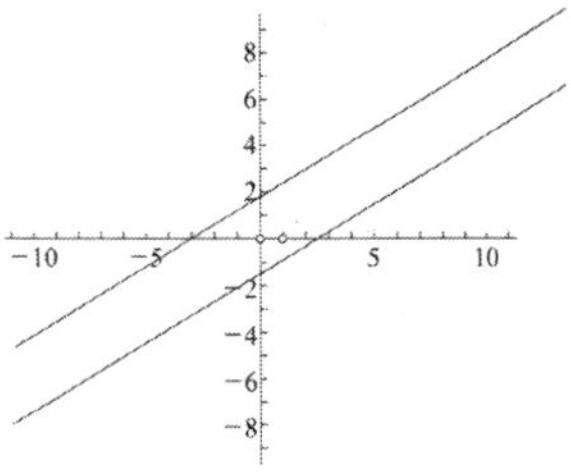

그림 9.3

풀이

연립방정식 $\begin{cases} x-2y=-3 \cdots\cdots ① \\ 2x-4y=\ \ 5 \cdots\cdots ② \end{cases}$ 에서

①을 2배 하면 $2x-4y=-6$이 되므로, 주어진 연립 방정식 ①과 ②를 동시에 만족시키는 해는 없다.

앞의 두 보기의 연립방정식을 행렬을 써서 $AX=B$인 꼴로 나타내었을 때, $A=\begin{pmatrix} 1 & -2 \\ 2 & -4 \end{pmatrix}$이다.

여기서 $1\times(-4)-(-2)\times 2=0$이므로 A는 역행렬을 가지지 않는다. 일반적으로 행렬 A가 역행렬을 가지지 않을 때는 연립방정식 $AX=B$는 해를 무수히 많이 가지는 경우와 하나도 없는 경우가 있다.

예제 •8 EXAMPLE 연립방정식 $\begin{cases} kx+2y=\ 0 \\ \ x-\ \ y=kx \end{cases}$가 $x=0$, $y=0$ 이외의 해를 가지도록 k의 값을 정하여라.

풀이

주어진 연립방정식은 다음과 같이 변형할 수 있다.

$$\begin{cases} kx+2y=0 \\ (1-k)x-\ \ y=0 \end{cases}$$

이 연립방정식을 행렬을 이용하여 나타내면

$$\begin{pmatrix} k & 2 \\ 1-k & -1 \end{pmatrix}\begin{pmatrix} x \\ y \end{pmatrix}=\begin{pmatrix} 0 \\ 0 \end{pmatrix} \qquad \cdots ①$$

다음의 두 경우로 나누어서 생각해 보자.

CASE 1

$D=-k-2(1-k)=k-2\neq 0$면 $A=\begin{pmatrix} k & 2 \\ 1-k & -1 \end{pmatrix}$은 역행렬 A^{-1}를 가진다.

A^{-1}를 ①의 양변의 왼쪽에 곱하면

$$X = A^{-1}A\begin{pmatrix} x \\ y \end{pmatrix} = A^{-1}\begin{pmatrix} 0 \\ 0 \end{pmatrix}$$

즉, $\begin{pmatrix} x \\ y \end{pmatrix} = \begin{pmatrix} 0 \\ 0 \end{pmatrix}$라서, $D \neq 0$이면 주어진 연립방정식의 해는 $x = 0$, $y = 0$뿐이다.

CASE 2

$D = k-2 = 0$, 즉 $k=2$일 때는 주어진 연립방정

$\begin{cases} 2x+2y=0 \\ x+\ y=0 \end{cases}$이 되고, 이 연립방정식은 무수히 많

그러므로 구하는 k의 값은 2이다.

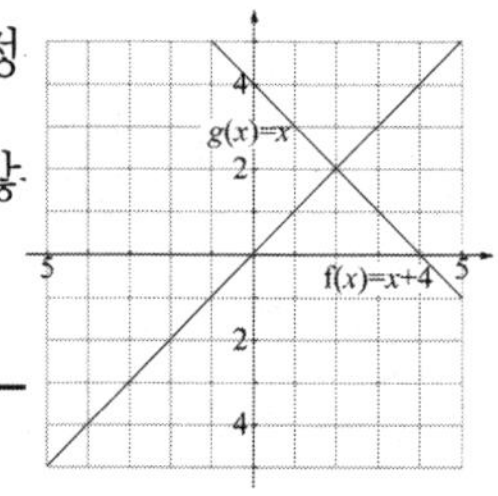

그림 9.4

연립방정식을 푼다는 것을 기하학적으로 생각해보자. 변수가 두 개인 두 개의 연립방정식을 푼다는 것은 두 개의 직선의 교점을 구하는 것이다.

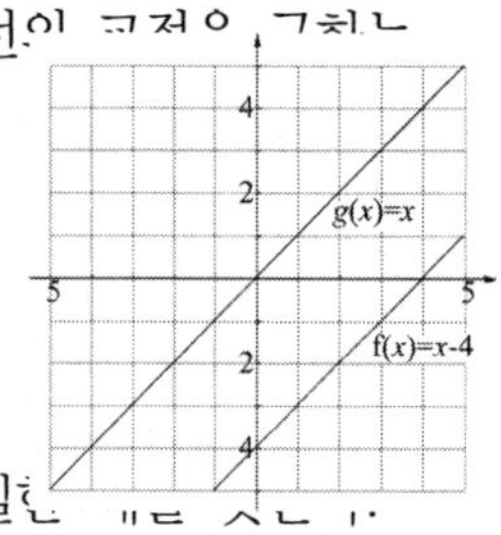

그림 9.5

예제 •9 EXAMPLE

(a) $\begin{cases} x+y=4 \\ x-y=0 \end{cases}$

두 직선이 한 점에서 만나므로 유일한 해를 갖는다.

(b) $\begin{cases} x-y=4 \\ x-y=0 \end{cases}$

두 직선이 평행하여 만나지 않으므로

(c) $\begin{cases} x-\ y=\ 4 \\ 3x-3y=12 \end{cases}$

두 직선이 겹치므로 무한히 많은 해

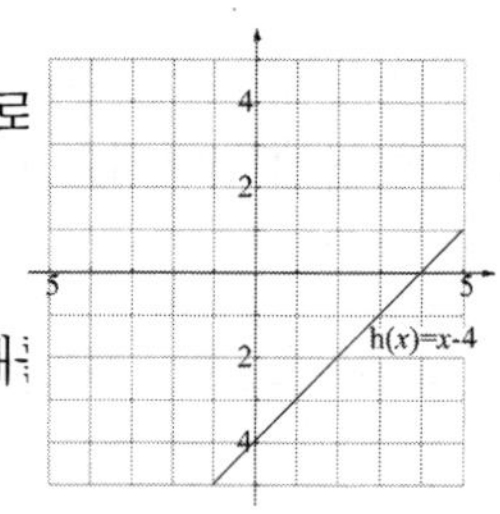

그림 9.6

다시 한번 확인하기

$AX=B$ 형태의 연립 일차방정식은 역행렬 A^{-1}을 이용하여 $X=A^{-1}B$로 해를 구할 수 있다.

chapter 9
행렬과 암호와 연립일차방정식

연습문제

1. 다음 행렬의 행렬식을 구하여라.

(1) $\begin{vmatrix} 2 & 3 \\ 1 & 2 \end{vmatrix}$　　(2) $\begin{vmatrix} 1 & 4 \\ 1 & 3 \end{vmatrix}$

(3) $\begin{vmatrix} 3 & 5 \\ -2 & 4 \end{vmatrix}$　　(4) $\begin{vmatrix} \sqrt{2} & \sqrt{6} \\ 4 & \sqrt{3} \end{vmatrix}$

(5) $\begin{vmatrix} 1 & 2 & 3 \\ 2 & 0 & 1 \\ 3 & 1 & 0 \end{vmatrix}$　　(6) $\begin{vmatrix} 2 & 1 & 3 \\ 0 & 3 & 1 \\ 0 & 1 & 2 \end{vmatrix}$

2. 다음 행렬 A와 B의 합 $A+B$와 곱 AB을 구하고 각각의 역행렬 A^{-1}과 B^{-1}을 구하여라.

(1) $A=\begin{pmatrix} 2 & 1 \\ 1 & 1 \end{pmatrix}$, $B=\begin{pmatrix} 2 & 2 \\ 1 & 2 \end{pmatrix}$

(2) $A=\begin{pmatrix} 3 & 1 \\ 0 & 1 \end{pmatrix}$, $B=\begin{pmatrix} 1 & 0 \\ 2 & 2 \end{pmatrix}$

3. 행렬 $A=\begin{pmatrix} 3 & 1 \\ -1 & 1 \end{pmatrix}$, $B=\begin{pmatrix} 1 & 2 \\ 4 & 3 \end{pmatrix}$, $C=\begin{pmatrix} 1 & -1 \\ 2 & 0 \end{pmatrix}$에 대하여 다음을 구하여라.

(1) $3B+4C-2A$　　(2) $AB+BA$

(3) $AB+BC$　　(4) $AB-BA$

4. 행렬 $A=\begin{pmatrix} 2 & 1 \\ 0 & -2 \end{pmatrix}$, $B=\begin{pmatrix} 0 & -1 \\ 1 & 0 \end{pmatrix}$에 대하여 $(A+B)(A-B)$를 구하여라.

5. 다음 등식을 만족하는 행렬 $X=\begin{pmatrix} a & b \\ c & d \end{pmatrix}$를 구하여라.

$$\begin{pmatrix} 9 & -27 \\ 4 & 63 \end{pmatrix}+X=\begin{pmatrix} -79 & 11 \\ 34 & -5 \end{pmatrix}$$

6. 등식 $\begin{pmatrix} 2 & a \\ b & 1 \end{pmatrix}-\begin{pmatrix} 1 & b \\ -a & 1 \end{pmatrix}=\begin{pmatrix} c+d & -1 \\ 7 & c-d \end{pmatrix}$이 성립하도록 하는 실수 a, b, c, d를 구하여라.

7. 다음 글을 암호키인 행렬 $A=\begin{pmatrix}1&1\\1&2\end{pmatrix}$를 이용하여 암호화하고 다시 암호를 풀어보아라.

A	B	C	D	E	F	G	H	I	J	K	L	M	N
1	2	3	4	5	6	7	8	9	10	11	12	13	14
O	P	Q	R	S	T	U	V	W	X	Y	Z	*	
15	16	17	18	19	20	21	22	23	24	25	26	27	

(1) I*LOVE*YOU

(2) I*WILL*BE*BACK*HOME*

(3) HAVE*A*NICE*VACATION

8. 다음 연립방정식을 역행렬을 이용하여 풀어라.

(1) $\begin{cases}3x-2y=-1\\2x+3y=-1\end{cases}$ (2) $\begin{cases}x+2y=-1\\x+3y=\ \ 5\end{cases}$

(3) $\begin{cases}2x+5y=-1\\x+3y=-1\end{cases}$ (4) $\begin{cases}x-2y=-1\\2x+3y=\ \ 12\end{cases}$

9. 다음 연립방정식이 해를 가지는지 조사하여라.

(1) $\begin{cases}2x+3y=7\\4x+6y=5\end{cases}$ (2) $\begin{cases}3x+2y=1\\6x+4y=2\end{cases}$

10. 다음 연립방정식이 해를 가지지 않도록 상수 k의 값을 정하여라.

(1) $\begin{cases}9x+ky=6\\kx+4y=4\end{cases}$ (2) $\begin{cases}3x+ky=2\\kx+\ \ y=1\end{cases}$

11. 연립방정식 $\begin{cases}4x+ky=\ \ 0\\kx+2y=2x\end{cases}$가 (0, 0) 이외의 해를 가지도록 상수 k의 값을 정하여라.

12. 연립방정식 $\begin{cases}x+ky=0\\kx+4y=0\end{cases}$에 대하여 $A=\begin{pmatrix}1&k\\k&4\end{pmatrix}$라고 할 때, 다음 물음에 답하여라.

(1) A가 역행렬을 가질 때, 이 방정식을 풀어라.

(2) A가 역행렬을 가지지 않을 때, k의 값을 구하여라.
이때의 연립방정식의 해는 몇 개인가?

CHAPTER 10 원추곡선

원, 중심, 포물선, 초점, 꼭짓점, 준선, 이차곡선

이 장에서 배울 기본개념

10.1 원추곡선

한 고정점과 한 고정된 직선에 이르는 거리가 상수비율로 움직이는 점의 궤적은 **원추곡선**(conic section)이라 한다. 고정점은 **원추곡선의 초점**(focus), 고정된 직선은 **준선**(directrix) 그리고 상수비율은 보통 e로 나타내는 **이심율**(eccentricity)이라 한다.

원추곡선은 이심율 e의 값에 따라 세 가지 종류로 나뉜다.

(i) 만일 $e<1$이라면, 원추곡선은 **타원**(ellipse)이다.
(ii) 만일 $e=1$이라면, 원추곡선은 **포물선**(parabola)이다.
(iii) 만일 $e>1$이라면, 원추곡선은 **쌍곡선**(hyperbola)이다.

원추곡선은 원뿔 두 개를 다음과 같이 놓고 원뿔의 꼭짓점을 지나지 않는 한 평면으로 잘랐을 때, 나오는 곡선으로 설명될 수 있다.

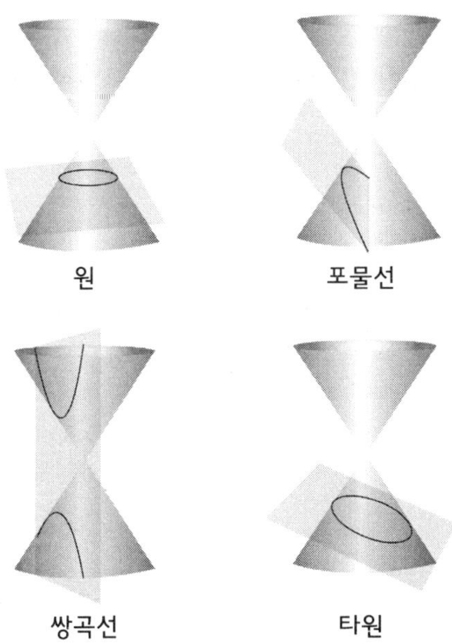

10.2 원

원은 평면 위의 있는 고정된 한 점으로부터 일정한 거리에 있는 점들의 모임이다. 이 고정점을 **중심**이라 부르며 일정한 거리를 **반경**이라 한다. 한 원(circle)은 두 변수에 관한 2차 방정식으로 표현되며 원의 중심과 반경에 의하여 완전히 결정된다. 중심이 (0, 0)이고 반경이 r 인 원의 방정식은 $x^2+y^2=r^2$이다.

반지름이 1, 2, 3, 4인 원의 모양은 다음과 같다.

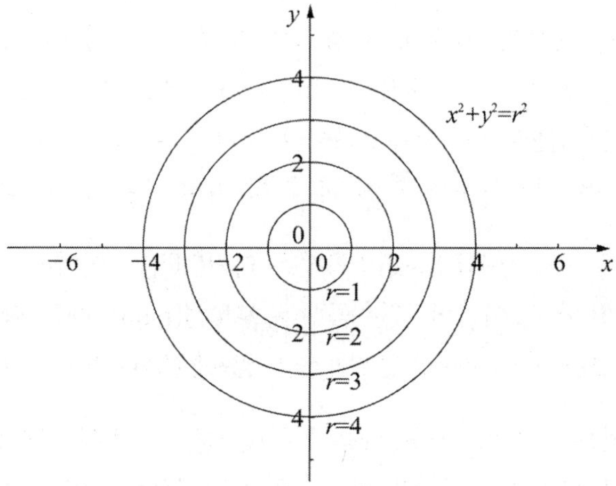

예제 •1 EXAMPLE 중심이 0이고 반지름이 3인 원의 방정식을 구하여라.

풀이

$x^2+y^2=3^2$이므로 $x^2+y^2=9$이다.

중심을 (h, k)로 이동한 원의 방정식은 $(x-h)^2+(y-k)^2=r^2$이다.

중심이 $(2, -5)$인 원의 방정식 $(x-2)^2+(y+5)^2=r^2$의 그림은 다음과 같다.

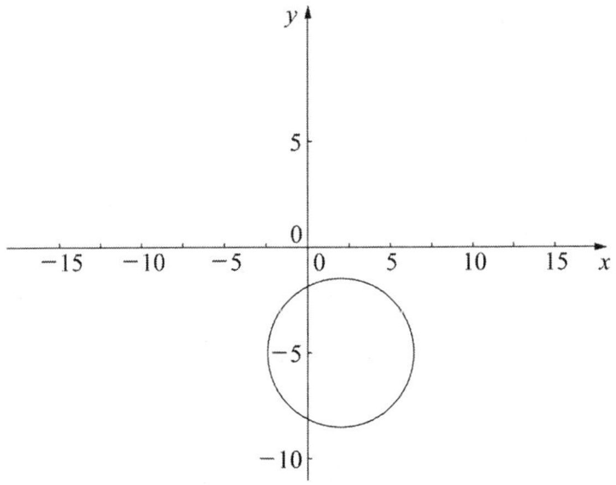

예제 •2 중심이 $(3, -1)$이고 반경이 5인 원의 방정식을 구하여라.

풀이

중심이 $(3, -1)$이고 반경이 5이므로

$$(x-3)^2+(y+1)^2=5^2$$

또는 $x^2+y^2-6x+2y-15=0$이다.

예제 •3 중심이 $(3, -4)$이고 원점을 지나는 원의 방정식을 구하여라.

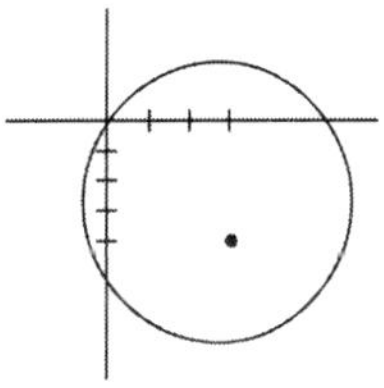

그림 10.1

풀이

중심으로부터 원점까지의 거리가 반지름이므로 $r^2=3^2+(-4)^2$이므로 $r=5$이다.

$(x-3)^2+(y+4)^2=5^2$ 또는 $x^2+y^2-6x+8y=0$이다.

예제 •4 중심이 $(4, -1)$이고 점$(-1, 3)$을 지나는 원의 방정식을 구하여라.

풀이

중심에서 점까지의 거리가 반경이므로

$r = \sqrt{(4-(-1))^2 + (-1-3)^2} = \sqrt{41}$ 이다.

$(x-4)^2 + (y+1)^2 = 41$

또는 $x^2 + y^2 - 8x + 2y - 24 = 0$이다.

모든 원의 방정식은 $x^2 + y^2 + Dx + Ey + F = 0$형으로 바꿀 수 있다. 만일 이러한 방정식을 $x^2 + Dx + y^2 + Ey + F = 0$형으로 쓰고 완전 제곱형으로 만들면

$\left(x + \frac{D}{2}\right)^2 + \left(y + \frac{E}{2}\right)^2 = \frac{D^2 + E^2 - 4F}{4}$이다.

즉, 중심은 점$\left(-\frac{D}{2}, -\frac{E}{2}\right)$이고

반경 $r = \frac{1}{2}\sqrt{D^2 + E^2 - 4F}$이다.

만일 $D^2 + E^2 - 4F > 0$이라면, 원은 실원이다.

만일 $D^2 + E^2 - 4F < 0$이라면, 원은 허원이다.

만일 $D^2 + E^2 - 4F = 0$이라면, 원은 반경이 0인 점$\left(-\frac{D}{2}, -\frac{E}{2}\right)$이 된다.

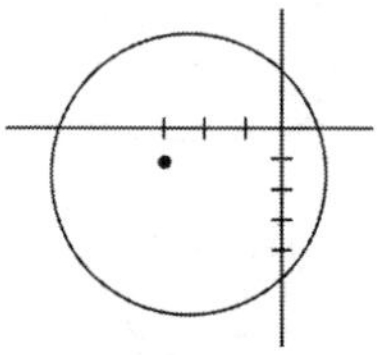

그림 10.2

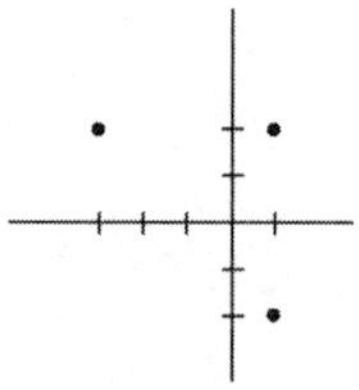

그림 10.3

예제 •5 EXAMPLE 다음 원의 방정식에서 중심과 반지름을 구하여라.

(1) $x^2 + y^2 + 6x + 2y - 6 = 0$

(2) $x^2 + y^2 - 2x - 4y - 11 = 0$

풀이

(1) $x^2 + y^2 + 6x + 2y - 6 = 0$

$x^2 + 6x + 9 - 9 + y^2 + 2y + 1 - 1 - 6 = 0$

$(x+3)^2 + (y+1)^2 = 16 = 4^2$

그러므로 중심은 $(-3, -1)$이고 반지름은 4이다.

(2) $x^2 + y^2 - 2x - 4y - 11 = 0$

$x^2 - 2x + 1 - 1 + y^2 - 4y + 4 - 4 - 11 = 0$

$(x-1)^2+(y-2)^2=16=4^2$

그러므로 중심은 (1, 2)이고 반지름은 4이다.

예제 •6 다음 세 점$\{(-4, 5), (3, -2), (1, -4)\}$을 지나는 원의 방정식을 구하여라.

풀이

$x^2+y^2+Ax+By+C=0$에 점들을 대입하면

$$16+25+4A+5B+C=0$$
$$9+4+3A-2B+C=0$$
$$1+16+A-4B+C=0$$

이다. 연립방정식을 풀면 $A=7$, $B=-5$, $C=-44$가 되므로 구하는 원의 방정식은 $x^2+y^2+7x-5y-44=0$이다.

예제 •7 $y=\sqrt{16-x^2}$의 그래프를 그리고 이 그래프에 대하여 설명하여라.

풀이

$y=\sqrt{16-x^2}$는 중심이 0인 원 $x^2+y^2=16$의 일부이다. y가 양수이므로 원의 윗부분인 반원이다.

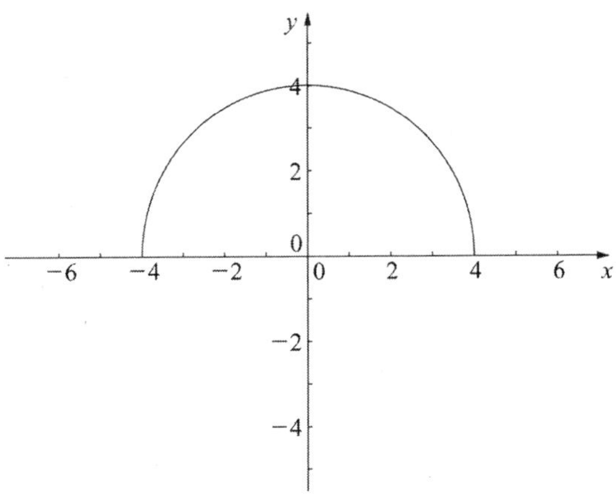

10.3 포물선

정의 10.1

포물선(parabola)이란 한 정점과 주어진 직선에서부터 같은 거리에 있는 평면상의 점의 자취이다.
이 정점을 포물선의 **초점**(focus)이라고 하며 주어진 직선을 **준선**(directrix)이라 한다.

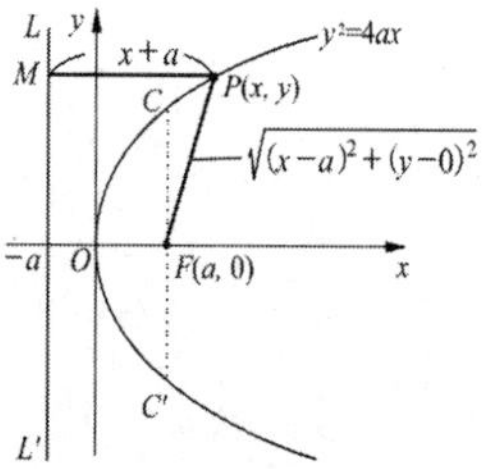

그림 10.4

참고

꼭짓점이 (0, 0)이며, 초점 F가 $(a, 0)$인 포물선의 방정식은 $y^2 = 4ax$ 이다.

포물선의 꼭짓점이 (0, 0)일 때 초점이 $(a, 0)$이고 준선이 $x = -a$인 포물선의 방정식을 구해보자. $AB = BC$이므로

$$\sqrt{(x-a)^2 + (y-0)^2} = |x - (-a)| = |x + a|$$

이다.

양변을 제곱하면, $x^2 - 2ax + a^2 + y^2 = x^2 + 2ax + a^2$, 또는 $y^2 = 4ax$이다.

위 방정식을 보면, x축에 관하여 대칭이다. 곡선이 대칭축과 만나는 점을 **꼭짓점**(vertex)이라 한다. 만일 초점이 준선의 왼쪽에 있다면 방정식은 $y^2 = -4ax$가 되고, 초점은 $(-a, 0)$이며 **준선의 방정식**은 $x = a$이다. 만일 초점이 y축 위에 있다면 방정식은 $x^2 = \pm 4ay$가 된다. 만약 $x^2 = 4ay$라면 초점은 $(0, a)$, 준선의 방정식은 $y = -a$이며 $x^2 = -4ay$일 때는 초점은 $(0, -a)$, 준선의 방정식은 $y = a$이다.

포물선의 네 가지 표준형은 다음과 같다.

$y^2 = 4ax$	(왼쪽으로 볼록)
$y^2 = -4ax$	(오른쪽으로 볼록)
$x^2 = 4ay$	(아래로 볼록)
$x^2 = -4ay$	(위로 볼록)

이때 꼭짓점은 (0, 0)이다.

정리 10.2

포물선이 위아래로 볼록일 때는 준선의 방정식은 $y = \pm a$, 초점은 $(0, \mp a)$이며 옆으로 볼록일 때는 준선의 방정식은 $x = \pm a$, 초점은 $(\mp a, 0)$이다.

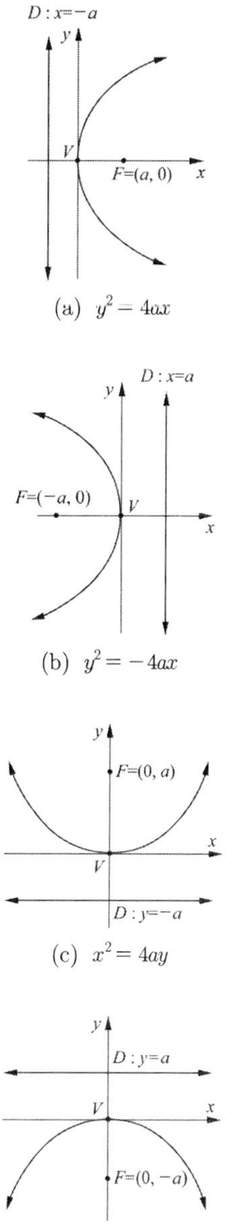

(a) $y^2 = 4ax$

(b) $y^2 = -4ax$

(c) $x^2 = 4ay$

(d) $x^2 = -4ay$

그림 10.5

예제 •8 포물선 $x^2 = 8y$의 초점과 준선의 방정식을 구하여라.

풀이

$4a = 8$이므로 $a = 2$이다.

따라서 초점은 $(0, 2)$이고, 준선의 방정식은 $y = -2$이다.

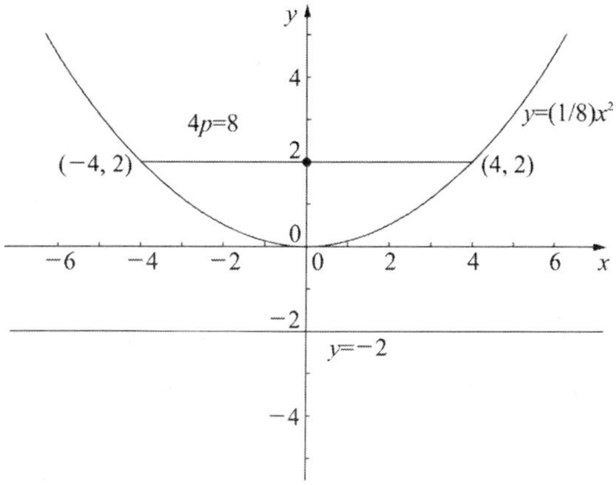

예제 •9 포물선 $-2y^2 = x$에 대한 초점, 준선의 방정식을 구하여라.

풀이

$4a = -\frac{1}{2}$, 혹은 $a = -\frac{1}{8}$이다.

따라서 초점은 $\left(-\frac{1}{8}, 0\right)$이고, 준선의 방정식은 $x = \frac{1}{8}$이다.

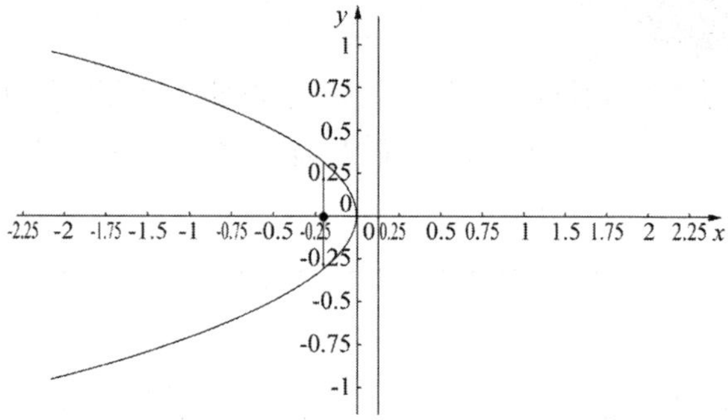

이제, $(h,\ k)$에 꼭짓점이 있고 대칭축은 x축에 평행하며 초점은 꼭짓점에서 오른쪽으로 거리가 a인 위치에 있는 포물선을 생각해 보자.

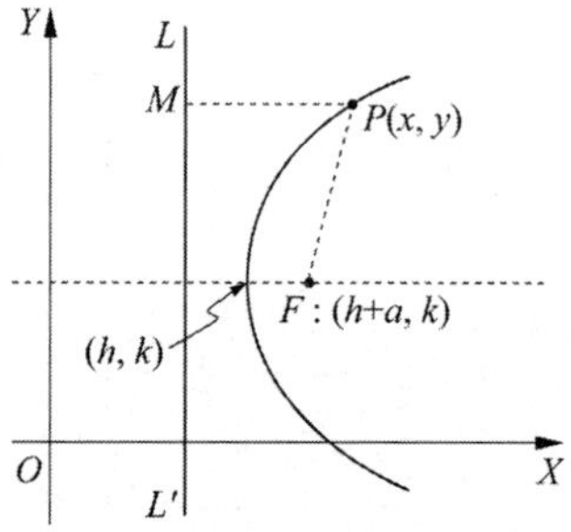

y축에 평행하고 초점의 왼쪽으로부터의 거리가 $2a$인 준선의 방정식은 $x = h - a$ 혹은 $x - h + a = 0$이다. $P(x,\ y)$를 포물선 위의 어떤 점이라 하자.

그러면, $\overline{PF} = \overline{PM}$이므로, $\sqrt{(x-h-a)^2 + (y-k)^2} = x - h + a$가 되고, 양변을 제곱하여 간단히 하면 $y^2 - 2ky + k^2 = 4ax - 4ah$가 된다. 왼쪽을 완전제곱식으로 고치면 $(y-k)^2 = 4a(x-h)$가 된다. 포물선의 네 가지 표준형은 다음과 같다.

$$(y-k)^2 = 4a(x-h)$$
$$(y-k)^2 = -4a(x-h)$$
$$(x-h)^2 = 4a(y-k)$$
$$(x-h)^2 = -4a(y-k)$$

이 네 가지 식을 전개하면 $x = ay^2 + by + c$ 또는 $y = ax^2 + bx + c$ 가 된다.

예제 •10 EXAMPLE 포물선 $y = x^2 - 8x + 19$의 꼭짓점, 초점과 준선을 구하고 그래프를 그려보아라.

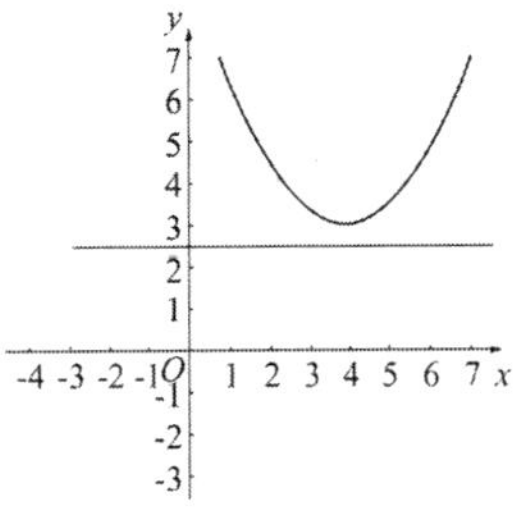

그림 10.6

풀이

$y = x^2 - 8x + 19$은 $y - 3 = (x-4)^2$와 같으므로 포물선 $y = x^2$을 x축으로 4만큼, y축으로 3만큼 평행이동한 것이다. $y = x^2$에서 $a = \frac{1}{4}$이므로 준선은 $y = -\frac{1}{4}$이고 초점은 $\left(0, \frac{1}{4}\right)$이다. 따라서 주어진 포물선의 꼭짓점은 $(4, 3)$, 초점은 $\left(4, \frac{13}{4}\right)$이고 준선은 $y = \frac{11}{4}$이다.

예제 •11 EXAMPLE x축에 평행한 축을 가지고 세 개의 점 (3, 4), (4, 5), 그리고 (7, 2)를 지나는 포물선의 방정식을 유도하여라.

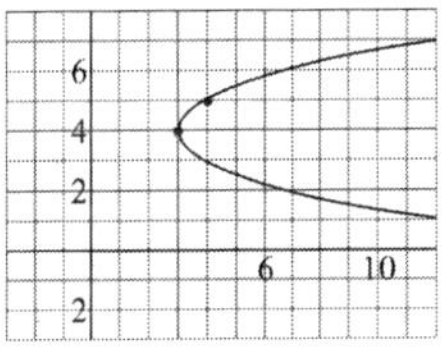

그림 10.7

$y^2 - x - 8y + 19 = 0$

풀이

표준형 $y^2 + Dx + Ey + F = 0$을 이용하여 x, y에 대해 점들의 좌표를 대입하면,

$$16 + 3D + 4E + F = 0,$$
$$25 + 4D + 5E + F = 0,$$
$$4 + 7D + 2E + F = 0.$$

위 세 개의 연립방정식을 풀면,

$$D = -1,\ E = -8,\ F = 19.$$

따라서 구하고자 하는 방정식은 $y^2 - x - 8y + 19 = 0$이다.

예제 •12 EXAMPLE 다음 조건을 만족하는 포물선의 방정식을 구하여라.

(1) 초점이 (1, 3)이고, 준선이 $y = 4$

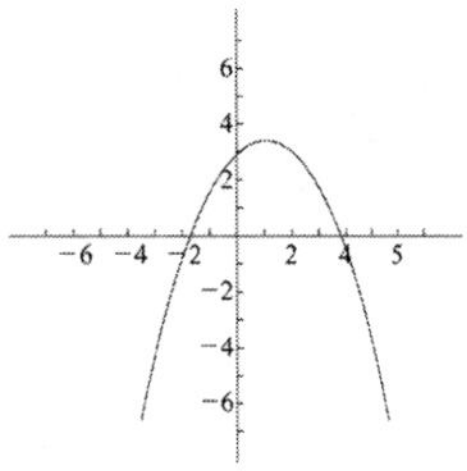

그림 10.8
$(x-1)^2=-2y+7$

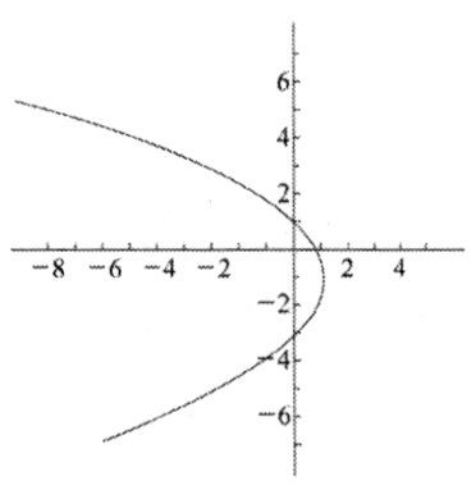

그림 10.9
$(y+1)^2=-4x+4$

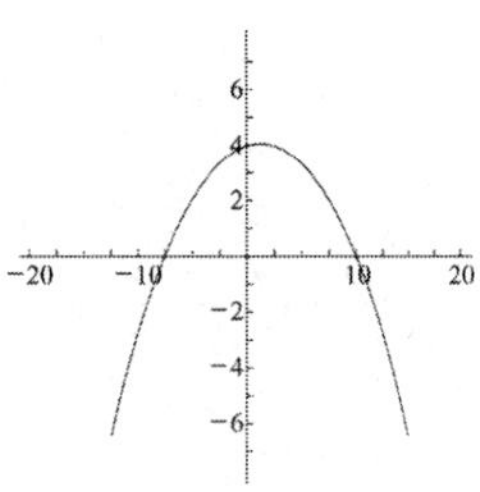

그림 10.10
$(x-1)^2=-20y+80$

(2) 꼭짓점이 $(1,\ -1)$이고 준선이 $x=2$

(3) 초점이 $(1,\ -1)$이고 꼭짓점이 $(1,\ 4)$

풀이

(1) $\sqrt{(x-1)^2+(y-3)^2}=|y-4|$이므로

$(x-1)^2+(y-3)^2=(y-4)^2$이다.

그러므로 $(x-1)^2=-2y+7$이다.

(2) 꼭짓점이 $(1,\ -1)$이고 준선이 $x=2$이므로 옆 그림과 같이 초점은 $(0,\ -1)$이다. 초점이 $(0,\ -1)$이므로 $\sqrt{(x-0)^2+(y+1)^2}=|x-2|$이다.

$x^2+(y+1)^2=(x-2)^2$이므로

$(y+1)^2=-4x+4$이다.

(3) 꼭짓점부터 초점까지의 거리와 꼭짓점부터 준선의 길이는 같으며 준선은 초점의 반대편에 있으므로 준선의 방정식은 $y=9$이다. $\sqrt{(x-1)^2+(y+1)^2}=|y-9|$이다.

$(x-1)^2+(y+1)^2=(y-9)^2$이므로

$(x-1)^2=-20y+80$이다.

10.4 타원

정의 10.3

타원(ellipse)이란 두 정점에서부터 거리의 합이 일정한 평면상의 점의 자취이다. 두 정점을 **초점**(focus)이라고 하며 두 정점의 중간점을 **중심**(center)이라 한다.

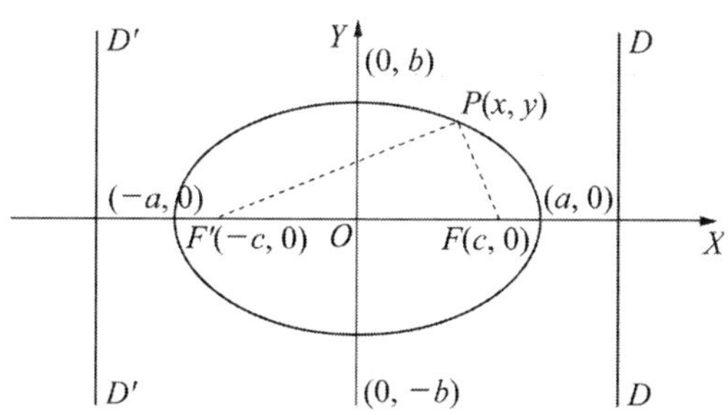

두 개의 고정점을 $F(c,\ 0)$, $F'(-c,\ 0)$이라 하고 거리의 합을 $2a(a>c)$라 하자. 그리고 $P(x,\ y)$를 궤적 위의 어떤 점이라 하자. 그러면 정의로부터

$$\overline{F'P}+\overline{PF}=2a$$

이 된다.

이것을 위의 그림에서 계산하여보면

$$\sqrt{(x+c)^2+(y-0)^2}+\sqrt{(x-c)^2+(y-0)^2}=2a$$

이 되고,

$$\sqrt{(x+c)^2+(y-0)^2}=2a-\sqrt{(x-c)^2+(y-0)^2}$$

가 된다.

양변을 제곱하고 정리하면,

$$cx-a^2=-a\sqrt{(x-c)^2+(y-0)^2}$$

이다. 다시 제곱하고 간략히 하면,

$$(a^2-c^2)x^2+a^2y^2=a^2(a^2-c^2)\text{이다.}$$

양변을 $a^2(a^2-c^2)$으로 나누면 방정식은 $\dfrac{x^2}{a^2}+\dfrac{y^2}{a^2-c^2}=1$이 된다. $a>c$로 놓았으므로, a^2-c^2은 양이다. $a^2-c^2=b^2$이라 하면, 타원의 방정식의 표준형은

정리 10.4

$$\frac{x^2}{a^2}+\frac{y^2}{b^2}=1 \text{ 혹은 } b^2x^2+a^2y^2=a^2b^2\text{이다.}$$

$x^2+4y^2=16$의 그래프는 다음과 같다.

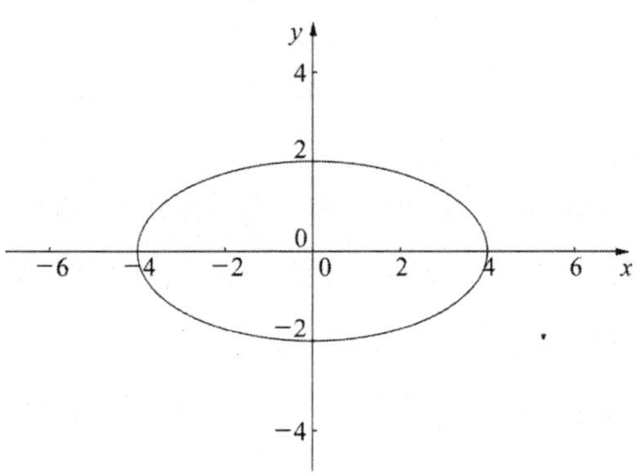

방정식 $\dfrac{x^2}{a^2}+\dfrac{y^2}{b^2}=1$은 x, y의 짝수승(even power)만을 포함하므로, 타원은 x축, y축 그리고 원점에 관하여 각각 대칭이고 점 $(\pm a,\ 0)$, $(0,\ \pm b)$를 지난다. 여기에서 $a=b$이면 중심이 $(0,\ 0)$이고 반지름이 a인 원이며, $a\neq b$이면 $(\pm a,\ 0)$, $(0,\ \pm b)$을 지나는 타원이 된다.

점 O는 타원의 중심이다. $a>b$이면 x축을 **장축**(major axis), y축을 **단축**(minor axis)이라 하며 초점은 $(\pm c,\ 0)=(\pm\sqrt{a^2-b^2},\ 0)$이며 a를 **반장축**, b를 **반단축**이라 한다. 반대로 $a<b$이면 x축을 단축, y축을 장축이라 하며 초점은 $(0,\ \pm\sqrt{b^2-a^2})$이 되며 b를 반장축, a를 반단축이라 한다. 반장축과 반단축을 반축이라고 한다.

참고

$\dfrac{x^2}{a^2}+\dfrac{y^2}{b^2}=1$일 때
x절편 : $\pm a$
y절편 : $\pm b$
중심 : 원점
대칭축 : x축, y축

참고

타원의 이심율은 0과 1 사이에 있다.
즉, $0<e<1$이다.

타원이 장축과 교차하는 점을 **꼭짓점**(vertex)이라 한다.

정의 10.5

타원의 이심율(eccontricity)은 $e=\dfrac{c}{a}=\dfrac{\sqrt{a^2-b^2}}{a}$ 혹은 $c=ae$ 이다.

다음 그림은 이심율이 다르면 타원의 모양도 달라짐을 보여준다.

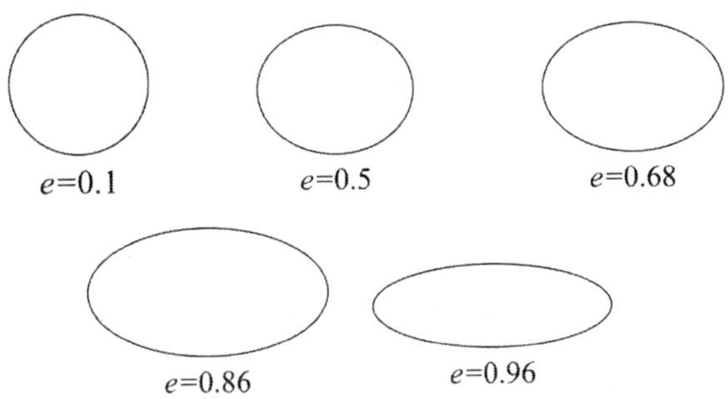

EXAMPLE 예제 •13 다음 각각의 타원에 대하여 반장축의 길이, 반단축의 길이, 초점들의 좌표 그리고 이심율을 구하여라.

(a) $\dfrac{x^2}{169}+\dfrac{y^2}{144}=1$

(b) $\dfrac{x^2}{8}+\dfrac{y^2}{12}=1$

풀이

(a) $a=13$, $b=12$이므로 반장축의 길이 $a=13$, 반단축의 길이 $b=12$이다.

$$c=\sqrt{a^2-b^2}=\sqrt{169-144}=5$$

이므로 초점들의 좌표는 c: $(5,\ 0)$, $(-5,\ 0)$이고, 이심율은

참고

$a>b>0$

(1) $\dfrac{x^2}{a^2}+\dfrac{y^2}{b^2}=1$

꼭짓점 : $(\pm a,\ 0)$

장축 : $2a$

단축 : $2b$

초점 : $(\pm c,\ 0)$, $c^2=a^2-b^2$

이심율 : $\dfrac{c}{a}$

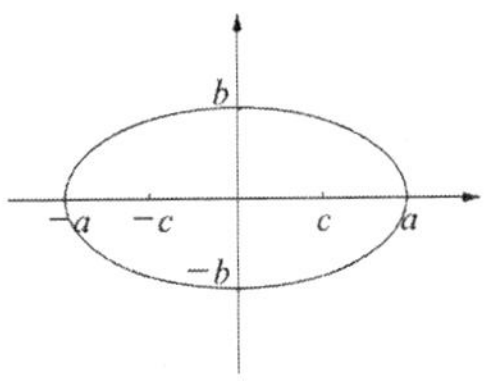

(2) $\dfrac{x^2}{b^2}+\dfrac{y^2}{a^2}=1$

꼭짓점 : $(0,\ \pm a)$

장축 : $2a$

단축 : $2b$

초점 : $(0,\ \pm c)$

$c^2=a^2-b^2$

이심율 : $\dfrac{c}{a}$

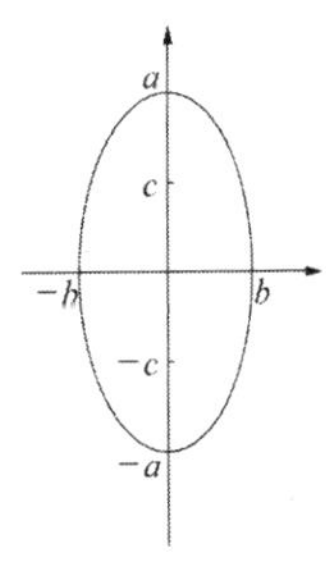

(a)

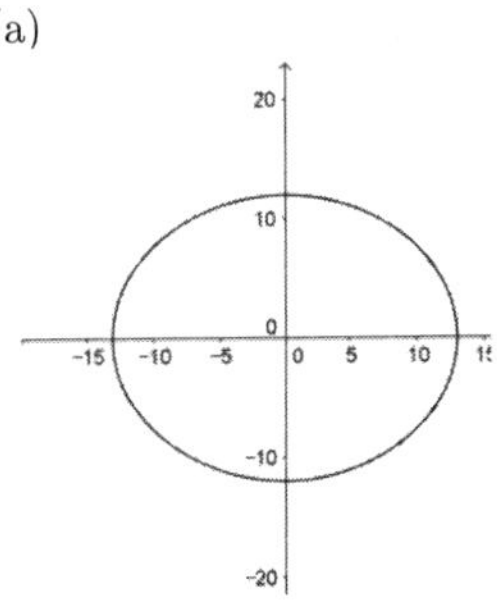

$$e = \frac{c}{a} = \frac{5}{13}$$

이다.

(b)

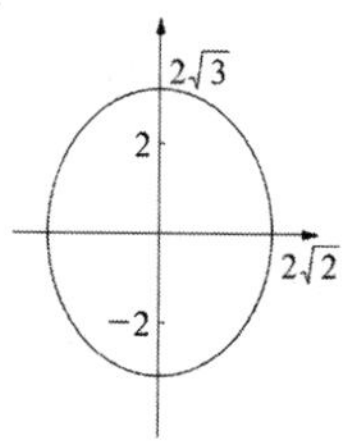

(b) $a = \sqrt{12} = 2\sqrt{3}$, $b = \sqrt{8} = 2\sqrt{2}$ 이므로 반장축의 길이 $a = 2\sqrt{3}$, 반단축의 길이 $b = 2\sqrt{2}$ 이다.

$$c = \sqrt{a^2 - b^2} = \sqrt{4} = 2$$

이므로 초점들의 좌표는 c: $(0,\ 2)$, $(0,\ -2)$이다.
이심율은

$$e = \frac{\sqrt{a^2 - b^2}}{a} = \frac{\sqrt{12-8}}{2\sqrt{3}} = \frac{2}{2\sqrt{3}} = \frac{\sqrt{3}}{3}$$

이다.

중심이 원점에 있는 타원의 방정식의 일반형은 A, B의 부호가 같다면

$$Ax^2 + By^2 + C = 0 \text{이다.}$$

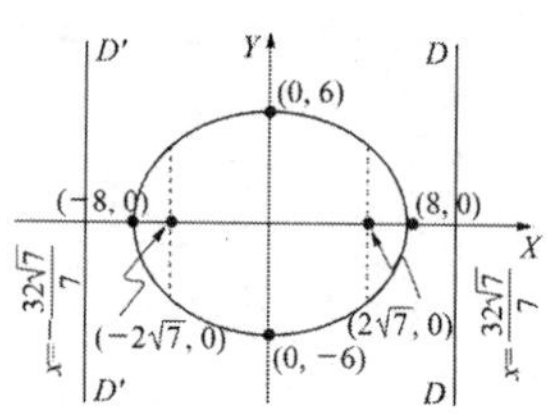

그림 10.11

예제 EXAMPLE •14 타원 $9x^2 + 16y^2 = 576$에 대해, 반장축, 반단축, 이심율, 초점의 좌표를 구하여라.

풀이

576으로 나누면, $\frac{x^2}{64} + \frac{y^2}{36} = 1$이다.

따라서 $a = 8$, 그리고 $b = 6$이므로 반장축은 8, 반단축은 6이다.

$c = \sqrt{a^2 - b^2} = 2\sqrt{7}$ 이므로 초점의 좌표는 $(2\sqrt{7},\ 0)$, $(-2\sqrt{7},\ 0)$이고, 이심율은 $e = \frac{c}{a} = \frac{\sqrt{7}}{4}$이다.

타원 $\frac{x^2}{a^2} + \frac{y^2}{b^2} = 1$의 중심을 $(h,\ k)$로 평행이동한 타원의 방정식은

타원의 중심이 $(h,\ k)$에 있으므로, 타원의 표준형은

$$\frac{(x-h)^2}{a^2}+\frac{(y-k)^2}{b^2}=1$$

이다.

만약 $a>b$이면 타원 $\frac{x^2}{b^2}+\frac{y^2}{a^2}=1$의 중심을 $(h,\ k)$로 평행이동한 타원의 방정식은 타원의 중심이 $(h,\ k)$에 있고 장축이 y축에 평행하므로, 타원의 표준형은

$$\frac{(x-h)^2}{b^2}+\frac{(y-k)^2}{a^2}=1$$

이다.

예제 EXAMPLE •15 타원 $\frac{(x-4)^2}{16}+\frac{(y-3)^2}{9}=1$의 초점을 구하고, 그래프를 그려보아라.

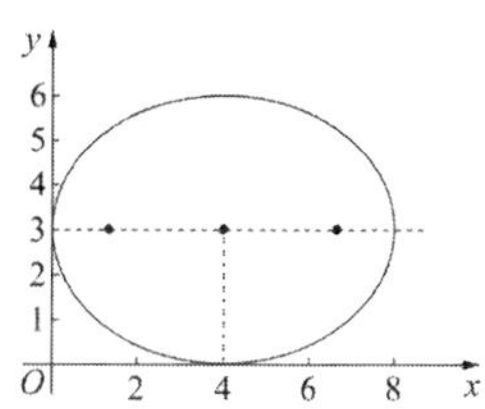
그림 10.12

풀이

$$c^2=a^2-b^2=16-9=7$$

$\frac{x^2}{16}+\frac{y^2}{9}=1$의 초점이므로 $(\pm\sqrt{7},\ 0)$이다.
주어진 타원은 이 방정식의 중심을 $(4,\ 3)$으로 평행이동한 것이므로 초점은 $(4\pm\sqrt{7},\ 3)$이다.

타원의 방정식의 일반형은 $A,\ B$의 부호가 같다면

$$Ax^2+By^2+Dx+Ey+F=0$$

이다.

예제 EXAMPLE •16 타원의 방정식

$$5x^2+9y^2-30x-36y-144=0$$

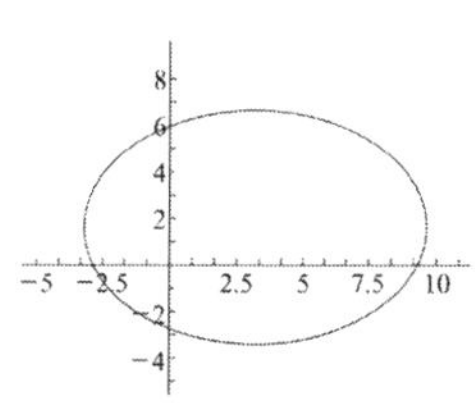
그림 10.13

이 주어졌을 때, 중심, 반축, 꼭짓점, 그리고 초점을 구하여라.

풀이

$5x^2+9y^2-30x-36y-144=0$은

$5(x^2-6x+9)+9(y^2-4y+4)=225$로 나타낼 수 있고,

표준형으로, $\dfrac{(x-3)^2}{45}+\dfrac{(y-2)^2}{25}=1$로 나타낼 수 있다.

기본형 $\dfrac{x^2}{45}+\dfrac{y^2}{25}=1$을 보면 $a=3\sqrt{5}$, $b=5$이므로 꼭짓점은 $(\pm 3\sqrt{5},\ 0)$이고 $c=\sqrt{45-25}=\sqrt{20}=2\sqrt{5}$이다.

$c=2\sqrt{5}$이므로 초점은 $(\pm 2\sqrt{5},\ 0)$이다.

기본형을 (3, 2)만큼 이동하였으므로 타원의 중심은 (3, 2)이므로 꼭짓점은 $(3-3\sqrt{5},\ 2)$, $(3+3\sqrt{5},\ 2)$이고, 초점은 $(3+2\sqrt{5},\ 2)$, $(3-2\sqrt{5},\ 2)$이다.

예제 •17 EXAMPLE 중심이 $(-1,\ -1)$, 꼭짓점이 $(5,\ -1)$, 그리고 $e=\dfrac{2}{3}$인 타원의 방정식을 구하여라.

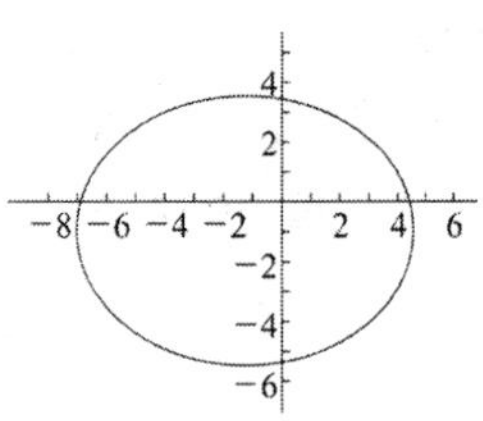

그림 10.14

풀이

중심이 $(-1,\ -1)$에 있고 꼭짓점은 $(5,\ -1)$에 있으므로,

$a=6$이고 $e=\dfrac{c}{a}=\dfrac{c}{6}=\dfrac{2}{3}$이므로 $c=4$이다.

또한, $b^2=a^2-c^2=36-16=20$이므로 $b=2\sqrt{5}$이다.

$\dfrac{x^2}{36}+\dfrac{y^2}{20}=1$을 $(-1,\ -1)$만큼 이동한 것이므로 구하고자 하는 방정식은 $\dfrac{(x+1)^2}{36}+\dfrac{(y+1)^2}{20}=1$이다.

10.5 쌍곡선

정의 10.6

쌍곡선(hyperbola)이란 두 정점에서부터 거리의 차가 일정한 평면 상의 점의 자취이다. 두 정점을 쌍곡선의 **초점**(focus)이라고 하며 두 정점의 중간점을 **중심**(center)이라 한다.

하나의 점이 두 개의 고정점 $F(c,\ 0)$, $F(-c,\ 0)$으로부터 거리의 차이가 $2a$를 유지하며 움직일 때, 그 점의 궤적은 쌍곡선이다. 단, a는 상수이고 $a < c$이다.

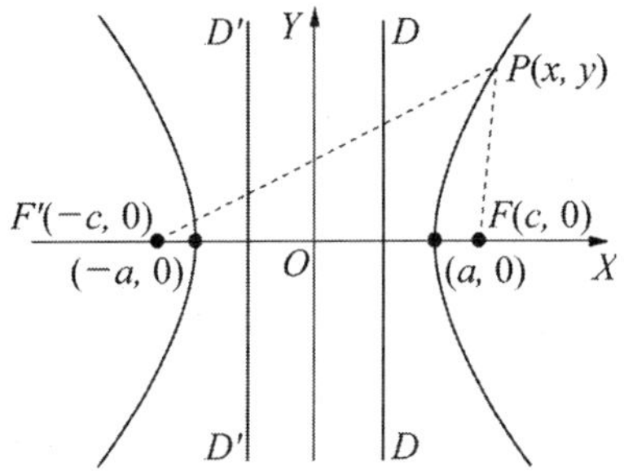

그림 (a)

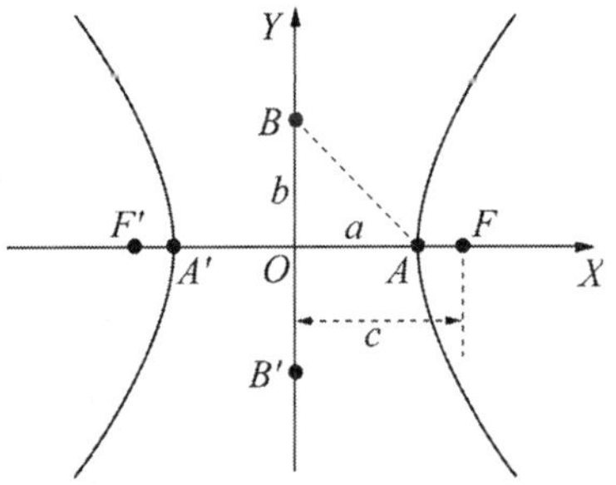

그림 (b)

즉

$$|\overline{F'P} - \overline{PF}| = 2a$$

이다.

$P(x,\ y)$를 궤적 위의 어떤 점이라 하자.

그러면 $\overline{F'P} - \overline{PF} = \pm 2a$, 또는

$$\sqrt{(x+c)^2+(y-0)^2} - \sqrt{(x-c)^2+(y-0)^2} = \pm 2a$$

이다.

한 근호를 이항하면,

$$\sqrt{(x+c)^2+(y-0)^2} = \pm 2a + \sqrt{(x-c)^2+(y-0)^2}$$

제곱하고 항들을 정리하면,

$$cx - a^2 = \pm a\sqrt{(x-c)^2+y^2}\,.$$

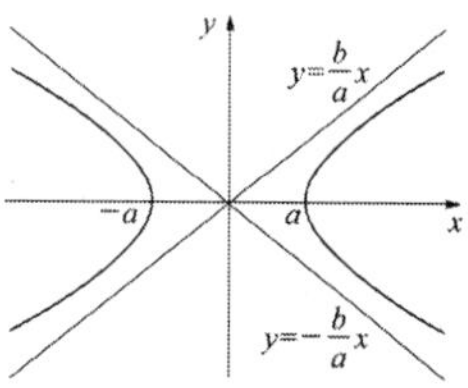

그림 10.15

쌍곡선 $\frac{x^2}{a^2} - \frac{y^2}{b^2} = 1$
x절편 : $\pm a$
y절편 : 없음
중심 : 원점
대칭축 : x축, y축
점근선 : $y = \pm\frac{b}{a}x$
초점 : $(\pm c,\ 0)$
$c^2 = a^2 + b^2$

제곱하고 간단히 하면, $(c^2-a^2)x^2 - a^2y^2 = a^2(c^2-a^2)$이다.

$a^2(c^2-a^2)$으로 나누면, $\frac{x^2}{a^2} - \frac{y^2}{c^2-a^2} = 1$이다.

그림 (a)에서 보듯이 $c > a$이므로, $c^2 - a^2$은 양이다. 여기서 $c^2 - a^2 = b^2$이라 쓰면, 중심이 원점에 있고 점이 x축 위에 있는 한 쌍곡선(hyperbola)의 표준형은 $\frac{x^2}{a^2} - \frac{y^2}{b^2} = 1$이다.

방정식 $\frac{x^2}{a^2} - \frac{y^2}{b^2} = 1$은 중심이 $(0,\ 0)$인 쌍곡선을 나타내며 $y = \pm\frac{b}{a}x$가 점근선이고 x의 절편은 $\pm a$이고 y절편은 없고 대칭축은 x축과 y축이며 그래프는 점 $(\pm a,\ 0)$을 지나며 초점이 $(c,\ 0)$, $(-c,\ 0)$이다.

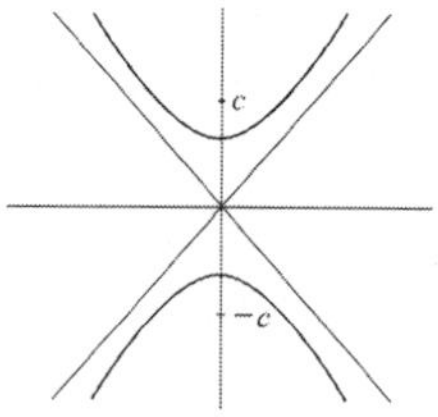

그림 10.16

쌍곡선 $\frac{y^2}{a^2} - \frac{x^2}{b^2} = 1$
x절편 : 없음
y절편 : $\pm a$
중심 : 원점
대칭축 : x축, y축
점근선 : $y = \pm\frac{a}{b}x$
초점 : $(0,\ \pm c)$
$c^2 = a^2 + b^2$

만일 초점이 y축에 있으면, 표준형은 $\frac{y^2}{a^2} - \frac{x^2}{b^2} = 1$이다. 이 방정식은 중심이 $(0,\ 0)$인 쌍곡선을 나타내며 $y = \pm\frac{a}{b}x$가 점근선이고 y의 절편은 $\pm a$이고 x절편은 없고 대칭축은 x축과 y축이며 그래프는 점 $(0,\ \pm a)$을 지나며 초점이 $(0,\ c)$, $(0,\ -c)$이다.

중심이 원점에 있고 초점들이 좌표 축 위에 있는 쌍곡선의 방정식의 일반형은 $Ax^2 - By^2 = \pm 1$이다. 단 A와 B는 같은 부호이며 양의 부호는 초점들이 x축 위에 있을 때이다.

방정식은 x, y의 짝수승만 포함하므로, 곡선은 x, y축 그리고 원점에 관하여 각각 대칭이다. 횡축(transverse axis)은 길이가 $2a$인 $A'A$

이다. 이심율은 $e=\dfrac{c}{a}=\dfrac{\sqrt{a^2+b^2}}{a}$ 이다.

$e>1$이면, 원추곡선의 일반적인 정의와 일치한다. 쌍곡선의 꼭짓점은 곡선이 횡축과 만나는 점이다.

점근선의 방정식은 x축이 횡축일 때 $y=\pm\dfrac{b}{a}x$이고 y축이 횡축일 때 $y=\pm\dfrac{a}{b}x$이다.

참고

쌍곡선의 이심율은 1보다 크다.
즉 $e>1$이다.

예제 EXAMPLE •18 다음 각각의 쌍곡선에 대하여 (a) 꼭짓점, (b) 초점, (c) 이심율, 그리고 (d) 점근선의 방정식을 구하여라.

(1) $4x^2-45y^2=180$

(2) $49y^2-16x^2=784$

(3) $9x^2-16y^2=144$

풀이

(1) 방정식을 $\dfrac{x^2}{45}-\dfrac{y^2}{4}=1$형으로 나타내면, $a=3\sqrt{5}$, $b=2$, $c=\sqrt{45+4}=7$이다.

(a) 꼭짓점은 $(\pm 3\sqrt{5},\ 0)$이고

(b) 초점은 $(\pm 7,\ 0)$이다.

(c) 이심율은 $e=\dfrac{c}{a}=\dfrac{7}{3\sqrt{5}}=\dfrac{7\sqrt{5}}{15}$이다.

(d) 점근선의 방정식은 x축이 횡축이므로

$$y=\pm\frac{b}{a}x=\pm\frac{2}{3\sqrt{5}}x=\pm\frac{2\sqrt{5}}{15}x\text{이다.}$$

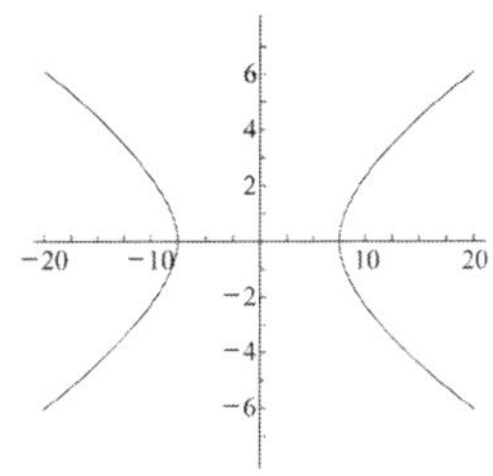

그림 10.17

(2) 방정식을 $\dfrac{y^2}{16}-\dfrac{x^2}{49}=1$형으로 나타내면, $a=4$, $b=7$, $c=\sqrt{16+49}=\sqrt{65}$이다.

(a) 꼭짓점은 $(0,\ \pm 4)$이고

(b) 초점은 $(0,\ \pm\sqrt{65})$이다.

(c) 이심율 $e=\dfrac{c}{a}=\dfrac{\sqrt{65}}{4}$이다.

(d) 점근선의 방정식은 y축이 횡축이므로

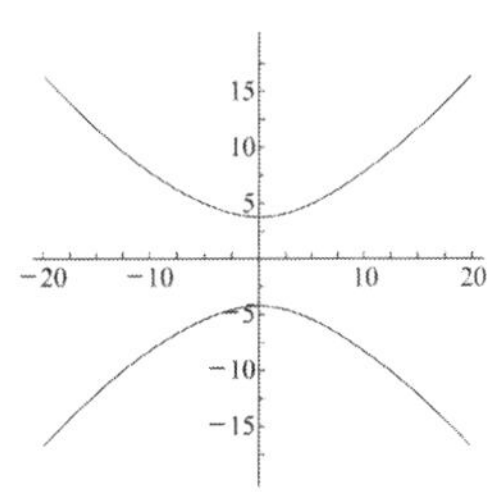

그림 10.18

$y = \pm \dfrac{a}{b}x = \pm \dfrac{4}{7}x$이다.

(3) 방정식을 $\dfrac{x^2}{16} - \dfrac{y^2}{9} = 1$형으로 나타내면, $a = 4$, $b = 3$, $c = \sqrt{16+9} = 5$이다.

꼭짓점은 $(\pm 4,\ 0)$이고, 초점은 $(\pm 5,\ 0)$이다.

이심율 $e = \dfrac{c}{a} = \dfrac{5}{4}$이고, 점근선의 방정식은

$y = \pm \dfrac{b}{a}x = \pm \dfrac{3}{4}x$이다.

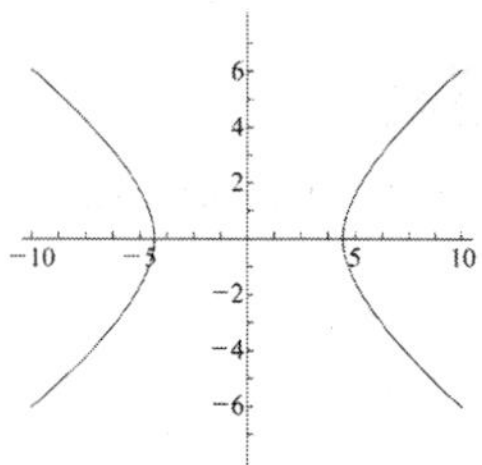

그림 10.19

$\dfrac{x^2}{a^2} - \dfrac{y^2}{b^2} = 1$의 중심을 $(h,\ k)$로 평행이동한 도형의 방정식은 쌍곡선의 중심이 $(h,\ k)$에 있고 횡축이 x축에 평행하므로, 쌍곡선의 표준방정식은

$$\frac{(x-h)^2}{a^2} - \frac{(y-k)^2}{b^2} = 1$$

이다.

$\dfrac{y^2}{a^2} - \dfrac{x^2}{b^2} = 1$의 중심을 $(h,\ k)$로 평행이동한 도형의 방정식은 쌍곡선의 중심이 $(h,\ k)$에 있고, 만일 횡축이 y축에 평행하므로 쌍곡선의 표준방정식은

$$\frac{(y-k)^2}{a^2} - \frac{(x-h)^2}{b^2} = 1$$

이다.

점근선의 방정식은 횡축이 x축에 평행하다면 $y-k = \pm \dfrac{b}{a}(x-h)$이고, 횡축이 y축에 평행하다면, $y-k = \pm \dfrac{a}{b}(x-h)$이다.

x축, y축에 평행한 축을 가지는 쌍곡선의 방정식은 일반형은 $Ax^2 - By^2 + Dx + Ey + F = 0$이다.

단, A, B의 부호는 일치한다.

EXAMPLE 예제 •19 쌍곡선 $\dfrac{(x-4)^2}{16} - \dfrac{(y-3)^2}{9} = 1$의 초점과 점근선을 구하고 그래프를 그려보아라.

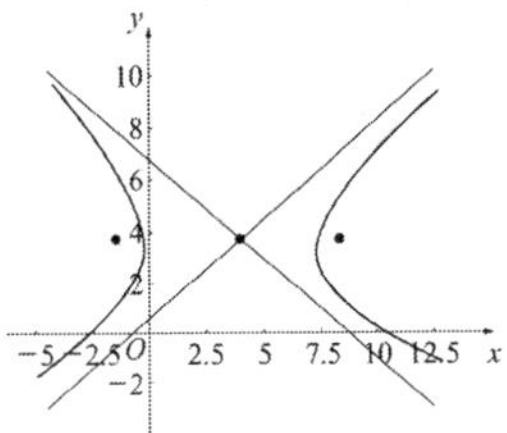

그림 10.20

풀이

$\dfrac{x^2}{16} - \dfrac{y^2}{9} = 1$의 점근선은 $y = \pm\dfrac{3}{4}x$이고, 초점은 $c^2 = a^2 + b^2 = 16 + 9 = 25$이므로 $(\pm 5,\ 0)$이다. 주어진 포물선은 이 방정식의 중심을 (4, 3)으로 평행이동한 것이므로 초점은 $(-1, 3)$, $(9, 3)$이고 점근선은 $y - 3 = \pm\dfrac{3}{4}(x-4)$이다.

즉, $y = \dfrac{3}{4}x$, $y = -\dfrac{3}{4}x + 6$이다.

다시 한번 확인하기

1. 중심이 (a, b)이고 반경이 r인 원의 방정식은 $(x-a)^2 + (y-b)^2 = r^2$이다.
2. 포물선의 4가지 표준형

$$(y-k)^2 = 4a(x-h)$$
$$(y-k)^2 = -4a(x-h)$$
$$(x-h)^2 = 4a(y-k)$$
$$(x-h)^2 = -4a(y-k)$$

3. 포물선이 위아래로 볼록일 때는 준선의 방정식은 $y = \pm a$이며, 옆으로 볼록일 때는 준선의 방정식은 $x = \pm a$이다.

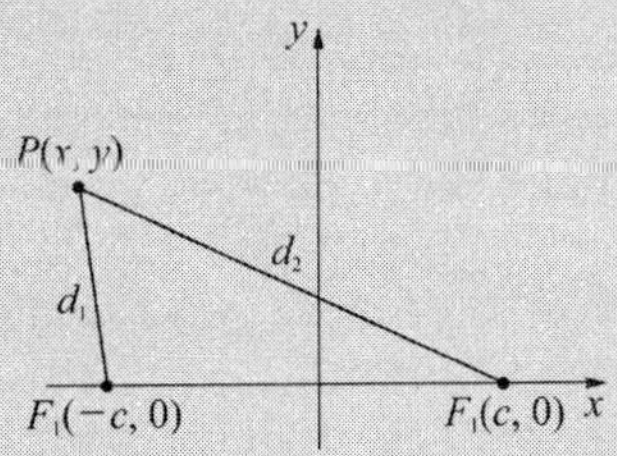

타원 : $d_1 + d_2 = 2a$
쌍곡선 : $d_1 - d_2 = \pm 2a$

4. **타원**$(a > c)$

$$d_1 + d_2 = 2a$$
$$\sqrt{(x+c)^2 + y^2} + \sqrt{(x-c)^2 + y^2} = 2a$$

이항하면

$$\sqrt{(x+c)^2 + y^2} = 2a - \sqrt{(x-c)^2 + y^2}$$

양변을 제곱하여 간단히 하면

$$a\sqrt{(x-c)^2 + y^2} = a^2 - cx$$

다시 제곱하여 간단히 하면

$$(a^2-c^2)x^2+a^2y^2=a^2(a^2-c^2)$$

a^2-c^2 대신에 b^2를 대입하면

$$b^2x^2+a^2y^2=a^2b^2$$

a^2b^2로 나누면

$$\frac{x^2}{a^2}+\frac{y^2}{b^2}=1 \quad \cdots(1)$$

5. **쌍곡선**$(a<c)$

$$d_1-d_2=\pm 2a$$
$$\sqrt{(x+c)^2+y^2}-\sqrt{(x-c)^2+y^2}=\pm 2a$$

이항하면

$$\sqrt{(x+c)^2+y^2}=\pm 2a+\sqrt{(x-c)^2+y^2}$$

양변을 제곱하여 간단히 하면

$$\pm a\sqrt{(x-c)^2+y^2}=cx-a^2$$

다시 제곱하여 간단히 하면

$$(c^2-a^2)x^2-a^2y^2=a^2(c^2-a^2)$$

c^2-a^2 대신에 b^2를 대입하면

$$b^2x^2-a^2y^2=a^2b^2$$

a^2b^2로 나누면

$$\frac{x^2}{a^2}-\frac{y^2}{b^2}=1 \quad \cdots(2)$$

chapter 10
원과 포물선

연습문제

1. 다음 세 점을 지나는 원의 방정식을 구하여라.

(1) $(1,\ 2)$, $(3,\ 1)$, $(-3,\ -1)$

(2) $(8,\ -2)$, $(6,\ 2)$, $(3,\ -7)$

(3) $(1,\ 1)$, $(1,\ 3)$, $(9,\ 2)$

(4) $(-4,\ -3)$, $(-1,\ -7)$, $(0,\ 0)$

2. 다음 원의 방정식을 구하여라.

(1) 중심이 0이고 반지름이 5인 원

(2) 중심이 $(-4,\ 3)$이고 반지름이 4인 원

(3) 중심이 $(3,\ -2)$이고 $(-1,\ 1)$을 지나는 원

(4) 중심이 $(-1,\ 2)$이고 원점을 지나는 원

3. 다음 원의 방정식에서 중심과 반지름을 구하여라.

(1) $x^2+y^2-2x+4y+4=0$

(2) $x^2+y^2+6y=0$

4. 포물선의 방정식 $y^2+10y-3x+31=0$이 주어졌을 때, 꼭짓점의 좌표, 초점의 좌표, 그리고 준선의 방정식을 결정하여라.

5. 포물선 $3y^2=8x$의 초점, 준선의 방정식을 구하여라.

6. 다음 포물선의 방정식을 구하여라.

(1) 초점이 $(2,\ 1)$이고, 준선이 $y=3$

(2) 꼭짓점이 $(0,\ 0)$이고, 준선이 $y=-2$

(3) 꼭짓점이 $(2,\ 1)$이고, 준선이 $x=-2$

(4) 초점이 $(2,\ -1)$이고, 꼭짓점이 $(2,\ 4)$

7. x축에 평행한 축을 가지고 다음의 세 점을 지나는 포물선의 방정식을 구하여라.

(1) (3, 1), (15, −2), (5, 3)

(2) (3, 3), (6, 5), (6, −3)

8. 다음 그래프가 어느 방정식을 나타내는지 결정하고 그 이유를 설명하여라.

a) $\frac{x^2}{16}+\frac{y^2}{4}=1$	b) $\frac{x^2}{4}+\frac{y^2}{25}=1$
c) $4x^2+y^2=4$	d) $16x^2+25y^2=400$

(1)

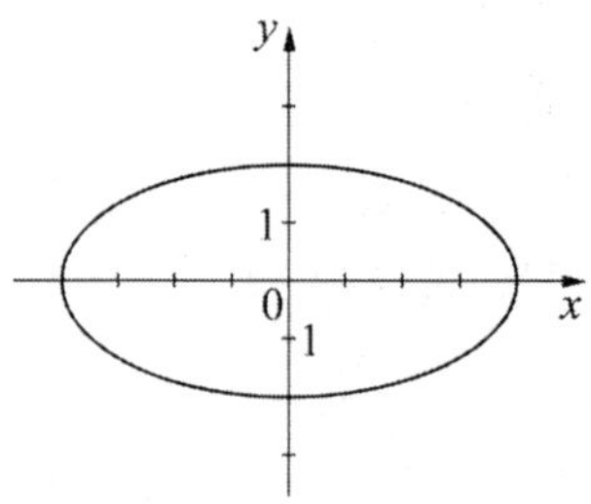

(2)

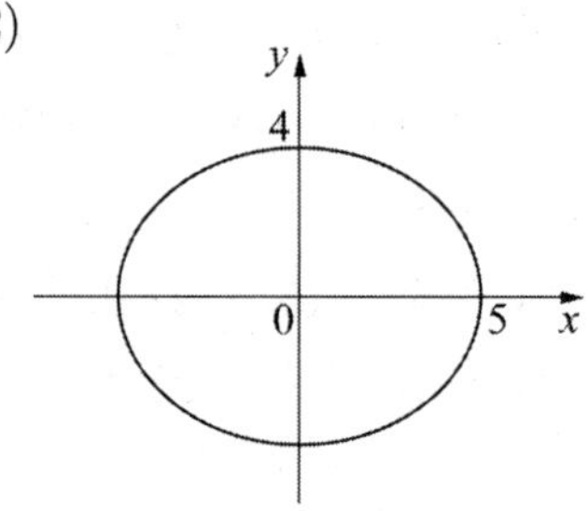

(3)

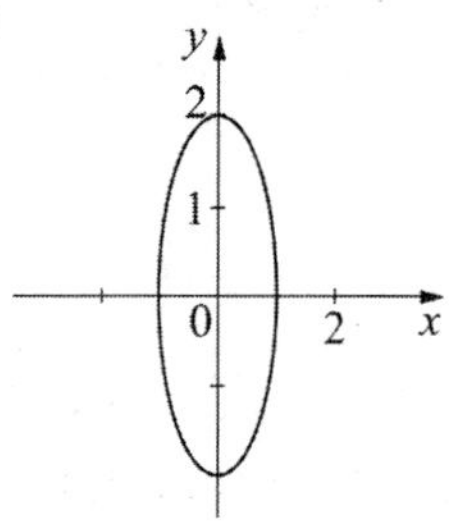

(4)

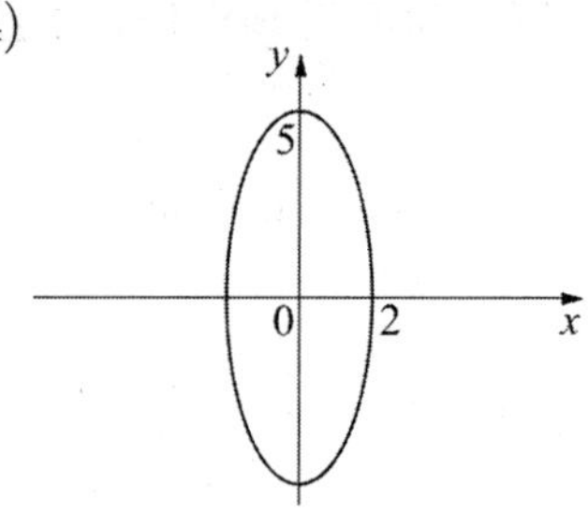

9. 다음 타원의 중심, 초점, 꼭짓점, 이심율, 장축과 단축의 길이를 구하여라.

(1) $x^2+5y^2=3$

(2) $9x^2+4y^2=144$

(3) $x^2+\frac{9}{4}y^2=9$

(4) $4x^2+3y^2=36$

(5) $4x^2+9y^2-8x+54y=36$

(6) $4x^2+y^2-8x=4$

(7) $4x^2+9y^2-48x+72y+144=0$

10. 다음 조건을 만족시키는 타원의 방정식을 구하여라.

(1) 초점 : $(\pm 2,\ 0)$
꼭짓점 : $(\pm 3,\ 0)$

(2) 초점 : $(0,\ \pm 1)$
꼭짓점 : $(0,\ \pm 2)$

(3) 장축의 길이 : 4
단축의 길이 : 3
초점이 x축에 있음

(4) 장축의 길이 : 6
단축의 길이 : 4
초점이 y축에 있음

(5) 초점 : $(0,\ \pm 3)$
이심율 : $e = \dfrac{4}{5}$

(6) 초점 : $(\pm \sqrt{3},\ 0)$
이심율 : $e = \dfrac{1}{2}$

11. 다음 쌍곡선의 초점, 이심율, 점근선의 방정식을 구하여라.

(1) $4x^2 - y^2 = 49$

(2) $x^2 - 2y^2 = -16$

(3) $2x^2 - 5y^2 = -1$

(4) $x^2 - y^2 = 4$

(5) $x^2 - 3y^2 + 2x - 18y + 14 = 0$

(6) $4x^2 - 3y^2 - 8x - 18y + 13 = 0$

대학기초수학

여러 가지 수열과 수열의 합

CHAPTER 11

수열, 등차수열, 조화수열, 등비수열, 등차수열의 합,
좌화수열의 합, 등비수열의 합
이 장에서 배울 기본개념

자연, 사회, 예술을 잘 관찰해보면, 그 가운데 어떤 규칙성을 찾을 수 있다. 1202년, 중세의 대표적인 수학자 피보나치가 중동 지역을 여행하다가 인도-아라비아 수학의 실용성을 느끼고 귀국한 뒤, 여행 동안 얻은 계산술에 대한 생각을 정리하여 《산반서(Liberabaci)》라는 책을 저술하였다. 그는 토끼의 수가 증가하는 이야기로부터 시작했는데 그 문제는 다음과 같다.

"1쌍의 토끼가 생후 2개월부터 매달 1쌍의 새끼를 낳는다고 한다. 처음 갓 낳은 1쌍의 토끼가 있을 때, 1개월 후, 2개월 후, 3개월 후, …의 토끼의 쌍의 총수를 구하여라."

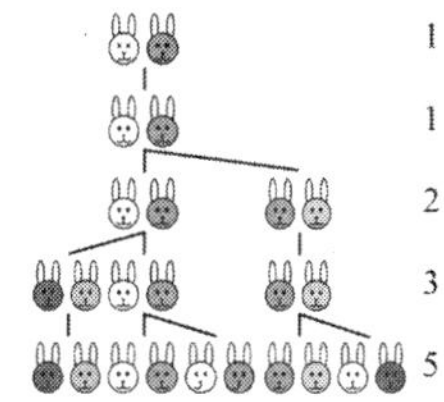

그림 11.1

이 문제를 풀어보면, 먼저 토끼가 갓 태어난 새끼가 한 쌍이므로 첫 2개월 동안은 새끼 1쌍이 그대로 있고 셋째 달에 새끼 1쌍을 낳았기 때문에 총 2쌍이 된다. 넷째 달에 어미 한 쌍이 또 1쌍을 낳아 총 3쌍이 되고, 다섯 째 달에는 어미가 또다시 1쌍을 낳고, 새끼도 어른이 되어 1쌍을 분만해 총 5쌍이 된다. 매달 토끼의 쌍의 총수를 수열로 나열하면 1, 1, 2, 3, 5, 8, 13, 21, 34, 55, 89, …이 된다.

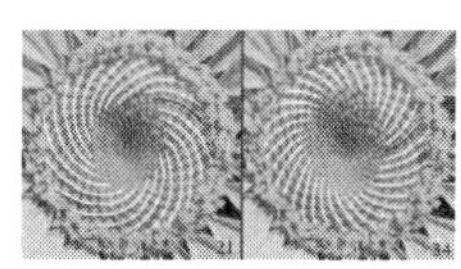
그림 11.2

이 수열은 $1+1=2$, $1+2=3$, $2+3=5$처럼 3항 이상의수는 바로 전 두 항의 합이다. 이 문제의 풀이에 나오는 수열을 루카스(E. Lucas)가 **피보나치수열**이라고 이름을 붙여서 지금까지 피보나치수열로 불린다. 피보나치의 수열은 이 외에도 솔방울, 해바라기씨의 배열, 식물의 잎의 배열, 주식의 변화 등에서 찾아볼 수 있다. 연구결과에 의하면 해바라기가 이런 방법으로 씨앗을 배치한 이유는 최소한의 공간에 가장 많은 씨앗을 촘촘하게 넣을 수 있기 때문이다.

조사된 결과에 따르면 전체 식물의 대략 90% 정도가 잎의 배열이 피보나치수열을 따르고 있다. 잎의 배열이 피보나치수열을 따르면 광합성을 가장 효율적으로 할 수 있다고 한다.

증권분석가 엘리엇은 피보나치수열에 의한 황금비율에 따라 주가가

움직이고 있음을 발견하여 엘리엇 파동이론을 정립하였다.

액체와 고체의 특성을 모두 가진 "준결정 구조는 원자의 배열이 피보나치수열의 형태를 띠고 있다"는 것이 재미 한국인 과학자(박정영 박사)에 의해 세계최초로 밝혀졌다.

서울경제신문, 2005-08-26

11.1 수열

어떤 규칙에 따라 차례로 배열한 수의 열을 **수열**(sequence)이라 하고, 수열을 이루고 있는 각 수를 그 수열의 항이라 한다. 또 각 항을 앞에서부터 제1항, 제2항, $\cdots$, 제n항, $\cdots$ 또는 첫째항, 둘째항, $\cdots$, n째항, $\cdots$이라고 한다. 수열의 각 항에 번호를 붙여 a_1, a_2, $\cdots$, a_n, $\cdots$과 같이 쓰고 제n항 a_n을 이 수열의 일반항이라 하며, 일반항 a_n을 사용하여 수열을 간단하게 $\{a_n\}$로 나타낸다.

예제 EXAMPLE ·1 다음 식을 일반항으로 갖는 수열의 첫 5개의 항과 100번째 항을 구하여라.

(1) $a_n = -3n+7$

(2) $a_n = 3n-2$

(3) $a_n = \dfrac{n}{n+1}$

풀이

(1) $\{4,\ 1,\ -2,\ -5,\ -8\}$, -293

(2) $\{1,\ 4,\ 7,\ 10,\ 13\}$, 298

(3) $\left\{\dfrac{1}{2},\ \dfrac{2}{3},\ \dfrac{3}{4},\ \dfrac{4}{5},\ \dfrac{5}{6}\right\}$, $\dfrac{100}{101}$

예제 EXAMPLE ·2 일반항이 $a_n = 3^{n-1}$인 수열의 제10항과 제25항을 구하여라.

풀이

제10항은 $a_{10} = 3^{10-1} = 3^9$이고

제25항은 $a_{25} = 3^{25-1} = 3^{24}$이다.

위와 같은 수열의 항이 유한개일 때 유한수열이라 하고 무한개일 때 무한수열이라 한다. 여러 가지 수열 중에 가장 간단한 구조를 가진 등차수열부터 공부하여 보자.

11.2 등차수열

정의 11.1

첫째항에 일정한 수를 차례로 더해서 얻어진 수열을 **등차수열**(Arithmetic Sequence)이라 한다.

등차수열에서 차례로 더하는 일정한 수를 **공차**(common difference)라 한다. 일반적으로 첫째항이 a, 공차가 d인 등차수열은

$$a,\ a+d,\ a+2d,\ \cdots,\ a+(n-1)d,\ \cdots$$

가 되고 일반항은

$$a_n = a+(n-1)d$$

이다.

예제 •3 EXAMPLE 다음 수열 중 등차수열인 것을 고르고 공차를 구하여라.

(1) 3, 8, 13, 18, 23, ⋯
(2) 1, 2, 4, 8, 16, ⋯
(3) 24, 12, 6, 3, 3/2, 3/4, ⋯
(4) 55, 51, 47, 43, 39, 35, ⋯
(5) 2, 5, 10, 17, ⋯
(6) 1, 4, 9, 16, 25, 36, ⋯

풀이

(1)과 (4)가 등차수열이다.
(1)의 공차는 5이고 (4)의 공차는 -4이다.

등차수열에서 이웃하는 두 항의 차가 공차이므로 공차 d는 $d = a_n - a_{n-1}$로 나타낼 수 있다.

정리 11.2 등차수열의 일반항

첫째항이 a, 공차가 d인 등차수열 $\{a_n\}$의 일반항은
$a_n = a+(n-1)d$이다.

참고

$d = a_n - a_{n-1}$
$a_1 = a$
$a_2 = a_1 + d = a+d$
$a_3 = a_2 + d = a+2d$
$\vdots$
$a_n = a_{n-1} + d = a+(n-1)d$

예제 •4 다음 등차수열의 일반항을 구하여라.

(1) $\{4,\ 1,\ -2,\ -5,\ -8,\ \cdots\}$

(2) $\{1,\ 4,\ 7,\ 10,\ 13,\ \cdots\}$

풀이

(1) 첫째항이 4이고 공차가 -3이므로
$a_n = 4-(n-1)3 = -3n+7$이다.

(2) 첫째항이 1이고 공차가 3이므로
$a_n = 1+(n-1)3 = 3n-2$이다.

예제 •5 제3항이 6, 제10항이 -15인 등차수열의 일반항 a_n을 구하여라.

풀이

$a_3 = a+2d = 6$, $a_{10} = a+9d = -15$가 된다.

연립방정식 $\begin{cases} a+2d = 6 \\ a+9d = -15 \end{cases}$을 풀면 $a=12$, $d=-3$이 나온다.

이것을 일반항 $a_n = a+(n-1)d$에 대입하면 일반항

$$a_n = 12+(n-1)\times(-3) = -3n+15$$

을 얻는다.

예제 •6 제17항이 52, 제30항이 13인 등차수열에서 처음으로 음수가 되는 항은 몇 번째 항인가?

풀이

첫째항을 a공차를 d라고 하면 제17항, 제30항은 각각

$$a+16d=52,\ a+29d=13$$

이 된다.
연립방정식을 풀어 a, d를 구하면 $a=100$, $d=-3$이 나온다.
따라서 이 등차수열의 제n항은

$$a_n=100+(n-1)\times(-3)=103-3n$$

이고, 이 항이 음수이기 위해서는 $103-3n<0$이다. 즉 $n>34.3\cdots$
그러므로 구하는 항은 제35항이다.

참고

세 수 a, x, b가 순서대로 등차수열을 이룰 필요충분조건은
$x-a=b-x$
$\Leftrightarrow 2x=a+b$
$\Leftrightarrow x=\dfrac{a+b}{2}$
이다.
일반적인 등차수열
$\{a_1,\ a_2,\ a_3,\ \cdots,\ a_n,\ a_{n+1},\ a_{n+2}\}$
에서 다음 관계식이 성립된다.
$2a_{n+1}=a_n+a_{n+2}$

정의 11.3

세 수 a, x, b가 순서대로 등차수열을 이룰 때, x를 a와 b의 **등차중항**(또는 산술평균)이라 한다.

예제 EXAMPLE •7 다음 등차수열에서 x를 구하여라.

(1) $2,\ x,\ 10,\ y$

(2) $4,\ y,\ z,\ -5,\ x,\ -11$

풀이

(1) $x=\dfrac{2+10}{2}=6$

(2) $x=\dfrac{-5-11}{2}=-8$

예제 EXAMPLE •8 첫째항이 1이고 공차가 1인 등차수열의 제10항까지의 합 S를 구하여라.

풀이

$$S= 1+2+3+4+5+6+7+8+9+10$$

이고, 이것은 다음과 같이 구할 수 있다.

$$S= 1+2+3+4+5+6+7+8+9+10 \ \cdots (1)$$
$$S= 10+9+8+7+6+5+4+3+2+1 \ \cdots (2)$$

(1)+(2)를 구하면

$$\begin{aligned} 2S &= 11+11+11+11+11+11+11+11+11+11 \\ &= 11\times 10 \end{aligned}$$

이므로

$$S= \frac{11\times 10}{2} = 55$$

가 된다.

일반적으로, 첫째항이 a, 공차가 d인 등차수열의 첫째항부터 제n항까지의 합 S_n을 구하여 보자.

제n항을 l이라고 하면 S_n은

$$S_n = a+(a+d)+(a+2d)+\cdots+(l-d)+l \ \cdots (1)$$

(1)의 우변을 거꾸로 쓰면

$$S_n = l+(l-d)+(l-2d)+\cdots+(a+d)+a \ \cdots (2)$$

(1)+(2)를 하면

$$\begin{aligned} 2S_n &= (a+l)+(a+l)+(a+l)+\cdots+(a+l) \\ &= n(a+l) \end{aligned}$$

따라서, $S_n = \dfrac{n(a+l)}{2}$이 되고 한편, $l= a+(n-1)d$이므로 $S_n = \dfrac{n\{2a+(n-1)d\}}{2}$이 된다.

참고

수열의 합과 일반항과의 관계는 다음과 같다.

$a_1 = S_1$

$a_n = S_n - S_{n-1},\ n \geq 2$

정리 11.4 등차수열의 합

$S_n = a_1 + a_2 +, \cdots, + a_{n-1} + a_n$은 다음과 같다.

(1) 첫째항과 마지막 항을 알 때 :

$$S_n = \frac{n(a_1 + a_n)}{2}$$

(2) 첫째항과 공차 d를 알 때 :

$$S_n = \frac{n[2a_1 + (n-1)d]}{2}$$

예제 EXAMPLE •9 다음 수열의 합을 구하여라.

(1) 첫째항이 3, 끝항이 8, 항의 개수가 10인 등차수열

(2) 첫째항이 12, 공차가 -3, 항의 개수가 7인 등차수열

풀이

(1) $S_{10} = \frac{10(3+8)}{2} = 55$

(2) $S_7 = \frac{7\{2 \cdot 12 + (7-1) \cdot (-3)\}}{2} = 21$

예제 EXAMPLE •10 등차수열 5, 8, 11, 14, …의 첫째항부터 제20항까지의 합을 구하여라.

풀이

등차수열의 첫째항은 5, 공차는 3이므로,

정리 11.4의 (2)를 이용하면

$$\begin{aligned} S_{20} &= \frac{20[2 \cdot 5 + (20-1)3]}{2} \\ &= 10[10 + 57] \\ &= 670 \end{aligned}$$

이다.

예제 •11 첫째항이 40, 제10항까지의 합이 175인 등차수열의 공차 d를 구하여라.

풀이

이 수열의 제10항까지의 합

$$S_{10} = \frac{10 \times \{2 \times 40 + (10-1)d\}}{2} = 5(80+9d)$$

이 175이므로 $5(80+9d) = 175$을 풀면 공차 $d = -5$가 된다.

11.3 조화수열

어떤 수열의 각 항의 역수가 등차수열을 이룰 때, 그 수열을 **조화수열**이라 한다.

즉, a_1, a_2, a_3, $\cdots$, a_n이 조화수열이 되려면 $\frac{1}{a_1}$, $\frac{1}{a_2}$, $\cdots$, $\frac{1}{a_n}$이 등차수열이 되어야 한다.

참고

조화수열의 일반항을 구하는 방법

1. 각 항의 역수를 취한다.
2. 역수를 취한 후 얻게 되는 등차수열의 일반항을 구한다.
3. 등차수열의 일반항의 역수를 취한다.

예제 EXAMPLE ·12 조화수열 $\left\{1, \frac{1}{4}, \frac{1}{7}, \frac{1}{10}, \frac{1}{13}, \cdots\right\}$의 일반항을 구하여라.

풀이

각 항의 역수를 구하면 $\{1, 4, 7, 10, 13, \cdots\}$이므로 첫째항이 1이고 공차가 3인 등차수열이 되고, 등차수열의 일반항은 $a_n = 1 + (n-1)3 = 3n-2$이다.

그러므로 조화수열의 일반항은 $b_n = \frac{1}{a_n} = \frac{1}{3n-2}$이다.

참고

세 수 a, x, b가 순서대로 조화수열을 이룰 때 $\frac{1}{a}$, $\frac{1}{x}$, $\frac{1}{b}$이 등차수열이 된다. $\frac{2}{x} = \frac{1}{a} + \frac{1}{b}$이 등차중항(또는 산술평균)이므로 $x = \frac{2ab}{a+b}$가 조화중항이다.

정의 11.5

세 수 a, x, b가 순서대로 조화수열을 이룰 때, x를 a와 b의 조화중항이라 한다.

예제 EXAMPLE ·13 두 수 3과 6의 조화중항을 구하여라.

풀이

조화중항을 x라 하면 $\frac{1}{3}$, $\frac{1}{x}$, $\frac{1}{6}$은 등차수열이 되므로 등차중항을 구하면 $\frac{2}{x} = \frac{1}{3} + \frac{1}{6} = \frac{1}{2}$이 된다. 그러므로 $x = 4$이다.

11.4 등비수열

수열 1, 2, 4, 8, …과 같이 첫째항으로부터 차례로 일정한 수를 곱하여 얻어지는 수열을 **등비수열**이라 하고, 곱하는 일정한 수를 **공비**라고 한다. 즉, 무한등비수열은 첫째항이 a이고 공비가 r일 때,

$$a,\ ar,\ ar^2,\ ar^3,\ \cdots,\ ar^{n-1},\ \cdots$$

가 되며, 등비수열의 일반항 a_n은 $\boldsymbol{a_n = ar^{n-1}}$이다.

일반적으로 등비수열에서는 첫째항과 공비는 0이 아닌 수로 정하며 공비 r은 $\boldsymbol{r = \frac{a_{n+1}}{a_n}}$이 된다.

참고

$a_1 = a$

$a_2 = a_1 \cdot r = ar$

$a_3 = a_2 \cdot r = ar^2$

$\vdots$

$a_n = a_{n-1} r = ar^{n-1}$

정리 11.6 등비수열의 일반항

첫째항이 a, 공비가 r인 등비수열 $\{a_n\}$의 일반항은 $a_n = ar^{n-1}$이다.

예제 EXAMPLE ·14 제4항이 24, 제8항이 384인 등비수열의 일반항을 구하여라.

풀이

첫째항이 a, 공비가 r이라고 하면 제4항, 제8항은 각각 $a_4 = ar^3$, $a_8 = ar^7$이다.

$$ar^3 = 24 \qquad \cdots (1)$$

$$ar^7 = 384 \qquad \cdots (2)$$

(2)를 (1)로 나누면 $r^4 = 16$가 되어 $r = \pm 2$을 얻는다.

CASE 1

$r = 2$를 식 (1)에 대입하면 $a = 3$을 얻는다.

이때 일반항 a_n은 $a_n = 3 \cdot 2^{n-1}$이다.

CASE 2

$r=-2$를 식 (1)에 대입하면 $a=-3$을 얻는다. 이때 일반항 a_n은 $a_n=-3\cdot(-2)^{n-1}$이다.

참고

세 수 a, x, c가 순서대로 등비수열을 이룰 필요조건은

$$\frac{c}{x}=\frac{x}{a}$$
$$\Leftrightarrow x^2=ac$$
$$\Leftrightarrow x=\pm\sqrt{ac}$$

이다.

정의 11.7

세 수 a, x, c가 순서대로 등비수열을 이룰 때 x를 a, c의 **등비중항**(기하평균)이라 한다.

예제 •15 다음 등비수열의 x를 구하여라.

(1) $2,\ x,\ 18,\ y$

(2) $-4,\ y,\ z,\ \frac{1}{2},\ x,\ \frac{1}{8},\ \cdots$

풀이

$x=\pm\sqrt{ac}$ 이므로

(1) $x=\pm\sqrt{2\times18}=\pm6$

(2) $x=\pm\sqrt{\frac{1}{2}\times\frac{1}{8}}=\pm\frac{1}{4}$이 된다. 그러나 첫 항이 -4이므로 공비가 음수가 되어, $x=-\frac{1}{4}$이 된다.

예제 •16 첫째항이 1, 공비가 2인 등비수열의 제6항까지의 합 S_6를 구하여라.

풀이

$$S_6=1+2^1+2^2+2^3+2^4+2^5 \qquad \cdots (1)$$

이고, 이것은 다음과 같이 구할 수 있다.

(1)의 양변에 공비 2를 곱하면

$$2S_6=2+2^2+2^3+2^4+2^5+2^6 \qquad \cdots (2)$$

(2)에서 (1)를 빼면 $2S_6 - S_6 = 2^6 - 1$이므로 $S_6 = 63$이 된다.

일반적으로, 첫째항이 a, 공비가 r인 등비수열의 첫째항부터 제n항까지의 합 S_n을 구하여 보자.

$$S_n = a + ar + ar^2 + \cdots + ar^{n-2} + ar^{n-1} \qquad \cdots (1)$$

의 양변에 r를 곱하면

$$rS_n = ar + ar^2 + ar^3 + \cdots + ar^{n-1} + ar^n \qquad \cdots (2)$$

(1)에서 (2)를 빼면 $(1-r)S_n = a(1-r^n)$이므로 $r \neq 1$일 때,

$$S_n = \frac{a(1-r^n)}{1-r}$$

이다.

$r = 1$일 때, $S_n = a + a + a + \cdots + a = na$이다.

정리 11.8 등비수열의 합

$S_n = a + ar + ar^2 + \cdots + ar^{n-2} + ar^{n-1}$은

$r \neq 1$일 때, $S_n = \dfrac{a(1-r^n)}{1-r}$

$r = 1$일 때, $S_n = na$

등비수열의 합은 원리합계의 계산, 적금계산, 상환금계산, 연금의 현재의 가치 등 금융수학뿐 아니라 다양한 분야에 많이 응용된다.

예제 •17 EXAMPLE 다음 등비수열의 제n항까지의 합을 구하여라.

(1) $2,\ -6,\ 18,\ -54,\ \cdots$

(2) $1,\ \frac{1}{2},\ \frac{1}{4},\ \frac{1}{8},\ \cdots$

풀이

(1) 첫째항이 2, 공비가 -3이므로

$$S_n = \frac{2\{1-(-3)^n\}}{1-(-3)} = \frac{1-(-3)^n}{2}$$

(2) 첫째항이 1, 공비가 $\frac{1}{2}$이므로

$$S_n = \frac{a(1-r^n)}{1-r} = \frac{1-\left(\frac{1}{2}\right)^n}{1-\frac{1}{2}} = 2-\left(\frac{1}{2}\right)^{n-1}$$

다시 한번 확인하기

1. 등차수열의 일반항
   첫째항이 a, 공차가 d인 등차수열 $\{a_n\}$의 일반항은 $a_n = a+(n-1)d$이다.
2. a, x, b가 순서대로 등차수열을 이룰 필요충분조건은 $x-a=b-x \Leftrightarrow 2x=a+b \Leftrightarrow x=\frac{a+b}{2}$이다.
3. 등차수열의 합 $S_n = a_1+a_2+, \cdots, +a_{n-1}+a_n$은 다음과 같다.
   (1) 첫째항과 마지막 항을 알 때 : $S_n = \frac{n(a_1+a_n)}{2}$
   (2) 첫째항과 공차 d를 알 때 : $S_n = \frac{n[2a_1+(n-1)d]}{2}$
4. a, x, b가 순서대로 조화수열을 이룰 필요충분조건은 $x=\frac{2ab}{a+b}$이다.
5. 등비수열의 일반항
   첫째항이 a, 공비가 r인 등비수열 $\{a_n\}$의 일반항은 $a_n = ar^{n-1}$이다.
6. 등비수열의 합
   $S_n = a+ar+ar^2+\cdots+ar^{n-2}+ar^{n-1}$은
   $r \neq 1$일 때, $S_n = \frac{a(1-r^n)}{1-r}$
   $r=1$일 때, $S_n = na$

chapter 11
여러 가지 수열과 수열의 합

연습문제

1. 다음 수열의 첫 4개의 항과 100번째 항을 구하여라.

(1) $a_n = 2n+5$　　(2) $a_n = n^2 - 3$

(3) $a_n = \dfrac{1}{n+1}$　　(4) $a_n = n^n$

(5) $a_n = 5$　　(6) $a_n = \dfrac{1}{n^2}$

2. 다음 수열에서 a_{10}과 일반항 a_n을 구하여라.

(1) $-1,\ 2,\ 5,\ 8,\ 11,\ \cdots$　　(2) $9,\ 7,\ 5,\ 3,\ 1,\ \cdots$

(3) $1,\ \dfrac{3}{4},\ \dfrac{5}{9},\ \dfrac{7}{16},\ \dfrac{9}{25},\ \cdots$　　(4) $2,\ 4,\ 8,\ 16,\ \cdots$

3. 제3항이고 21, 제10항이 63인 등차수열에서 첫째항 a와 공차 d를 구하여라.

4. 등차수열 $\{a_n\}$에서 $a_{11} = 70$, $a_{26} = 25$일 때 a_{31}의 값은?

5. 등차수열 $\{a_n\}$에서 $a_{11} = 30$, $a_{21} = 0$일 때, 15는 제 몇 항인가?

6. 세 수 3, b, 9가 순서로 등차수열을 이룰 때, b의 값을 구하여라.

7. 두 수 1과 7의 등차중항을 구하여라.

8. 5개의 수 8, x, y, z, -4가 등차수열을 이룰 때, x, y, z의 값을 구하여라.

9. 등차수열 $\{a_n\}$에서 $a_{10} = 35$, $a_{15} = 55$일 때, 처음으로 100보다 큰 항은?

10. 등차수열 $\{a_n\}$에서 $a_4 = 22$, $a_{12} = -10$일 때, 제 몇 항부터 처음

으로 음이 되는가?

11. 다음 등차수열의 합을 구하여라.

(1) 3, 7, 11, 15, ⋯, (제20항)

(2) 1, 2, 3, 4, ⋯, ($n+1$항)

(3) 7, 4, 1, -2, ⋯, (n항)

12. 제2항이 8, 제10항이 24인 등차수열에서 첫째항부터 제20항까지의 합 S_{20}은?

13. 다음 등차수열의 합을 구하여라.

(1) 첫째항 99, 끝항 1, 항수 30

(2) 첫째항 3, 공차 5, 끝항 48

14. 첫째항이 5, 끝항이 45, 합이 525인 등차수열에서 제10항은?

15. 조화수열 $\{a_n\}$에서 $a_4=15$, $a_8=7$일 때, a_{11}의 값을 구하여라.

16. 조화수열 2, $\frac{6}{5}$, $\frac{6}{7}$, $\frac{2}{3}$, ⋯의 일반항을 구하여라.

17. 두 수 3과 6의 조화중항을 구하여라.

18. 조화수열 $\{a_n\}$에서 $a_5=10$, $a_{10}=5$일 때, a_{15}의 값을 구하여라.

19. 다음 등비수열의 공비와 5번째 항과 n번째 항을 구하여라.

(1) 1, $\frac{1}{3}$, $\frac{1}{9}$, $\frac{1}{27}$, ⋯

(2) 1, $-\frac{1}{3}$, $\frac{1}{9}$, $-\frac{1}{27}$, ⋯

(3) 3, $-\frac{3}{2}$, $\frac{3}{4}$, $-\frac{3}{8}$, ⋯

(4) 1, $-\frac{1}{2}$, $\frac{1}{4}$, $-\frac{1}{8}$, ⋯

20. 4개의 수 24, x, y, -3이 등비수열을 이룰 때, x, y의 값을 구하여라.

21. 각 항이 실수인 등비수열 $\{a_n\}$에서 $a_2 = 3$, $a_5 = 24$일 때, a_{10}을 구하여라.

22. 두 수 2와 18의 등비중항을 구하여라.

23. 자연수 a, b에 대하여 세 수 6, a, b가 등차수열을 이루고, a, b, 27이 등비수열을 이룰 때, $a+b$의 값을 구하여라.

24. 다음 등비수열에서 제10항까지의 합 S_{10}을 구하여라.

(1) 3, 6, 12, 24, 48, $\cdots$

(2) 2, -6, 18, -54, 162, $\cdots$

25. 등비수열 1.03, 2.06, 4.12, $\cdots$에서 263.68은 제 몇 항인가?

26. 수열 6, 3, 2, $\frac{3}{2}$, $\cdots$에서 제10항과 제20항의 합을 구하여라.

대학기초수학

무한수열의 극한과 무한급수

CHAPTER 12

무한수열, 무한수열의 수렴과 발산

이 장에서 배울 기본개념

12.1 무한수열의 극한

수열의 항이 유한개일 때 유한수열이라 하고 무한개일 때 무한수열이라 한다. **무한수열**(infinite sequence)이란 정의구역이 자연수의 집합이고 공역이 실수인 함수 $a: \{1, 2, 3, \cdots, n, \cdots\} \to (-\infty, \infty)$를 말한다. 수열과 그 일반항의 관계는 다음 표와 같다.

수 열	일반항
$2, 2, 2, \cdots$	$a_n = 2$
$1, 2, 3, \cdots, n, \cdots$	$a_n = n$
$-1, 2, -3, \cdots, (-1)^n n, \cdots$	$a_n = (-1)^n n$
$1, \frac{1}{2}, \frac{1}{3}, \cdots, \frac{1}{n}, \cdots$	$a_n = \frac{1}{n}$
$0, \frac{1}{2}, \frac{2}{3}, \frac{3}{4}, \cdots, \frac{n-1}{n}, \cdots$	$a_n = \frac{n-1}{n}$

예제 •1 (EXAMPLE) 정의구역 N에 대응하는 다음 수열의 그래프를 각각 그려 보아라.

(1) $1, 2, 3, 4, 5, 6, 7, 8, 9, \cdots$

(2) $0, \frac{1}{2}, \frac{2}{3}, \frac{3}{4}, \frac{4}{5}, \frac{5}{6}, \frac{6}{7}, \frac{7}{8}, \frac{8}{9}, \cdots$

(3) $\left\{1, \frac{1}{2}, \frac{1}{3}, \cdots, \frac{1}{n}, \cdots\right\}$

(4) $\left\{1, -\frac{1}{2}, \frac{1}{3}, -\frac{1}{4}, \cdots, (-1)^{n+1}\frac{1}{n}, \cdots\right\}$

(5) $\{1, -1, 1, \cdots, (-1)^{n-1}, \cdots\}$

(6) $\{4, 1, -2, -5, -8, \cdots, -3n+7 \cdots\}$

풀이

(1)

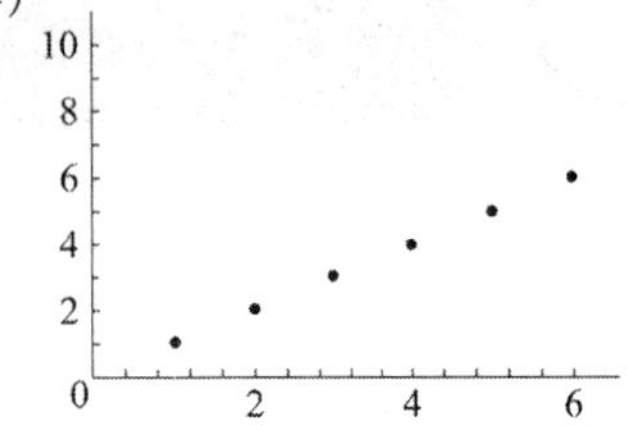

(2)

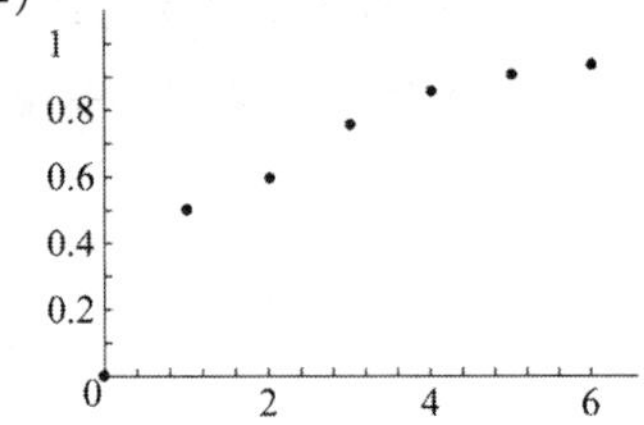

(3)

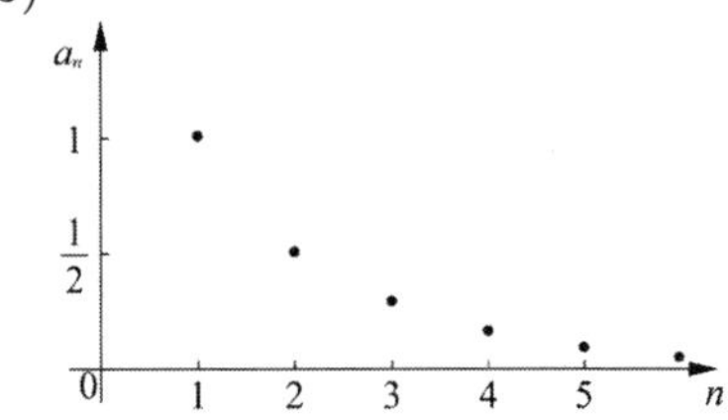

(4)

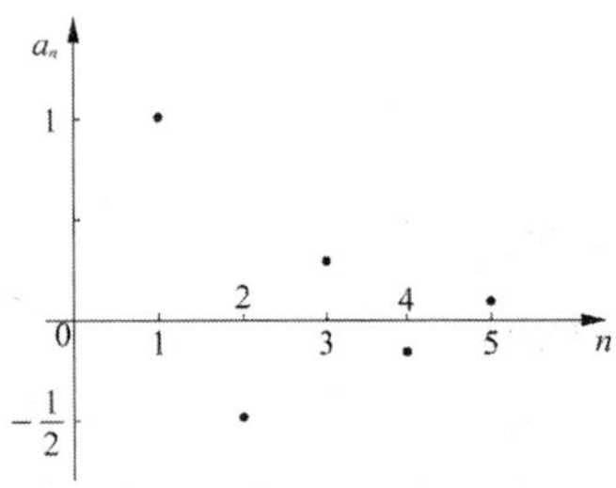

(5)

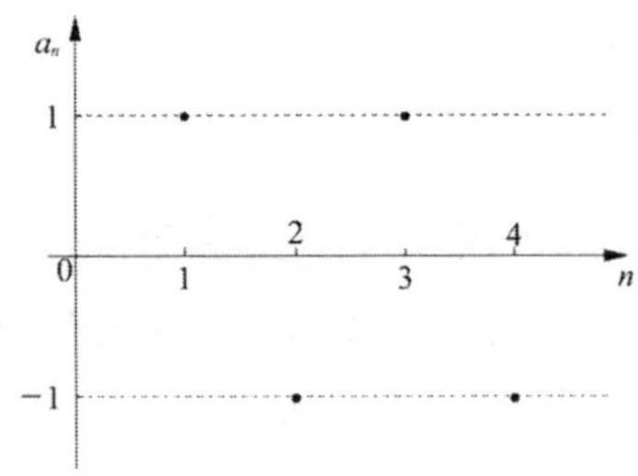

(6)

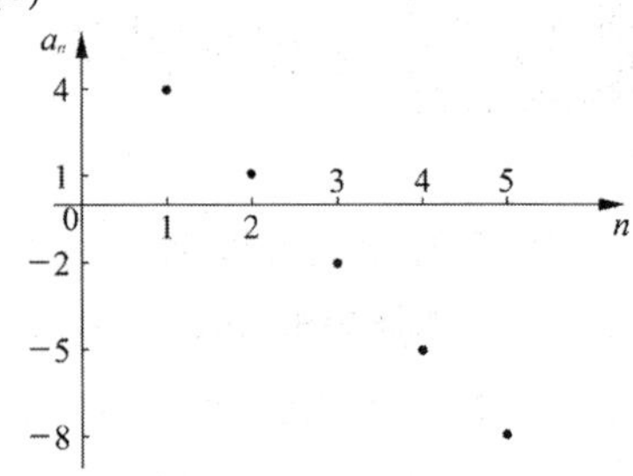

예제의 그래프에서 보듯이 수열은 n이 증가함에 따라 a_n이 어느 한 점으로 가까이 가기도 하고 점점 커지기도 하며 위아래로 진동하기도 한다. (2), (3), (4)와 같이 어느 한 점으로 가까이 가는 경우 수렴한다고 하고, 그 외의 경우는 발산한다고 한다.

위의 예제 (2), (3), (4)와 같이 무한수열에서 n이 무한히 커질 때, 일반항 a_n이 일정한 값 A에 가까워지면, 수열은 A에 수렴한다고 하고, A를 수열의 극한값 또는 **극한**(limit)이라고 한다. 수열의 극한값은 유일하다.

기호로는 $\lim_{n\to\infty} a_n = A$ 또는 $n \to \infty$일 때 $a_n \to A$로 나타낸다. 여기서 n이 한없이 커지는 것을 기호 ∞를 사용하여 $n \to \infty$로 나타내고 ∞를 **무한대**(infinite)라고 읽는다.

∞의 연산	
1. 양수$\times\infty\to\infty$(양의 무한대)	$\lim_{n\to\infty} 2n = \infty$
2. 음수$\times\infty\to-\infty$(음의 무한대)	$\lim_{n\to\infty}(-n^3) = -\infty$
3. $\infty\pm$상수$\to\infty$	$\lim_{n\to\infty}(2n\pm3) = \infty$

4. $-\infty \pm$ 상수 $\to -\infty$	$\lim_{n\to\infty}(3-2n) = -\infty$
5. $\infty \times \infty \to \infty$	$\lim_{n\to\infty}(2n+1)n^2 = \infty$
6. $\infty + \infty \to \infty$	$\lim_{n\to\infty}(n+n^2) = \infty$
7. $\frac{\text{상수}}{\infty} \to 0$	$\lim_{n\to\infty}\frac{1}{n} = 0$

정리 12.1

수열의 극한값은 단 하나이다.

앞의 예(1)과 같이 무한수열 $\{a_n\}$에서 n이 무한히 커질 때, 일반항 a_n의 값도 무한히 커지면, 수열 $\{a_n\}$은 **무한대로 발산**한다고 하며 기호로는

$$\lim_{n\to\infty} a_n = \infty \quad \text{또는} \quad n\to\infty \text{일 때} \quad a_n \to \infty$$

로 나타낸다. 예(6)과 같이 무한수열 $\{a_n\}$에서 n이 무한히 커질 때, 일반항 a_n의 값이 음이면서 그 절댓값이 한없이 커지면 수열 $\{a_n\}$은 음의무한대로 발산한다고 하며, 기호로는

$$\lim_{n\to\infty} a_n = -\infty \quad \text{또는} \quad n\to\infty \text{일 때} \quad a_n \to -\infty$$

로 나타낸다. 여기서 음의 무한대 $-\infty$는 음수로서 그 값이 무한히 작아진다는 것을 나타내는 기호이다.

예(5)와 같이 무한수열 $\{a_n\}$에서 n이 한없이 커짐에 따라 일반항 a_n이 수렴하지도 않고 양의 무한대나 음의 무한대로 발산하지도 않는 경우 수열 $\{a_n\}$은 **진동발산**한다고 한다.

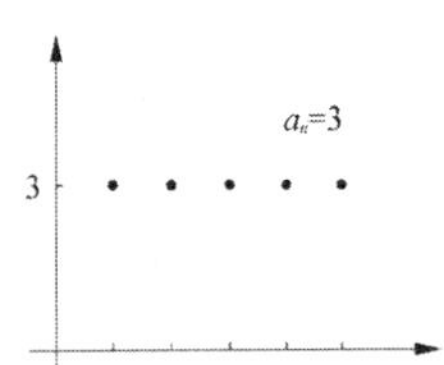

그림 12.1

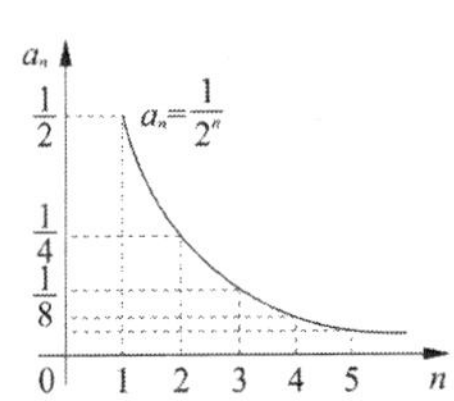

그림 12.2

예제 •2 EXAMPLE

(1) $a_n = 3$이면 $\lim_{n\to\infty} a_n = \lim_{n\to\infty} 3 = 3$

(2) $\lim_{n\to\infty}\frac{1}{2^n} = 0$

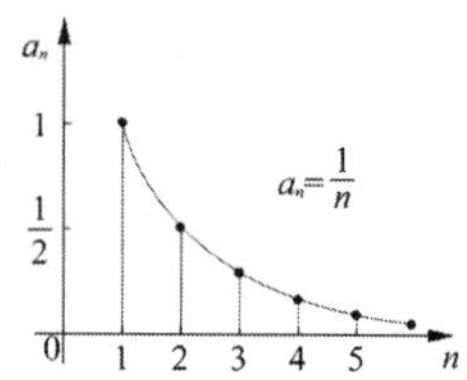

그림 12.3

(3) $\lim_{n\to\infty}\left(\frac{1}{n}\right)=0$

EXAMPLE 예제 •3 $\lim_{n\to\infty}\sin\frac{n\pi}{2}$는 $\sin\frac{n\pi}{2}$가 $n=1, 2, 3, 4, \cdots$로 변할 때 1, 0, -1, 0, $\cdots$을 반복하므로 진동발산한다.

정리 12.2 무한수열의 수렴과 발산

무한수열 $a_1, a_2, a_3, \cdots, a_n, \cdots$ 에서

(1) 수렴 : $\lim_{n\to\infty}a_n=A$ (극한값 A에 수렴)

(2) 발산 :

$$\begin{cases}\lim_{n\to\infty}a_n=\infty & \text{(양의 무한대로 발산)}\\ \lim_{n\to\infty}a_n=-\infty & \text{(음의 무한대로 발산)}\\ \text{진동발산} & \text{(두 개 이상의 수가 반복됨)}\end{cases}$$

정의 12.3

$\lim_{n\to\infty}a_n=A$이고 $\lim_{n\to\infty}b_n=B$이면 다음이 성립한다.

(1) $\lim_{n\to\infty}(a_n\pm b_n)=A\pm B$

(2) $\lim_{n\to\infty}(a_n\cdot b_n)=A\cdot B$

(3) $\lim_{n\to\infty}(ka_n)=kA$, 단 k는 상수

(4) $\lim_{n\to\infty}(\frac{a_n}{b_n})=\frac{A}{B}$, 단 $B\neq 0$

앞의 정리는 두 수열이 수렴하면 두 수열을 먼저 합하거나 빼거나 곱하거나 나눈 후에 극한값을 구한 것이나 각각의 극한값을 먼저 구하고 난 후 사칙연산을 한 값이나 같음을 보여준다.

예를 들면, $a_n = \dfrac{1}{2n+1}$ 일 때,

$$a_n = \frac{1}{2n+1} = \frac{\dfrac{1}{n}}{2+\dfrac{1}{n}}$$

이 된다.

$n \to \infty$ 일 때 $\dfrac{1}{n} \to 0$ 이므로 $\displaystyle\lim_{n\to\infty} a_n = \frac{0}{2+0} = 0$ 이다.

예제 •4 EXAMPLE 다음 극한값을 구하여라.

(1) $\displaystyle\lim_{n\to\infty} \frac{3n-8}{2n-5}$　　(2) $\displaystyle\lim_{n\to\infty} \frac{3n^2+2n+1}{2n^2-1}$

(3) $\displaystyle\lim_{n\to\infty} \frac{\sqrt{4n^2+9}}{n}$　　(4) $\displaystyle\lim_{n\to\infty} \frac{5}{n}$

(5) $\displaystyle\lim_{n\to\infty} (\sqrt{n^2+n}-n)$

> **참고**
> 분수 형태의 수열의 수렴, 발산을 결정할 때, 분모의 n의 가장 높은 차수로 분모 분자를 각각 나누어 계산한다.

풀이

(1) $$\lim_{n\to\infty} \frac{3n-8}{2n-5} = \lim_{n\to\infty} \frac{n\left(3-\dfrac{8}{n}\right)}{n\left(2-\dfrac{5}{n}\right)}$$

$$= \lim_{n\to\infty} \frac{3-\dfrac{8}{n}}{2-\dfrac{5}{n}} = \frac{3-0}{2-0} - \frac{3}{2}$$

(2) $$\lim_{n\to\infty} \frac{3n^2+2n+1}{2n^2-1} = \lim_{n\to\infty} \frac{n^2\left(3+\dfrac{2}{n}+\dfrac{1}{n^2}\right)}{n^2\left(2-\dfrac{1}{n^2}\right)}$$

$$= \lim_{n\to\infty} \frac{3+\dfrac{2}{n}+\dfrac{1}{n^2}}{2-\dfrac{1}{n^2}} = \frac{3}{2}$$

(3) $$\lim_{n\to\infty} \frac{\sqrt{4n^2+9}}{n} = \lim_{n\to\infty} \frac{\sqrt{n^2\left(4+\dfrac{9}{n^2}\right)}}{n}$$

> **참고**
> 무리식의 극한값을 구하는 방법
> 분모, 분자 중 $\sqrt{\ }$ 가 있는 쪽을 유리화한다.
> $\sqrt{n^2} = n$

$$= \lim_{n\to\infty} \frac{n\sqrt{4+\frac{9}{n^2}}}{n}$$

$$= \lim_{n\to\infty} \sqrt{4+\frac{9}{n^2}} = \sqrt{4} = 2$$

참고

분모가 ∞로 가고 분자가 상수이면 0으로 간다.

(4) $\lim_{n\to\infty} \frac{5}{n} = 0$

참고

$(a+b)(a-b) = a^2 - b^2$

(5) $\lim_{n\to\infty} (\sqrt{n^2+n} - n)$

$$= \lim_{n\to\infty} \frac{(\sqrt{n^2+n}-n)(\sqrt{n^2+n}+n)}{\sqrt{n^2+n}+n}$$

$$= \lim_{n\to\infty} \frac{n}{\sqrt{n^2+n}+n}$$

$$= \lim_{n\to\infty} \frac{1}{\sqrt{1+\frac{1}{n}}+1} = \frac{1}{2}$$

정리 12.4 샌드위치 정리

$\lim_{n\to\infty} a_n = M$이고 $\lim_{n\to\infty} c_n = M$이라고 하자.

만일 적당한 정수 N보다 큰 모든 n에 대하여 $a_n \le b_n \le c_n$이면 $\lim_{n\to\infty} b_n = M$이다.

예제 •5 EXAMPLE $\lim_{n\to\infty} \frac{\cos n\pi}{\sqrt{n}}$의 극한을 구하여라.

풀이

$\lim_{n\to\infty} \frac{1}{\sqrt{n}} = 0$이고 $-\frac{1}{\sqrt{n}} \le \frac{\cos n\pi}{\sqrt{n}} \le \frac{1}{\sqrt{n}}$이므로 샌드위치 정리에 의하여 $\lim_{n\to\infty} \frac{\cos n\pi}{\sqrt{n}} = 0$이다.

예제 •6 EXAMPLE 다음을 설명하여라.

(1) $\frac{\sin n}{n} \to 0$ (2) $\frac{\cos n}{n} \to 0$

풀이

(1) 모든 $n \in N$에 대하여 $-\frac{1}{n} \le \frac{\sin n}{n} \le \frac{1}{n}$이고, $\pm\frac{1}{n} \to 0$이므로 샌드위치 정리에 의하여 0으로 수렴한다.

(2) 모든 $n \in N$에 대하여 $-\frac{1}{n} \le \frac{\cos n}{n} \le \frac{1}{n}$이고, $\pm\frac{1}{n} \to 0$이므로 샌드위치 정리에 의하여 0으로 수렴한다.

참고

$-1 \le \sin n \le 1$

정리 12.5

만약 $|r| < 1$이면 $\lim_{n\to\infty} r^n = 0$이다.

무한등비수열 중 초항이 a인 수열 $\{ar^{n-1}\}$은 공비 r의 범위에 따라 수렴 또는 발산한다.

정리 12.6 **무한등비수열 $\{ar^{n-1}\}$의 극한값, $a > 0$**

$$\lim_{n\to\infty} ar^{n-1} = \begin{cases} r > 1 \to \infty & (\text{발산}) \\ r = 1 \to a & (\text{수렴}) \\ |r| < 1 \to 0 & (\text{수렴}) \\ r \le -1 \to \text{진동} & (\text{발산}) \end{cases}$$

예제 •7 EXAMPLE

다음 무한등비수열이 수렴하는지 발산하는지 결정하여라.

(1) $\{1, 3, 9, 27, \cdots\}$

(2) $\{1, -3, 9, -27, \cdots\}$

(3) $\left\{1, \frac{1}{2}, \frac{1}{4}, \frac{1}{8}, \cdots\right\}$

(4) $\left\{1, -\frac{1}{2}, \frac{1}{4}, -\frac{1}{8}, \cdots\right\}$

(5) $\{1, 0, 0, 0, \}$

(6) $\{1, 1, 1, 1, \cdots\}$

(7) $\{1, -1, 1, -1, \cdots\}$

참고

초항이 1인 무한등비수열 $\{r^n\}$의 극한값

$$\lim_{n\to\infty} r^n = \begin{cases} r > 1 \to \infty & (\text{발산}) \\ r = 1 \to 1 & (\text{수렴}) \\ |r| < 1 \to 0 & (\text{수렴}) \\ r \le -1 \to \text{진동} & (\text{발산}) \end{cases}$$

풀이

(1) $r=3>1$이므로 발산

(2) $r=-3<-1$이므로 진동발산

(3) $0<r<1$이므로 수렴

(4) $-1<r<0$이므로 수렴

(5) $r=0$이므로 수렴

(6) $r=1$이므로 수렴

(7) $r=-1$이므로 진동발산

참고

무한등비수열의 수렴조건
$-1<r\le 1$

예제 •8 $\lim_{n\to\infty}\left(-\frac{2}{3}\right)^n$의 극한을 구하여라.

풀이

$|r|=|-\frac{2}{3}|<1$이므로 수렴하고 $\lim_{n\to\infty}\left(-\frac{2}{3}\right)^n=0$

예제 •9 $\lim_{n\to\infty}\frac{2+(-1)^n}{3}$의 수렴발산 판정하여라.

풀이

$$\lim_{n\to\infty}\frac{2+(-1)^n}{3}=\begin{cases}\frac{1}{3} & n:\text{ 홀수}\\ 1 & n:\text{ 짝수}\end{cases}$$

이므로 진동발산이다.

다시 한번 확인하기

1. 무한수열의 수렴과 발산
   무한수열 $a_1,\ a_2,\ a_3,\ \cdots,\ a_n,\ \cdots$에서
   (1) 수렴 : $\lim_{n\to\infty}a_n=A$ (극한값 A에 수렴)
   (2) 발산 :
   $$\begin{cases}\lim_{n\to\infty}a_n=\infty & \text{(양의 무한대로 발산)}\\ \lim_{n\to\infty}a_n=-\infty & \text{(음의 무한대로 발산)}\\ \text{진동} & \text{(양수와 음수가 반복됨)}\end{cases}$$
2. 분수 형태의 수열의 수렴, 발산을 결정할 때, n의 가장 높은 차수로 분모분자를 각각 나누어 계산한다.
3. 무한등비수열 $\{r^n\}$의 극한값
   $$\lim_{n\to\infty}r^n=\begin{cases}r>1\to\infty & \text{(발산)}\\ r=1\to 1 & \text{(수렴)}\\ |r|<1\to 0 & \text{(수렴)}\\ r\le -1\to \text{진동} & \text{(발산)}\end{cases}$$

12.2 무한급수

다음과 같은 수열 $\frac{1}{2^n}$의 합에 관하여 알아보자.

$$\frac{1}{2}+\frac{1}{4}+\frac{1}{8}+\cdots+\frac{1}{2^n}+\cdots$$

이 합의 첫 항부터 n항까지의 합을 S_n이라고 하자. 부분합 S_n을 제 n항으로 하는 수열 S_1, S_2, S_3, $\cdots$, S_n, $\cdots$은 다시 새로운 수열이 되고 이 수열의 극한값이 존재하면 위 수열 $\left\{\frac{1}{2^n}\right\}$의 무한합이 된다. 이때 S_n을 수열 $\left\{\frac{1}{2^n}\right\}$의 부분합이라 하고 그 극한값을 무한급수라고 한다.

정의 12.7

수열 a_n에서 무한합

$$a_1+a_2+\cdots+a_n+\cdots$$

을 **무한급수**(infinite series)라 한다. 여기서

$$S_n = a_1+a_2+\cdots+a_n$$

라 했을 때 수열 S_n을 부분합의 수열이라고 이 부분합의 수열이 수렴하면 급수는 **수렴**(convergent)한다고 하고, 수렴하지 않으면 **발산**(divergent)한다고 한다.

시그마 기호

참고

그리스 문자인 $\sum$기호는 급수의 합을 표현할 때 자주 사용된다. 예를 들어 $\sum_{n=1}^{n=9} 3n$은 $3\cdot1+3\cdot2+3\cdot3+3\cdot4+3\cdot6+3\cdot7+3\cdot8+3\cdot9$를 나타낸다.

예제 •10 다음 급수를 전개하여라.

(1) $\sum_{n=1}^{n=10} 9n$　　(2) $\sum_{n=1}^{n=5} (-1)^n 2n$

(3) $\sum_{n=1}^{n=7} (3n+2)$　　(4) $\sum_{n=1}^{n=4} 3$

풀이

(1) $\sum_{n=1}^{n=10} 9n$

$$= 9+18+27+36+45+54+63+72+81+90$$

(2) $\sum_{n=1}^{n=5} (-1)^n 2n = -2+4-6+8-10$

(3) $\sum_{n=1}^{n=7} (3n+2) = 5+8+11+14+17+20+23$

(4) $\sum_{n=1}^{n=4} 3 = 3+3+3+3 = 12$

예제 •11 다음 식을 $\sum$를 사용하여 나타내어라.

(1) $1+4+9+16+25+36+49+64+81$

(2) $5+9+13+17+21+25+29+33$

(3) $1-1/3+1/9-1/27+1/81-1/243$

풀이

(1) $\sum_{n=1}^{n=9} n^2$　　(2) $\sum_{n=1}^{n=8} (4n+1)$

(3) $\sum_{n=1}^{n=6} (-\frac{1}{3})^{n-1}$

무한합은 편의상 다음과 같이 나타낸다.

$$a_1 + a_2 + \cdots + a_k + \cdots = \lim_{k \to \infty} \sum_{n=1}^{k} a_n = \sum_{n=1}^{\infty} a_n$$

다음 무한급수 $\frac{1}{2} + \frac{1}{4} + \frac{1}{8} + \cdots + \frac{1}{2^n} + \cdots$를 생각하여 보자.

$$\frac{1}{2}+\frac{1}{4}+\frac{1}{8}+\cdots+\frac{1}{2^n}+\cdots=\sum_{n=1}^{\infty}\frac{1}{2^n}$$

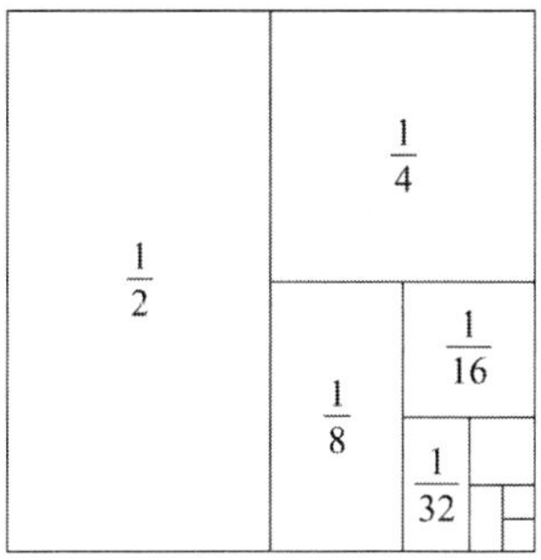

위 예제의 무한급수의 극한값을 기하학적으로 살펴보면 위의 그림과 같이 한 변의 길이가 1인 정사각형의 넓이로 수렴함을 알 수 있다.

예제 EXAMPLE •12 다음 무한급수의 수렴, 발산을 조사하고, 수렴하면 그 합을 구하여라.

(1) $1+(-1)+1+(-1)+\cdots+(-1)^{n-1}+\cdots$

(2) $\dfrac{1}{1\cdot 2}+\dfrac{1}{2\cdot 3}+\dfrac{1}{3\cdot 4}+\cdots+\dfrac{1}{n(n+1)}+\cdots$

풀이

(1) $S_1=1$, $S_2=1+(-1)=0$, $S_3=1$, $\cdots$ 이므로 부분합으로 이루어진 수열 $\{S_n\}$은 1, 0, 1, 0, $\cdots$ 이 되어 진동하므로, 주어진 무한급수는 발산한다.

(2) 제n항 a_n을 부분분수로 고치면

$$a_n=\frac{1}{n(n+1)}=\frac{1}{n}-\frac{1}{(n+1)}$$

이므로 부분합 S_n은 다음과 같다.

$$S_n=\left(1-\frac{1}{2}\right)+\left(\frac{1}{2}-\frac{1}{3}\right)+\cdots+\left(\frac{1}{n}-\frac{1}{n+1}\right)$$
$$=1-\frac{1}{(n+1)}$$

그러므로

참고

$$\frac{1}{n(n+1)}=\frac{A}{n}+\frac{B}{n+1}$$
$$=\frac{A(n+1)+Bn}{n(n+1)}$$
$$=\frac{(A+B)n+A}{n(n+1)}$$

그러므로 $A+B=0$

$A=1$, $B=-1$이 되므로

$$\frac{1}{n(n+1)}=\frac{1}{n}-\frac{1}{n+1}$$

이 된다.

$$\lim_{n\to\infty} S_n = \lim_{n\to\infty}\left(1-\frac{1}{n+1}\right) = 1$$

즉, 이 무한급수는 수렴하고 그 합은 1이다.

무한급수가 수렴하면 무한급수의 연산에서 각각의 무한급수의 합이나, 각각의 수열을 먼저 더한 후 무한급수를 구하는 것이나 그 결과는 같다.

정리 12.8

무한급수 $\sum_{n=1}^{\infty} a_n$, $\sum_{n=1}^{\infty} b_n$이 수렴하면 다음 등식이 성립한다.

(1) $\sum_{n=1}^{\infty} ka_n = k\sum_{n=1}^{\infty} a_n$($k$는 상수)

(2) $\sum_{n=1}^{\infty} (a_n + b_n) = \sum_{n=1}^{\infty} a_n + \sum_{n=1}^{\infty} b_n$

정리 12.9

급수 $\sum_{n=1}^{\infty} a_n$이 수렴하면 $\lim_{n\to\infty} a_n = 0$이다.

증명 급수 $\sum_{n=1}^{\infty} a_n$이 S에 수렴한다고 하고 부분합을 $S_n = \sum_{k=1}^{n} a_k$이라 하자.

$a_n = S_n - S_{n-1}$이고 $\lim_{n\to\infty} S_n = S$이므로

$$\lim_{n\to\infty} a_n = \lim_{n\to\infty}(S_n - S_{n-1})$$
$$= \lim_{n\to\infty} S_n - \lim_{n\to\infty} S_{n-1} = S - S = 0$$

위 정리의 대우를 이용하면 급수 $\sum_{n=1}^{\infty} a_n$이 발산하는 경우를 쉽게 진

단할 수 있다. 즉,

$$\lim_{n\to\infty} a_n \neq 0\text{이면 이 급수 } \sum_{n=1}^{\infty} a_n\text{는 발산한다.}$$

예제 •13 (EXAMPLE) 다음 급수 $\sum_{n=1}^{\infty} a_n$가 수렴하는지 발산하는지 결정하여라.

(1) $a_n = n$　　　　(2) $a_n = \sqrt{n+1} - \sqrt{n}$

풀이

(1) $1+2+3+\cdots+n+\cdots = \sum_{n=1}^{\infty} n$에서 $\lim_{n\to\infty} n = \infty \neq 0$이므로 $\sum_{n=1}^{\infty} n$은 발산한다.

(2) $a_n = \sqrt{n+1} - \sqrt{n}$일 때, $\lim_{n\to\infty} a_n = 0$이지만

$S_n = \sqrt{n+1} - 1$이고,

$$\lim_{n\to\infty} S_n = \lim_{n\to\infty} (\sqrt{n+1} - 1) = \infty$$

이므로 $\sum_{n=1}^{\infty} a_n$은 발산한다.

참고

$\lim_{n\to\infty} (\sqrt{n+1} - \sqrt{n})$

$= \lim_{n\to\infty} \frac{(\sqrt{n+1}-\sqrt{n})(\sqrt{n+1}+\sqrt{n})}{\sqrt{n+1}+\sqrt{n}}$

$= \lim_{n\to\infty} \frac{1}{\sqrt{n+1}+\sqrt{n}}$

$= \lim_{n\to\infty} \frac{1/\sqrt{n}}{\sqrt{1+\frac{1}{n}}+\sqrt{1}}$

$= \lim_{n\to\infty} \frac{0}{2} = 0$

$a_1 = \sqrt{2} - 1$

$a_2 = \sqrt{3} - \sqrt{2}$

$a_3 = \sqrt{4} - \sqrt{3}$

$\vdots$

$a_n = \sqrt{n+1} - \sqrt{n}$

이므로

$S_n = \sqrt{n+1} - 1$

다음 예를 통하여 이 정리의 역은 성립하지 않음을 알 수 있다.

예제 •14 (EXAMPLE) $1 + \frac{1}{2} + \frac{1}{3} + \cdots + \frac{1}{n} + \cdots$은 발산함을 보여라.

풀이

$\lim_{n\to\infty} \frac{1}{n} = 0$이지만

$$1 + \frac{1}{2} + \frac{1}{3} + \cdots + \frac{1}{n} + \cdots$$
$$= 1 + \frac{1}{2} + \left(\frac{1}{3} + \frac{1}{4}\right) + \left(\frac{1}{5} + \frac{1}{6} + \frac{1}{7} + \frac{1}{8}\right)$$

$$+\left(\frac{1}{9}+\cdots+\frac{1}{16}\right)+\cdots$$

$$>1+\frac{1}{2}+\left(\frac{1}{4}+\frac{1}{4}\right)+\left(\frac{1}{8}+\frac{1}{8}+\frac{1}{8}+\frac{1}{8}\right)$$

$$+\left(\frac{1}{16}+\cdots+\frac{1}{16}\right)+\cdots$$

$$=1+\frac{1}{2}+\frac{1}{2}+\frac{1}{2}+\frac{1}{2}+\cdots\to\infty$$

이므로 주어진 급수는 발산한다.

예제 EXAMPLE •15 급수 $1+\frac{2}{3}+\frac{3}{5}+\cdots$은 발산함을 보여라.

풀이

이 급수의 일반항 a_n의 극한값은

$$\lim_{n\to\infty}a_n=\lim_{n\to\infty}\frac{n}{2n-1}=\frac{1}{2}\neq 0$$

이므로 정리에 의하여 발산한다.

12.3 무한등비급수

정의 12.10

다음과 같은 급수를 **기하급수**(geometric series) 또는 무한등비급수라고 한다.

$$a+ar+ar^2+\cdots+ar^{n-1}+\cdots = \sum_{n=1}^{\infty} ar^{n-1} \quad (a \neq 0)$$

여기서 a를 초항, r을 **공비**(ratio)라고 한다.

무한등비급수의 수렴, 발산

i) $a=0$일 때

$\sum_{n=1}^{\infty} ar^{n-1} = 0+0+0+\cdots+0+\cdots = 0$이므로 수렴한다.

ii) $a \neq 0$일 때

① $r=1$이면, $S_n = na = a+a+\cdots+a$

$$\therefore \lim_{n\to\infty} S_n = \lim_{n\to\infty} na = \begin{cases} +\infty & (a>0) \\ -\infty & (a<0) \end{cases}$$

이므로 발산한다.

② $r \neq 1$이라고 하자. 그러면

$$S_n = a+ar+ar^2+\cdots+ar^{n-1}$$
$$rS_n = ar+ar^2+ar^3+\cdots+ar^n$$

이고, 변끼리 빼면 $S_n - rS_n = a - ar^n$ 또는

$$S_n = \frac{a(1-r^n)}{1-r}, \quad r \neq 1$$

ⓐ $|r|>1$이면 $|r^n|$이 무한히 커지므로 기하급수는 발산하여 $\lim_{n\to\infty} r^n = \infty$이고, $\lim_{n\to\infty} S_n$은 발산한다.

참고

(1) $a=0$이면
$\sum_{n=1}^{\infty} ar^{n-1} = 0$

(2) $a \neq 0$이면
$\sum_{n=1}^{\infty} ar^{n-1} \begin{cases} \text{발산} & |r| \geq 1 \\ \text{수렴} & |r| < 1 \end{cases}$

ⓑ $|r| < 1$이면 $|r^n|$이 0에 가까워지므로 $\lim_{n\to\infty} r^n = 0$이 되어

$$\lim_{n\to\infty} S_n = \lim_{n\to\infty}\left(\frac{a}{1-r} - \frac{ar^n}{1-r}\right) = \frac{a}{1-r}$$ 이므로 수렴한다.

정리 12.11

$|r| \geq 1$이면 기하급수(무한등비급수)는 발산하고, $|r| < 1$이면 기하급수는 수렴하며 극한값은 다음과 같다.

$$\sum_{n=1}^{\infty} ar^{n-1} = \frac{a}{1-r}$$

예제 •16 (EXAMPLE) 다음 무한등비급수의 수렴, 발산을 조사하고, 수렴하면 그 합을 구하여라.

(1) $1 - \frac{1}{3} + \frac{1}{9} - \frac{1}{27} + \cdots$ (2) $1 + \sqrt{2} + 2 + 2\sqrt{2} + \cdots$

(3) $\sum_{n=1}^{\infty}\left(\frac{1}{2}\right)^{n-1}$ (4) $\sum_{n=1}^{\infty}\left(\frac{3}{2}\right)^{n-1}$

풀이

(1) 첫째항 $a = 1$, 공비가 $r = -\frac{1}{3}$, 즉 $|r| = \frac{1}{3} < 1$이므로, 이 무한등비급수는 수렴한다. 그 합은

$$s = \frac{a}{1-r} = \frac{1}{1-\left(-\frac{1}{3}\right)} = \frac{3}{4}$$ 이다.

(2) 첫째항이 $a = 1$, 공비가 $r = \sqrt{2} > 1$이므로 이 무한등비급수는 발산한다.

(3) 무한등비급수 $\sum_{n=1}^{\infty}\left(\frac{1}{2}\right)^{n-1}$은 $r = \frac{1}{2} < 1$이므로 수렴하고, 그 합은 $\frac{1}{1-\frac{1}{2}} = 2$이다.

(4) 무한등비급수 $\sum_{n=1}^{\infty}\left(\frac{3}{2}\right)^{n-1}$은 $r=\frac{3}{2}>1$이므로 발산한다.

예제 •17 EXAMPLE am 높이에서 공을 아래로 자유낙하하였다. 공은 처음 높이에 비하여 r만큼 뛰어오른다. 이 공이 멈출 때까지 총 높이의 합을 구하여라.

풀이

공은 처음 높이 am에 비하여 r의 비율만큼 뛰어오르므로 처음 오를 때는 ar, 그 다음은 다시 이 높이의 r의 비율만큼 뛰어오르므로 ar^2이 된다. 같은 방법으로 계산하면 이 공이 멈출 때까지 총 높이의 합과 그 그래프는 다음과 같다.

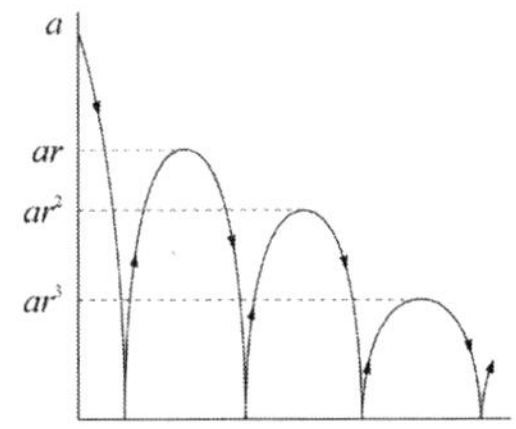

그림 12.4

$$a+ar+ar^2+\cdots+ar^{n-1}+\cdots=\sum_{n=1}^{\infty}ar^{n-1}$$

$r<1$이므로 총 높이는 $1-\frac{a}{r}$이다.

다음은 무한등비급수를 이용하여 순환소수를 분수로 고치는 방법을 생각하여보자.

예제 •18 EXAMPLE 다음 순환하는 무한소수를 분수로 바꾸어라.

(1) $0.393939\cdots$ (2) $0.5232323\cdots$

풀이

(1) $0.393939\cdots=0.39+0.0039+0.000039+\cdots$

첫째항이 0.39, 공비가 0.01인 무한등비급수이다.

그러므로

$$0.\dot{3}\dot{9}=\frac{0.39}{1-0.01}=\frac{39}{100-1}=\frac{39}{99}=\frac{13}{33}$$

(2) $0.5\dot{2}\dot{3}=0.5232323\cdots\cdots$

$$= 0.5 + 0.023 + 0.00023 + \cdots$$

두 번째 항부터 생각하면 첫째항이 0.023, 공비가 0.01 인 무한등비급수이다.

그러므로

$$0.5\dot{2}\dot{3} = 0.5 + \frac{0.023}{1-0.01} = \frac{5}{10} + \frac{0.023}{0.99}$$
$$= \frac{495+23}{990} = \frac{518}{990} = \frac{259}{495}$$

예제 •19 순환하는 무한소수 1.234 234 234⋯ 를 분수로 구하여라.

풀이

$$a_1 = 0.234 = \frac{234}{1000}$$

$$a_2 = \frac{234}{1000000} = \frac{234}{(1000)^2}$$

$$\vdots$$

$$a_n = \frac{234}{1000^n},\ r = 10^{-3}$$

$|r| < 1$이므로,

$$0.234234234 = \frac{\frac{234}{1000}}{1-\frac{1}{1000}} = \frac{234}{999}$$ 가 된다.

$$1.234234234 = 1 + \frac{234}{999} = \frac{1233}{999}$$ 이다.

또는

$$\begin{aligned} 1.234234234\cdots &= 1 + ar + ar^2 + ar^3 + \cdots \\ &= 1 + ar(1 + r + r^2 + \cdots) \\ &= 1 + \frac{ar}{1-r} = 1 + \frac{0.234}{0.999} = \frac{1233}{999} \end{aligned}$$

다시 한번 확인하기

1. 무한급수
   (1) 무한급수의 정의
   무한수열 a_1, a_2, ⋯, a_n, ⋯ 의 각 항을 '+'기호로 연결한 식
   즉 $a_1+a_2+\cdots+a_n+\cdots$을 무한급수 또는 간단히 급수라 하고 $\sum$을 써서 $\sum_{n=1}^{\infty}a_n$으로 나타낸다.
   즉, $a_1+a_2+\cdots+a_n+\cdots=\sum_{n=1}^{\infty}a_n$
   (2) 부분합
   무한수열 a_1, a_2, ⋯, a_n, ⋯ 의 첫째항부터 제n항까지의 합
   $S_n=a_1+a_2+\cdots+a_n$을 무한급수의 부분합이라 한다.
   (3) 무한급수를 구하는 방법
   첫째 : 부분합 S_n을 구한다.
   둘째 : $\lim_{n\to\infty}S_n$의 값을 구한다.
2. 무한급수의 수렴, 발산
   무한급수의 수렴, 발산은 부분합으로 결정한다. 즉, 부분합의 수열 S_1, S_2, ⋯, S_n, ⋯이 수렴하면 즉 $\lim_{n\to\infty}S_n=S$이면 무한급수는 S에 수렴한다고 하고 S를 무한급수의 합이라고 한다. 부분합 S_n이 발산하면 무한급수도 발산한다고 한다.
3. 무한등비급수의 합
   만약 $|r|<1$이면 무한등비급수 $\sum_{n=1}^{\infty}ar^{n-1}$의 합은 $S=\dfrac{a}{1-r}$이다.

chapter 12
무한수열의 극한과 무한급수

연습문제

1. 다음 극한값을 구하여라.

(1) $\lim_{n\to\infty}\frac{10}{n}$ (2) $\lim_{n\to\infty}\frac{7}{n^5}$

(3) $\lim_{n\to\infty}\frac{2n-1}{5n+1}$ (4) $\lim_{n\to\infty}\frac{3-5n}{4n+7}$

(5) $\lim_{n\to\infty}\frac{7n^2-1}{5+6n^2}$ (6) $\lim_{n\to\infty}\frac{n^2+2}{n^3+n+1}$

(7) $\lim_{n\to\infty}\frac{n^4}{n^3-n+5}$ (8) $\lim_{n\to\infty}\left(\frac{n-1}{n+1}+5\right)$

2. 다음 수열의 일반항 a_n을 구하여라.

(1) $\left\{\frac{1}{2},\ \frac{1}{4},\ \frac{1}{8},\ \frac{1}{16},\ \cdots\right\}$ (2) $\left\{\frac{1}{2},\ \frac{1}{4},\ \frac{1}{6},\ \frac{1}{8},\ \cdots\right\}$

(3) $\{1,\ 4,\ 7,\ 10,\ \cdots\}$ (4) $\left\{\frac{3}{16},\ \frac{4}{25},\ \frac{5}{36},\ \frac{6}{49},\ \cdots\right\}$

(5) $\left\{\frac{3}{2},\ -\frac{9}{4},\ \frac{27}{8},\ -\frac{81}{16},\ \cdots\right\}$

(6) $\{0,\ 2,\ 0,\ 2,\ 0,\ 2,\ \cdots\}$

(7) $1\times 2,\ 2\times 3,\ 3\times 4,\ \cdots$

3. 수렴, 발산을 판정하고, 수렴하는 것은 그 극한을 구하여라.

(1) $\lim_{n\to\infty}\frac{3n-1}{2n+1}$ (2) $\lim_{n\to\infty}\frac{\sqrt{n}}{2n-3}$

(3) $\lim_{n\to\infty}\frac{n}{n^2+1}$ (4) $\lim_{n\to\infty}\frac{1-n^2}{1+n^2}$

(5) $\lim_{n\to\infty}\frac{(2n-1)^2}{3n^2-n+7}$ (6) $\lim_{n\to\infty}\frac{2n^2+3n+1}{(2n+3)^2}$

(7) $\lim_{n\to\infty}\frac{n}{\sqrt{4n^2+9}}$ (8) $\lim_{n\to\infty}\frac{n^2}{\sqrt{9n^2+4}}$

(9) $\lim_{n\to\infty}(-1)^n$ (10) $\lim_{n\to\infty}\frac{1+(-1)^n}{2}$

(11) $\lim_{n\to\infty} \frac{\sin\pi}{n}$

(12) $\lim_{n\to\infty} \frac{\cos\pi}{n}$

(13) $\lim_{n\to\infty} n\cos n\pi$

(14) $\lim_{n\to\infty} \frac{\cos n\pi}{n}$

(15) $\lim_{n\to\infty} \frac{3n+5}{2n-1}$

(16) $\lim_{n\to\infty} \frac{\sqrt{9n^2-4n+16}}{2n}$

(17) $\lim_{n\to\infty} \frac{6n^2+n-3}{2n^2-3n+4}$

(18) $\lim_{n\to\infty} \frac{(-1)^n n}{2n+1}$

(19) $\lim_{n\to\infty} \frac{\sin n\pi}{n}$

(20) $\lim_{n\to\infty} \frac{n^2}{n+2}$

(21) $\lim_{n\to\infty} (\sqrt{n+2}-\sqrt{n})$

(22) $\lim_{n\to\infty} (\sqrt{n^2-2n}-n)$

(23) $\lim_{n\to\infty} \frac{1}{\sqrt{n^2+2n}-n}$

4. $\lim_{n\to\infty} \frac{\sin n\pi}{\sqrt{n}}$의 극한을 구하여라.

5. 다음 합을 구하여라.

(1) $\sum_{n=5}^{10} n$

(2) $\sum_{n=1}^{6} 5$

(3) $\sum_{n=1}^{5} n^2$

(4) $\sum_{n=3}^{5} \frac{1}{n}$

6. 다음 합을 $\sum$ 기호를 사용하여 나타내어라.

(1) $\sqrt{2}+\sqrt{3}+\sqrt{4}+\cdots+\sqrt{55}$

(2) $1+\frac{1}{2}+\frac{1}{3}+\cdots+\frac{1}{50}$

7. 다음 급수의 수렴, 발산을 조사하여라.

(1) $\sum_{n=0}^{\infty} \frac{3n}{5n-1}$

(2) $\sum_{n=1}^{\infty} (-1)^{n-1}$

(3) $\sum_{n=1}^{\infty} \frac{1}{n}$

(4) $\sum_{n=0}^{\infty} \frac{n}{2n-1}$

(5) $\displaystyle\sum_{n=1}^{\infty}\frac{1}{7}\left(\frac{3}{2}\right)^{n-1}$　　(6) $\displaystyle\sum_{n=0}^{\infty}\frac{2n-1}{6n+5}$

8. 다음 순환하는 무한소수를 분수로 바꾸어라.

(1) $0.565656\cdots$　　(2) $1.2\dot{3}\dot{4}$

(3) $0.7777\cdots$　　(4) $1.\dot{3}\dot{4}$

9. 다음 무한 등비급수의 수렴, 발산을 조사하고, 수렴하면 그 합을 구하여라.

(1) $1-\frac{1}{2}+\frac{1}{4}-\frac{1}{8}+\cdots+\left(-\frac{1}{2}\right)^{n-1}+\cdots$

(2) $1+0.99+(0.99)^2+\cdots+(0.99)^{n-1}+\cdots$

(3) $3+3\cdot 2+3\cdot 2^2+\cdots+3\cdot 2^{n-1}+\cdots$

(4) $\sqrt{2}-1+\frac{1}{\sqrt{2}}-\frac{1}{2}+\cdots\cdots$

(5) $2+\frac{2}{5}+\frac{2}{25}+\frac{2}{125}+\cdots+\frac{2}{5^n}+\cdots$

(6) $1+\frac{1}{3}+\frac{1}{9}+\frac{1}{27}+\cdots$

(7) $3-\frac{3}{2}+\frac{3}{4}-\frac{3}{8}+\cdots$

CHAPTER 13

대학기초수학

극좌표

극좌표, 정점(극점), 극좌표축(극축), 사이각(편각), 극좌표계, 극방정식, 극좌표와 직교좌표의 변환, 극방정식과 직교좌표계의 방정식의 변환

이 장에서 배울 기본개념

13.1 극좌표

평면 위의 점을 나타내기 위하여 지금까지 사용한 직교좌표계는 점의 위치를 표현하는 여러 좌표계 중 하나의 방법으로 원점을 중심으로 서로 직교하는 두 축의 거리에 의하여 결정된 성분을 순서쌍으로 하여 점의 좌표를 나타내었다. 그러나 원점을 지나는 한 고정된 선으로부터의 방향과 고정된 점으로부터의 거리로 위치를 나타내는 것이 때때로 더 편리할 때가 있다. 이런 방법으로 점을 나타내는 좌표계를 **극좌표**(polar coordinates)라 한다. 또한 이러한 좌표계에서 고정된 점 O는 **극점**(pole, **원점**, 정점)이라 하고, 점 O를 시작점으로 하는 반직선 OA를 **극좌표축**(polar axis, **극축**)이라 한다.

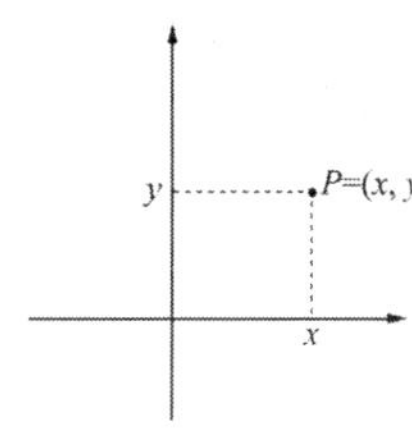

그림 13.1 직교좌표의 구성

점 P의 극좌표는 (r, θ)로 나타낸다. r은 O에서 P까지의 거리이고, θ는 $\overline{OP}$와 좌표축의 **사이각**(argument, **편각**) $\angle AOP$이다. 이와 같이 거리와 각으로 이루어진 좌표계를 **극좌표계**(polar coordinate system)라 하며, 거리와 각의 순서쌍 (r, θ)로 나타내는 좌표를 **극좌표**(polar coordinate)라 한다.

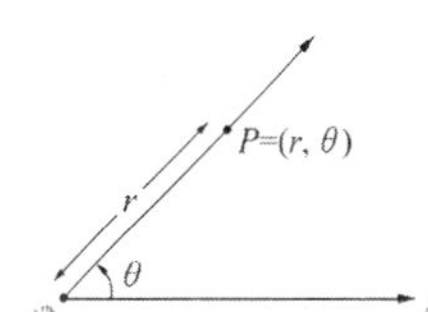

그림 13.2 극좌표의 구성

극좌표계에서는 원이나 타원, 장미잎 모양 등을 직교좌표계보다 훨씬 간단한 방정식으로 표현할 수 있다.

정의 13.1 극좌표

$P(r, \theta)$에서 r은 선분 $\overline{OP}$의 거리, θ는 선분 $\overline{OP}$와 좌표축과의 사이각이다.

사이각 θ는 시계반대방향으로 측정한 경우 양수로 하며 시계방향으로 측정한 경우는 음수로 한다.

예제 •1 EXAMPLE 다음 극좌표로 표시된 점을 그려보아라.

(1) $\left(3,\ \dfrac{5\pi}{3}\right)$ (2) $\left(2,\ -\dfrac{\pi}{4}\right)$

(3) $(1,\ 0)$

풀이

(1) $\left(3,\ \dfrac{5\pi}{3}\right)$

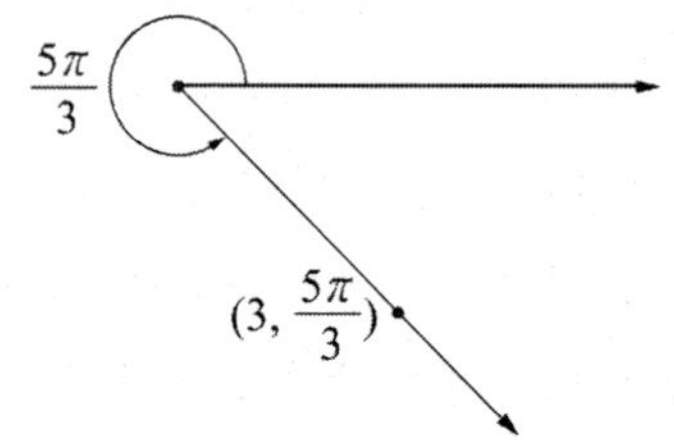

(2) $\left(2,\ -\dfrac{\pi}{4}\right)$

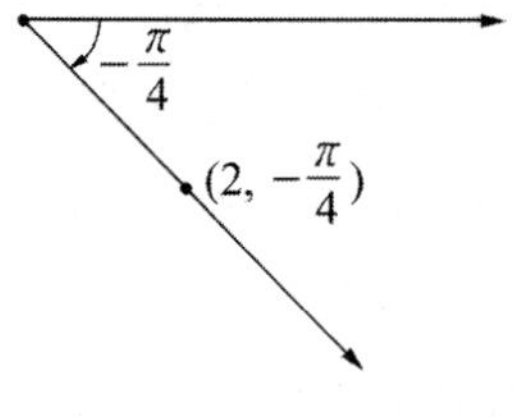

(3) $(1,\ 0)$

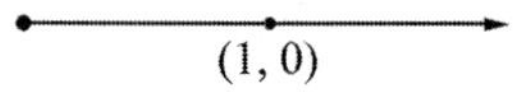

편각(사이각)의 다양한 표현법

극좌표에서 θ에 2π의 배수를 더하거나 뺀 각은 같은 각을 나타내므로 주어진 점의 편각은 유일하지 않다. 그러므로 직교좌표와는 달리 극좌표의 한 점은 많은 좌표로 나타낼 수 있다. 예를 들면 점 $\left(2,\ \dfrac{\pi}{4}\right)$

은 $\left(2,\ \frac{9\pi}{4}\right)$로도 표현될 수 있고

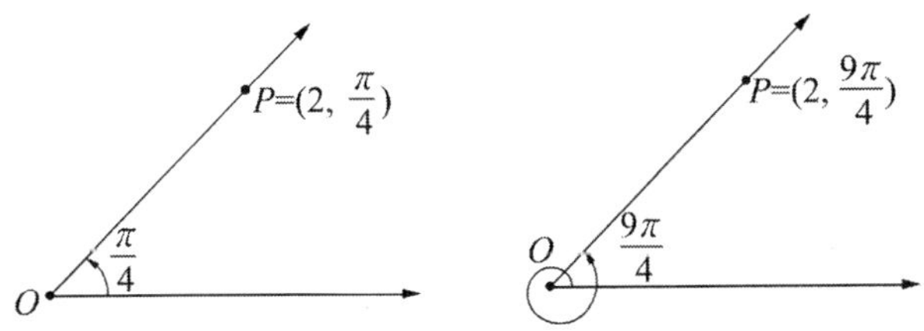

점 $\left(3,\ \frac{\pi}{4}\right)$도 옆과 같이 다양하게 표현될 수 있다.

$$P\left(3,\ \frac{\pi}{4}\right)=P\left(3,\ -\frac{7\pi}{4}\right)=P\left(3,\ \frac{9\pi}{4}\right)$$

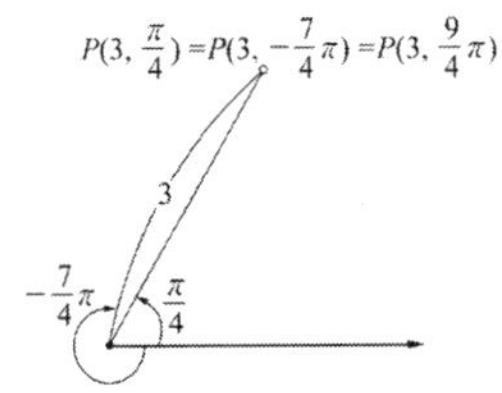

그림 13.3 다양한 편각

음의 길이

점 O로부터 점 P까지의 거리 r은 양수(positive number)이다. 거리 r이 음수인 경우는 선분 $\overline{OP}$를 직선으로 연장한 상태로 보아 반대 방향으로 $|r|$의 위치를 나타낸다. 예를 들면 점 $\left(-2,\ \frac{\pi}{4}\right)$는 점 $\left(2,\ \frac{\pi}{4}\right)$와 극점 O를 지나 연장되는 직선 위에 점 $\left(2,\ \frac{\pi}{4}\right)$에 원점을 중심으로 대칭되는 반대방향에 있다. 따라서 점 $(r,\ \theta)$와 점 $(-r,\ \pi+\theta)$는 같은 점을 나타낸다.

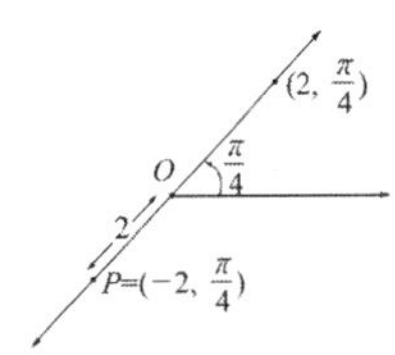

그림 13.4 음의 길이

직교좌표계에서는 평면 위의 한 점은 오직 한 개의 좌표에 대응하고 좌표 하나에 평면 위의 오직 한 점이 대응하지만 위의 그림에서 보듯이 극좌표계에서는 평면 위의 한 점은 여러 개의 좌표에 대응할 수 있다.

정의 13.2 동일한 극좌표

$$P(r,\ \theta)=P(r,\ \theta\pm 2n\pi)=P(-r,\ (\theta+\pi)\pm 2n\pi),\ \ n=0,\ 1,\ 2,\ \cdots$$

예제 •2 극좌표 $P(3,\ 30°)$와 같은 점의 위치를 갖는 극좌표를 구해보자.

풀이

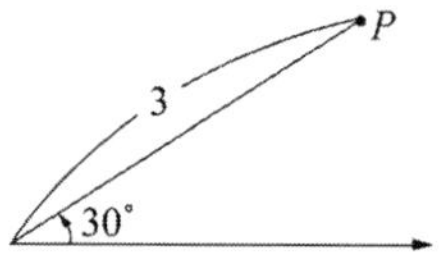

그림 13.5 극좌표 $P(3,\ 30°)$

$30°$는 $30° \pm n \cdot 360°,\ n = 1,\ 2,\ \cdots$와 같은 방향을 나타내므로

$$\cdots,\ P(3,\ -330°),\ P(3,\ 390°),\ P(3,\ 750°),\ \cdots$$

$30°$는 $-150° \pm n \cdot 360°,\ n = 1,\ 2,\ \cdots$와 반대 방향이므로

$$\cdots, P(-3, -150°), P(-3, 210°), P(-3, 570°), \cdots$$

직교좌표계와 극좌표계

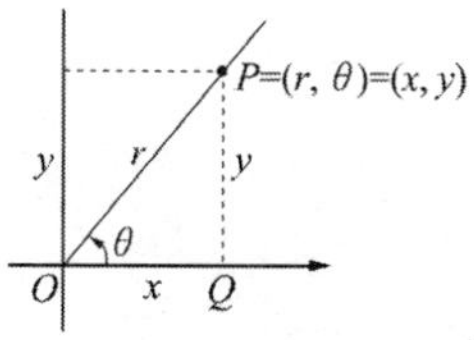

그림 13.6 직교좌표와 극좌표의 관계

평면 위의 점은 직교좌표와 극좌표로 함께 표현할 수 있으므로 직교좌표계와 극좌표계의 관계를 살펴보자. 직교좌표계의 원점 $(0,\ 0)$와 극좌표계의 극점 O을 일치시키고 직교좌표계의 양의 x축과 극좌표계의 극축을 일치시키자.

그림과 같이 점 P의 **직교좌표**를 $(x,\ y)$, **극좌표**를 $(r,\ \theta)$라 하자. 즉, r은 선분 $\overline{OP}$의 길이, θ는 x축과 선분 $\overline{OP}$와의 편각이다. 그러면

$\cos\theta = \dfrac{x}{r},\ \sin\theta = \dfrac{y}{r}$가 되어

$$x = r\cos\theta,\ \ y = r\sin\theta$$

가 된다. 따라서 다음 관계가 성립된다.

참고

$x = r\cos\theta$
$y = r\sin\theta$
$r = \sqrt{x^2 + y^2}$
$\theta = \tan^{-1}\dfrac{y}{x}$

정의 13.3 극좌표 $P(r,\ \theta)$와 $P(x,\ y)$의 관계

$x = r\cos\theta,\ y = r\sin\theta$

$$x^2 + y^2 = r^2,\ \frac{y}{x} = \tan\theta$$

예제 •3 직교좌표가 $(-3,\ \sqrt{3})$인 점 P의 극좌표를 구하여라.

풀이

점 P의 극좌표를 $(r,\ \theta)$라 하면, $x=-3$, $y=\sqrt{3}$가 주어졌으므로 $r=\sqrt{(-3)^2+(\sqrt{3})^2}=2\sqrt{3}$이고

$\tan\theta=\dfrac{\sqrt{3}}{-3}=-\dfrac{1}{\sqrt{3}}$이다.

점 P가 제2사분면에 놓여 있으므로 $\theta=\dfrac{5}{6}\pi$가 된다. 따라서 $P\left(2\sqrt{3},\ \dfrac{5}{6}\pi\right)$이다.

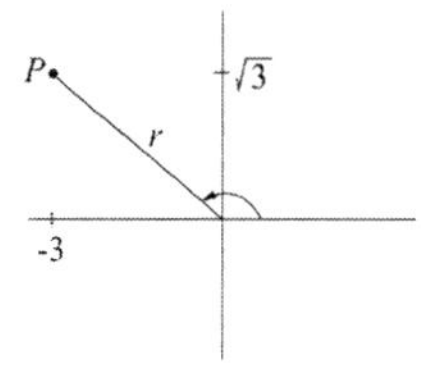

그림 13.7 $(-3,\ \sqrt{3})$인 점

예제 •4 극좌표가 $\left(2,\ -\dfrac{\pi}{3}\right)$인 점 P의 직교좌표를 구하여라.

풀이

점 P의 극좌표를 $(x,\ y)$라 하면 $r=2$, $\theta=-\dfrac{\pi}{3}$가 주어졌으므로

$$x=r\cos\theta=2\cos\left(-\frac{\pi}{3}\right)=1$$

$$y=r\sin\theta=2\sin\left(-\frac{\pi}{3}\right)=-\sqrt{3}$$

이다. 따라서 $P(1,\ -\sqrt{3})$이다.

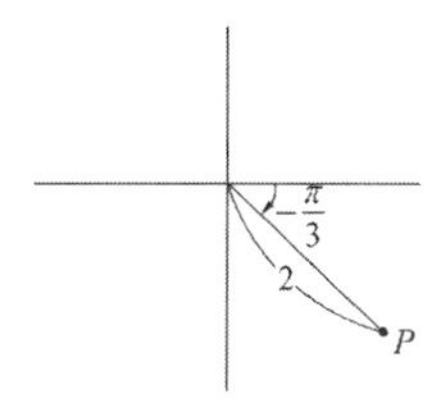

그림 13.8 $\left(2,\ -\dfrac{\pi}{3}\right)$인 점

13.2 평면에서의 극방정식

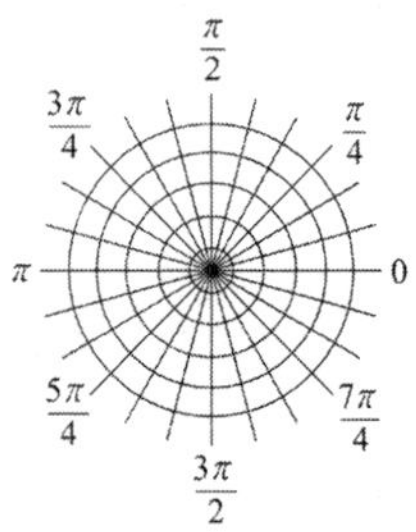

그림 13.9

평면에서 극좌표의 변수 r과 θ 사이의 방정식 $f(r,\ \theta)=0$를 **극방정식**(polar equation)이라 하며, 이 방정식을 만족하는 점들의 자취를 **극좌표 그래프**라 한다. 극 좌표계에서 좌표는 거리를 나타내는 r과 편각을 나타내는 θ뿐이다. 따라서 방정식 $r=a$는 θ에 관하여 상수함수이므로 방정식 $r=a$는 모든 θ에 대하여 원점에서의 거리가 항상 a임을 뜻한다. 즉, 방정식 $r=a$는 그림과 같이 원점을 중심으로 반지름이 a인 원이 된다. $r=-a$ 역시 $r=a$와 같은 원을 나타낸다.

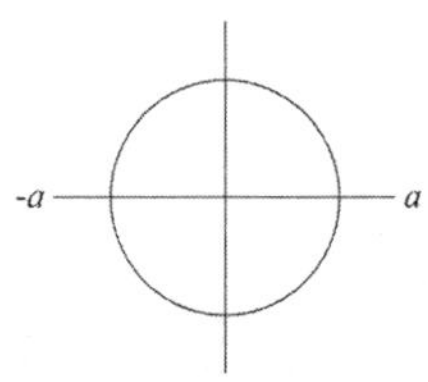

그림 13.10 $r=a$ **의 그래프**

> 중심이 원점이고 반지름이 $|a|$인 원 $r=a$

극 방정식 $\theta=\alpha$는 r에 관하여 상수함수이므로 r이 양수이든 음수이든 관계없이 극좌표축과의 편각이 항상 α임을 뜻하므로 이 방정식은 그림과 같이 원점을 지나고 극좌표축과의 각도가 α(또는 $\alpha\pm\pi$)인 직선, 즉 기울기가 $\tan\alpha$인 직선이 된다.

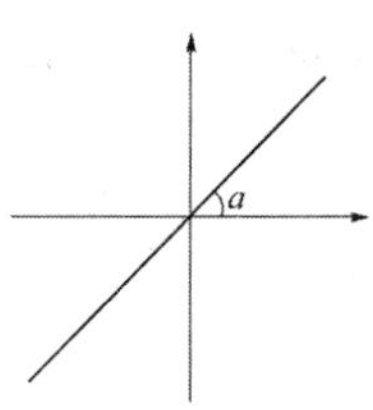

그림 13.11 $\theta=\alpha$ **의 그래프**

> 원점을 지나고 기울기가 $\tan\alpha$인 직선 $\theta=\alpha$

$r=3$과 $\theta=\dfrac{\pi}{4}$의 그래프는 다음과 같다.

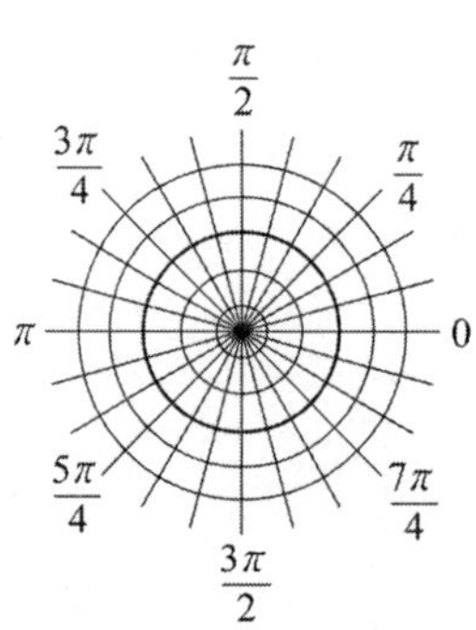

그림 $r=3$

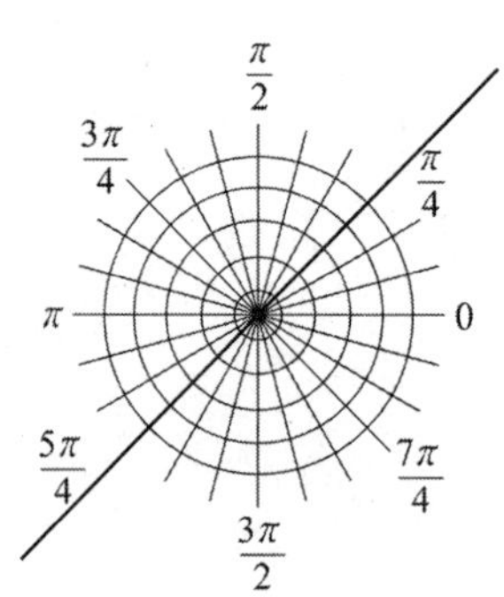

그림 $\theta=\dfrac{\pi}{4}$

예제 •5 방정식 $r=2$와 $\theta=\frac{\pi}{3}$의 그래프를 그리고 교점을 구하여라.

풀이

$r=2$는 원점을 중심으로 하는 반지름이 2인 원이고 $\theta=\frac{\pi}{3}$는 원점을 지나는 직선으로 기울기가 $\tan\frac{\pi}{3}=\sqrt{3}$으로 그래프는 오른쪽 그림과 같다. 따라서 교점은 $\left(2,\ \frac{\pi}{3}\right)$, $\left(2,\ \frac{4\pi}{3}\right)$이다.

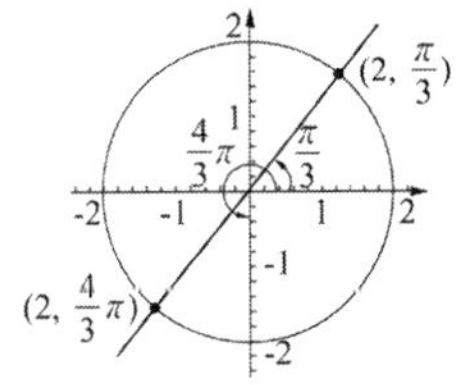

그림 13.12 $r=2$와 $\theta=\frac{\pi}{3}$의 그래프

극좌표와 직교좌표계의 관계를 이용하면 극방정식을 직교좌표계의 방정식으로 직교좌표계의 방정식을 극방정식으로 변환할 수 있다.

예제 •6 다음 극방정식을 직교좌표계의 방정식으로 구하여라.

(1) $r\cos\theta=2$ (2) $r=a\cos\theta$

(3) $r^2=a^2\cos 2\theta$ (4) $r^2=a^2\sin 2\theta$

(5) $r=5$ (6) $\theta=\frac{\pi}{3}$

참고

$\cos 2\theta=\cos^2\theta-\sin^2\theta$
$\sin 2\theta=2\sin\theta\cos\theta$
$x=r\cos\theta$
$y=r\sin\theta$
$x^2+y^2=r^2$
$\tan\theta=\frac{y}{x}$

풀이

(1) 직교좌표의 $x=r\cos\theta$이므로 $x=2$가 된다.

(2) 양변에 r을 곱하면 $r^2=ar\cos\theta$이므로 $x^2+y^2=ax$가 된다.

(3) 양변에 r^2을 곱하면

$$r^4=a^2r^2\cos 2\theta=a^2r^2(\cos^2\theta-\sin^2\theta)$$
$$=a^2(r^2\cos^2\theta-r^2\sin^2\theta)$$
$$r^4=(r^2)^2=(x^2+y^2)^2=a^2(x^2-y^2)$$

따라서 $(x^2+y^2)^2=a^2(x^2-y^2)$이다.

(4) $r^2=a^2\sin 2\theta$의 양변에 r^2을 곱하면

$$r^4=2a^2r^2\sin\theta\cos\theta$$
$$=2a^2r\sin\theta\, r\cos\theta$$

이므로

$$(x^2+y^2)^2 = 2a^2xy$$

이다.

(5) $r = \sqrt{x^2+y^2} = 5$이므로 $x^2+y^2 = 25$이다.

(6) $\tan\theta = \tan\frac{\pi}{3} = \sqrt{3} = \frac{y}{x}$이므로 $y = \sqrt{3}\,x$이다.

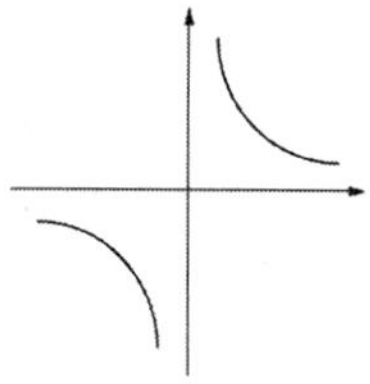

그림 13.13 $xy=1$

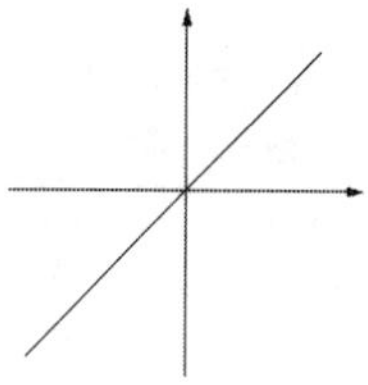

그림 13.14 $y=x$

예제 •7 (EXAMPLE) 다음 직교좌표계의 방정식을 극방정식으로 구하여라.

(1) $xy = 1$

(2) $y = x$

(3) $x^2+y^2-2ax = 0$

풀이

$x = r\cos\theta$, $y = r\sin\theta$을 각각 대입하면

(1) $r^2\cos\theta\sin\theta = 1$

(2) $r\sin\theta = r\cos\theta$, $\tan\theta = 1$이므로 $\theta = \frac{\pi}{4}$이다.

(3) $r^2\cos^2\theta + r^2\sin^2\theta - 2ar\cos\theta = 0$, $\sin^2\theta + \cos^2\theta = 1$ 이므로 $r^2 - 2ar\cos\theta = 0$이 되어 $r = 2a\cos\theta$이다.

예제 •8 (EXAMPLE) 타원 $9x^2+4y^2 = 36$의 극방정식을 구하여라.

풀이

$x = r\cos\theta$, $y = r\sin\theta$를 이용하여 대입하면, 구하고자 하는 방정식은 $9r^2\cos^2\theta + 4r^2\sin^2\theta = 36$ 혹은 $r^2(4+5\cos^2\theta) = 36$이다.

원의 방정식과 직선의 방정식을 이용하여 부등식의 영역을 나타내 보자.

예제 •9 (EXAMPLE) 부등식 $1 \leq r \leq 2$와 $\frac{\pi}{6} \leq \theta \leq \frac{\pi}{3}$의 영역을 나타내는 그래프를 각각 그려보고 동시에 만족하는 그래프의 영역을 나타내보자.

풀이

부등식 $1 \leq r \leq 2$는 반지름이 1인 원보다 같거나 크고 반지름이 2인 원보다 같거나 작은 영역을 뜻하며, 부등식 $\frac{\pi}{6} \leq \theta \leq \frac{\pi}{3}$은 원점을 지나고 극좌표축과의 사이각이 $\frac{\pi}{6}$인 직선과 사이각이 $\frac{\pi}{3}$인 직선의 사이에 있는 영역을 뜻한다. 두 영역의 그래프와 공통된 부분의 그래프는 다음과 같다.

$1 \leq r \leq 2$

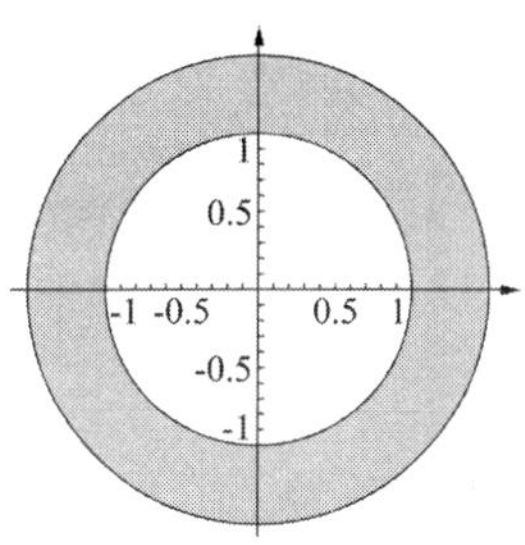

$\frac{\pi}{6} \leq \theta \leq \frac{\pi}{3}$

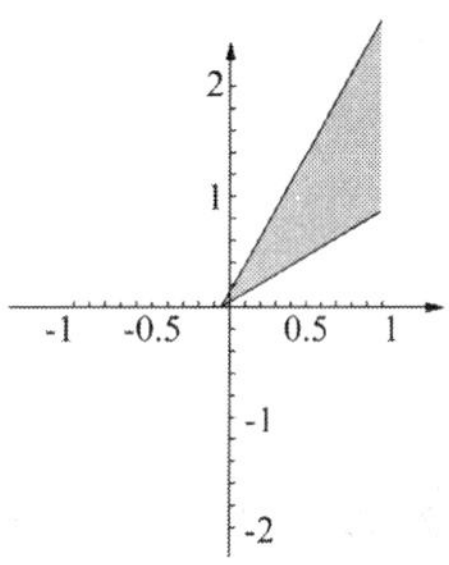

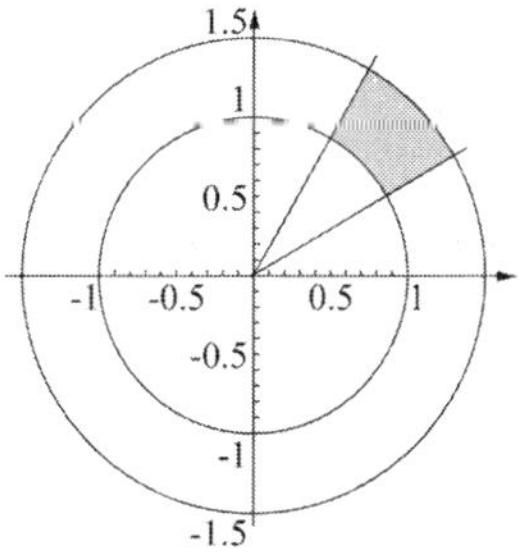

동시에 만족하는 부분

예제 •10 (EXAMPLE) $r\cos\theta = -2$와 $r\sin\theta = 4$의 그래프를 그려보아라.

풀이

$r\cos\theta = x = -2$이고 $r\sin\theta = y = 4$이므로

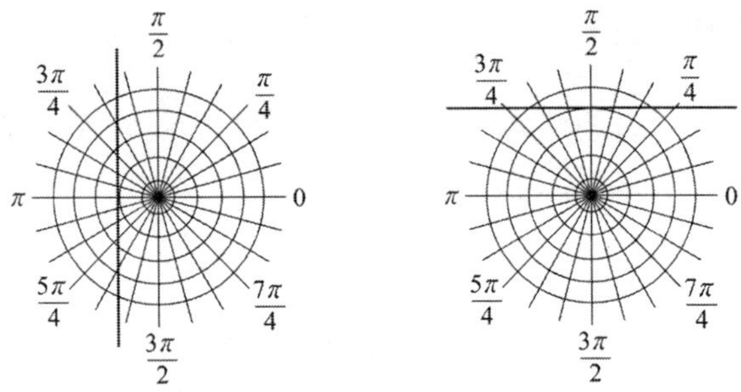

$r\cos\theta = -2$　　　　$r\sin\theta = y = 4$

다음 그림에서 보듯이 그래프의 대칭성은 다음과 같이 나타낼 수 있다.

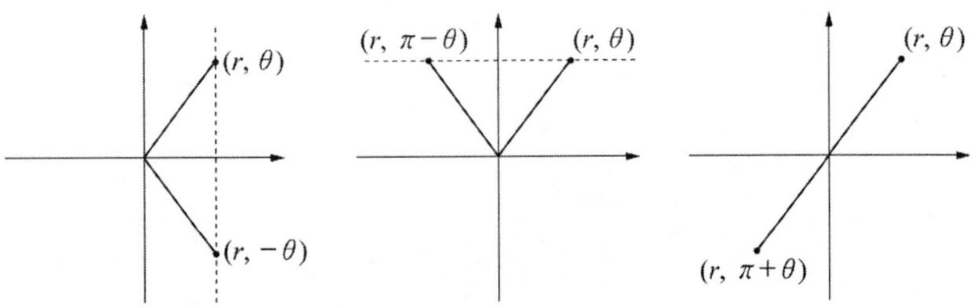

정리 13.4 극방정식의 대칭성 : $r = f(\theta)$일 때

1. 극좌표축(x축)에 관하여 대칭 :

$$f(\theta) = f(-\theta)$$

2. 직선 $\theta = \frac{\pi}{2}$ (y축)에 관하여 대칭 :

$$f(\theta) = f(\pi - \theta)$$

3. 극점(원점)에 관하여 대칭 :

$$f(\theta) = f(\pi + \theta)$$

예제 EXAMPLE •11 심장형(Cardioid) 곡선 $r = 1 - \cos\theta$의 그래프를 그려보아라.

풀이

$(r,\ \theta)$가 $r = 1 - \cos\theta$를 만족하면, $\cos(-\theta) = \cos\theta$이므로 $r = 1 - \cos(-\theta)$도 성립한다. 즉, $(r,\ -\theta)$도 만족한다. 따라서 이 그래프는 극좌표축(x축)에 관하여 대칭이다. $(r,\ \theta)$는 다음을 만족하므로

θ	0	$\frac{\pi}{3}$	$\frac{\pi}{2}$	$\frac{2\pi}{3}$	π
r	0	0.5	1	1.5	2

그래프는 오른쪽 그림과 같다.

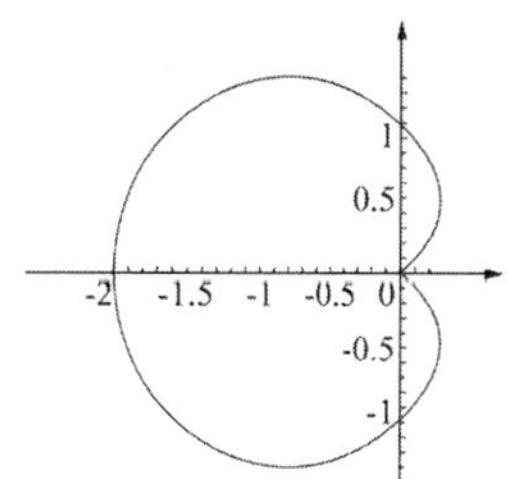

그림 13.15

EXAMPLE 예제 •12 사엽장미(four-leaved rozse) 곡선 $r = 4\cos 2\theta$의 개형을 그려보아라.

풀이

$\cos 2\theta = \cos 2(-\theta)$, $\cos 2\theta = \cos 2(\pi - \theta)$이므로 주어진 곡선은 극좌표축($x$축)과 직선 $\theta = \frac{\pi}{2}$(y축)에 대하여 대칭이고 필요한 곡선 위의 점을 찾으면 다음과 같다.

θ	0	$\frac{\pi}{12}$	$\frac{\pi}{8}$	$\frac{\pi}{6}$	$\frac{\pi}{4}$	$\frac{\pi}{3}$	$\frac{3}{8}\pi$	$\frac{5\pi}{12}$	$\frac{\pi}{2}$
r	4	$2\sqrt{3}$	$2\sqrt{2}$	2	0	-2	$-2\sqrt{\ }$	$-2\sqrt{\ }$.	-4

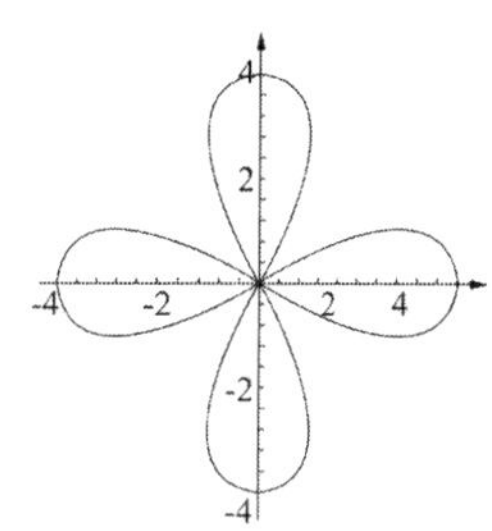

그림 13.16

EXAMPLE 예제 •13 삼엽장미(three-leaved rose) 곡선 $r = 10\sin 3\theta$의 그래프를 그려보아라.

풀이

$\sin 3(\pi - \theta) = \sin(3\pi - 3\theta) = \sin(\pi - 3\theta) = \sin 3\theta$이므로 곡선은 $\theta = \frac{\pi}{2}$(y축)에 대하여 대칭이다.

$3\theta = 0°$, $180°$ 혹은 $180°$의 몇 배, 즉 $\theta = 0°$, $60°$, $120°$ $\cdots$일 때, r은 0이 되고, $3\theta = 90°$, $270°$ 혹은 $90°$의 기수배, 즉 $\theta = 30°$, $90°$, $150° \cdots$일 때 r은 가장 큰 값을 가진다.

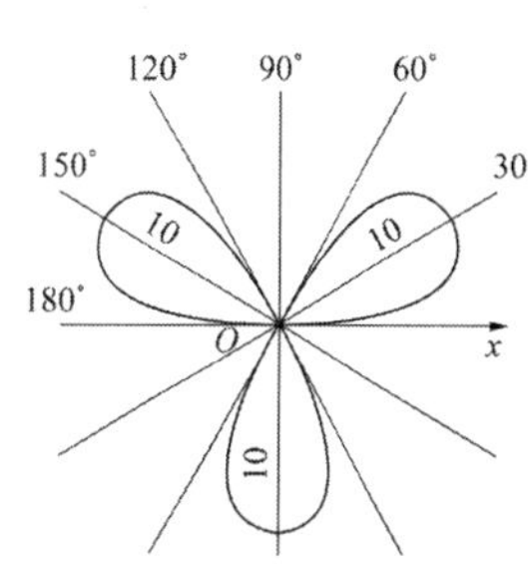

그림 13.17

θ	$-\frac{\pi}{2}$	$-\frac{4}{9}\pi$	$-\frac{5}{12}\pi$	$-\frac{\pi}{3}$	$-\frac{\pi}{4}$	$-\frac{2}{9}\pi$	$-\frac{\pi}{6}$
r	10	$5\sqrt{3}$	$5\sqrt{2}$	0	$-5\sqrt{2}$	$-5\sqrt{3}$	-10

θ	$-\frac{\pi}{9}$	$-\frac{\pi}{12}$	$-\frac{\pi}{18}$	0	$\frac{\pi}{18}$	$\frac{\pi}{12}$	$\frac{\pi}{9}$
r	$-5\sqrt{3}$	$-5\sqrt{2}$	-5	0	5	$5\sqrt{2}$	$5\sqrt{3}$

θ	$\frac{\pi}{6}$	$\frac{2}{9}\pi$	$\frac{\pi}{4}$	$\frac{\pi}{3}$	$\frac{7}{18}\pi$	$\frac{5}{12}\pi$	$\frac{4}{9}\pi$	$\frac{\pi}{2}$
r	10	$5\sqrt{3}$	$5\sqrt{2}$	0	-5	$-5\sqrt{2}$	$-5\sqrt{3}$	-10

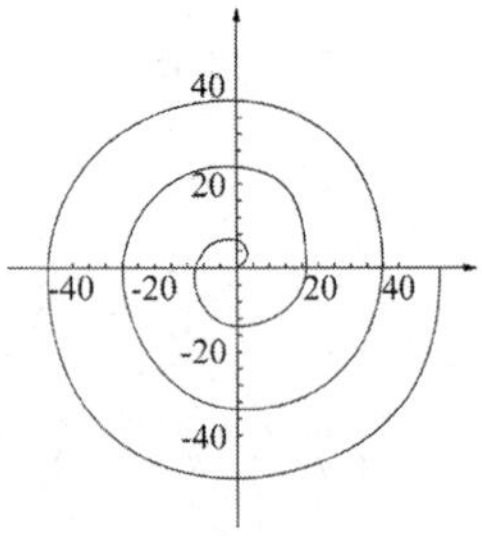

그림 13.18

예제 •14 Archimedes의 나선(spiral of archimedes) $r=3\theta,\ \theta \geq 0$의 개형을 그려보아라.

풀이

θ가 커짐에 따라 r도 함께 커지므로 그래프는 옆과 같다.

예제 •15 심장형 곡선 $r=1+\cos\theta$의 그래프를 그려보아라.

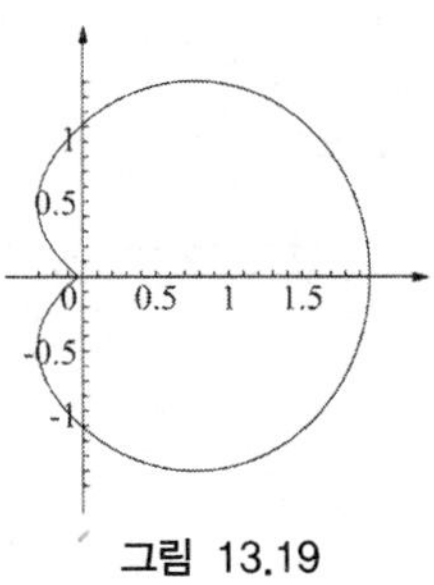

그림 13.19

풀이

이 곡선은 좌표축 위의 점을 지나고, $\theta=\pi$일 때 $r=0$이므로 원점을 지난다. $\cos\theta=\cos(-\theta)$이므로 곡선은 극좌표축에 대하여 대칭이다. θ의 값을 0에서 π까지로 하여 곡선 위의 점을 찾아 그리면 다음과 같다. 이 그래프는 위의 예제의 그래프와 방향이 반대이다.

θ	0	$\frac{\pi}{6}$	$\frac{\pi}{4}$	$\frac{\pi}{3}$	$\frac{\pi}{2}$	$\frac{2}{3}\pi$	$\frac{3}{4}\pi$	$\frac{5}{6}\pi$	π
r	2	$1+\frac{\sqrt{3}}{2}$	$1+\frac{\sqrt{2}}{2}$	$\frac{3}{2}$	1	$\frac{1}{2}$	$1-\frac{\sqrt{2}}{2}$	$1-\frac{\sqrt{3}}{2}$	0

다시 한번 확인하기

1. 극좌표 $P(r,\ \theta)$: r은 선분 $\overline{OP}$의 거리, θ는 선분 $\overline{OP}$와 좌표축과의 사이각
2. 극좌표 $P(r,\ \theta)$와 직교좌표 $P(x,\ y)$의 관계

$$x = r\cos\theta,\ \ y = r\sin\theta$$

$$x^2 + y^2 = r^2,\ \ \frac{y}{x} = \tan\theta$$

3. 중심이 원점이고 반지름이 $|a|$인 원 $r = a$
4. 원점을 지나고 기울기가 $\tan\alpha$인 직선 $\theta = \alpha$
5. 극 방정식이 $r = a\cos n\theta$, $r = a\sin n\theta$일 때는
   n이 홀수일 때는 n개의 잎을 가진 장미잎이고
   n이 짝수일 때는 $2n$개의 잎을 가진 장미잎의 그래프가 된다.

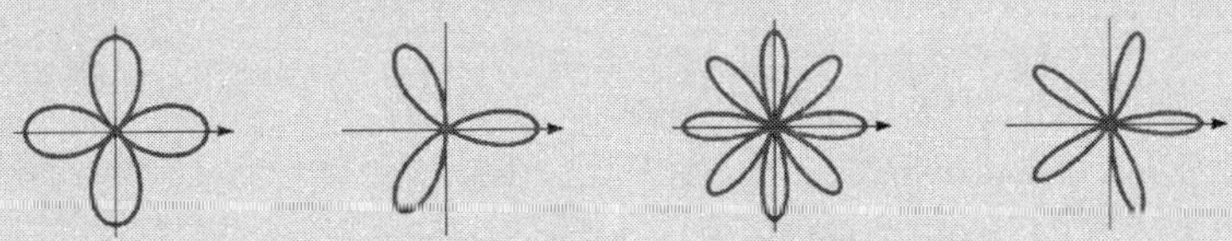

$r = a\cos 2\theta$ $r = a\cos 3\theta$ $r = a\cos 4\theta$ $r = a\cos 5\theta$

6. 극 방정식이 $r = a \pm \cos\theta$, $r = a \pm \sin\theta$ $(a>0,\ b>0)$일 때는 다음의 그래프가 된다.

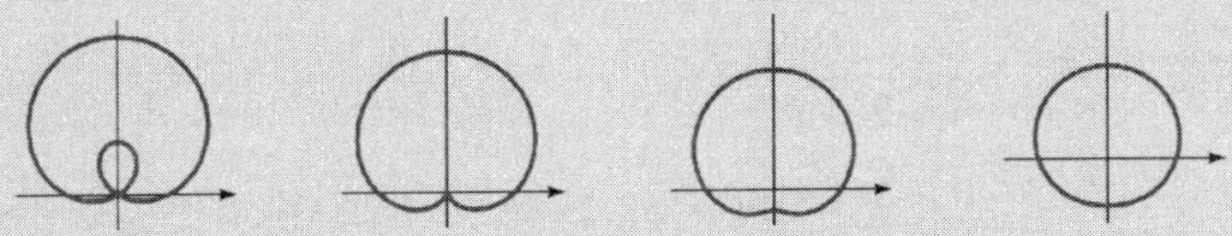

$a < b$ $a = b$ $a > b$ $a \geq 2b$

7. 극 방정식이 $r = a$, $r = a\sin\theta$, $r = a\cos\theta$일 때는 원의 그래프가 된다.

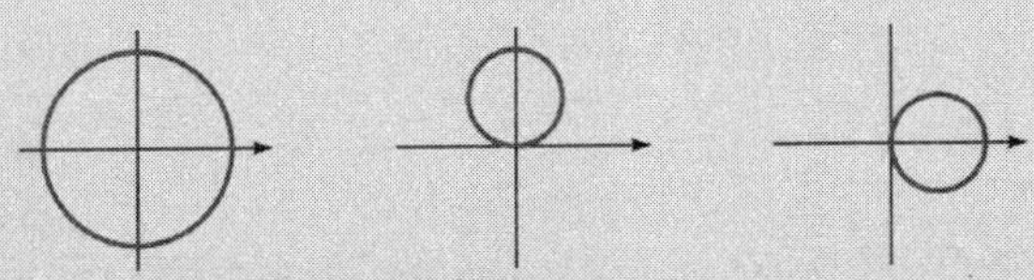

$r = a$ $r = a\sin\theta$ $r = a\cos\theta$

chapter 13 극좌표

연습문제

1. 다음 중 어떤 극좌표가 같은 점을 나타내는가?

(1) $(3,\ 0)$ (2) $(-3,\ 0)$

(3) $\left(2,\ \dfrac{2\pi}{3}\right)$ (4) $\left(2,\ \dfrac{7\pi}{3}\right)$

(5) $(-3,\ \pi)$ (6) $\left(2,\ \dfrac{\pi}{3}\right)$

(7) $(-3,\ 2\pi)$ (8) $\left(-2,\ -\dfrac{\pi}{3}\right)$

2. 다음 극좌표로 표시된 점들을 직교좌표로 표시하여라.

(1) $(3,\ 0)$ (2) $\left(-3,\ \dfrac{2\pi}{3}\right)$

(3) $\left(0,\ \dfrac{\pi}{2}\right)$ (4) $\left(\sqrt{2},\ \dfrac{\pi}{4}\right)$

(5) $(-1,\ 7\pi)$ (6) $\left(2\sqrt{3},\ \dfrac{2\pi}{3}\right)$

3. 다음 직교좌표로 표시된 점들을 극좌표로 표시하여라.

(1) $(\sqrt{3},\ 1)$ (2) $(3,\ 4)$

(3) $(-\sqrt{2},\ -\sqrt{2})$ (4) $(2\sqrt{3},\ 2)$

4. 다음 극방정식의 그래프를 그려보아라.

(1) $r = 1 + \cos\theta$ (2) $r = 2 - 2\cos\theta$

(3) $r = 2 - 2\sin\theta$ (4) $r = 1 + \sin\theta$

(5) $r = 1 - 2\cos\theta$ (6) $r = 1 + 2\cos\theta$

(7) $r = 1 - \sqrt{2}\sin\theta$ (8) $r = \sqrt{3} + 2\sin\theta$

(9) $r = 2\cos 2\theta$ (10) $r = \sin 2\theta$

(11) $r = -\cos 3\theta$ (12) $r = -\sin 3\theta$

(13) $r = \sin 4\theta$ (14) $r = \cos 4\theta$

5. 점 $\left(-2,\ \dfrac{3\pi}{4}\right)$가 곡선 $r = 2\sin 2\theta$상에 있음을 보여라.

6. 점 $\left(\frac{1}{2}, -\frac{\pi}{2}\right)$가 곡선 $r=-\sin\left(\frac{\theta}{3}\right)$상에 있음을 보여라.

7. $r=\sin n\theta$의 그래프를 그려보고, n이 짝수일 때와 홀수일 때의 모양이 어떻게 다른지 설명하여라.

8. 다음 극방정식을 직교방정식으로 바꾸어라.

(1) $r\cos\theta=2$	(2) $r\sin\theta=-1$
(3) $r\cos\theta=0$	(4) $r=4\csc\theta$
(5) $r=-3\sec\theta$	(6) $r\sin\theta=r\cos\theta$
(7) $r\sin\theta+r\cos\theta=1$	(8) $r=6-r\cos\theta$
(9) $r=5\cot\theta$	(10) $r=3+2\cos\theta$
(11) $r=6\cos 2\theta$	(12) $r=4-4\cos\theta$
(13) $\theta=\frac{\pi}{4}$	(14) $r^2=4r\sin\theta$
(15) $r^2=1$	(16) $r^2\sin 2\theta=2$
(17) $r^2=-6r\sin\theta$	(18) $r=3\cos\theta$
(19) $r^2=-4r\cos\theta$	(20) $r=8\sin\theta$
(21) $r^2=-4\sin 2\theta$	(22) $r=\tan\theta$
(23) $r(3\cos\theta-2\sin\theta)=6$	(24) $r=2$

9. 다음 직교방정식을 극방정식으로 바꾸어라.

(1) $x=7$	(2) $y=1$
(3) $x=y$	(4) $x-y=3$
(5) $y=6x$	(6) $x^2=8y$
(7) $x^2+y^2=4$	(8) $x^2-y^2=1$
(9) $\frac{x^2}{9}+\frac{y^2}{4}=1$	(10) $xy=2$
(11) $y^2=4x$	(12) $(x-5)^2+y^2=25$
(13) $x^2+y^2=2xy$	(14) $y^2=x^2-2x$

10. 다음 그래프가 나타내는 극방정식을 찾아라.

(1)

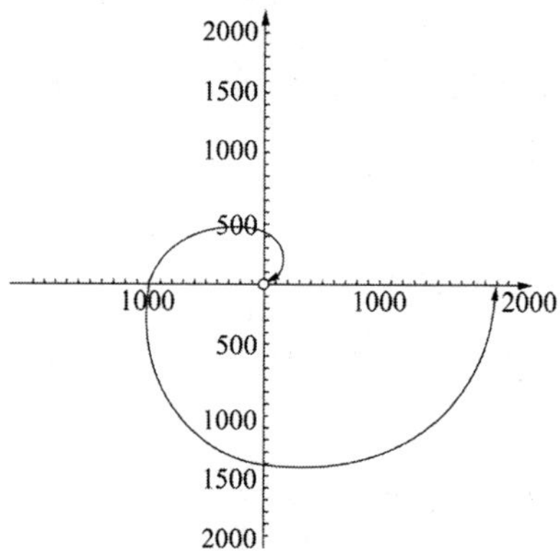

(2)

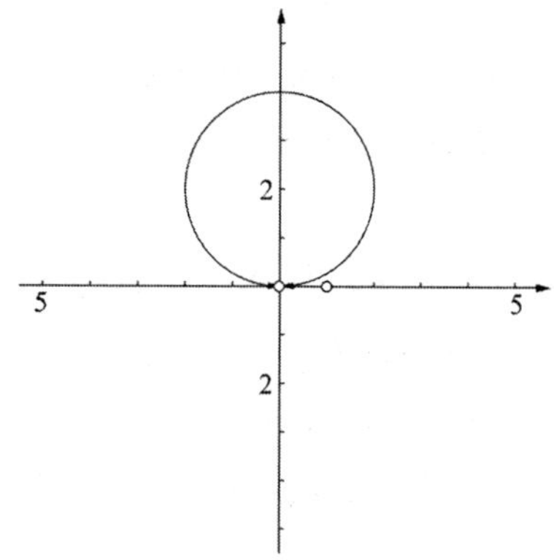

(3)

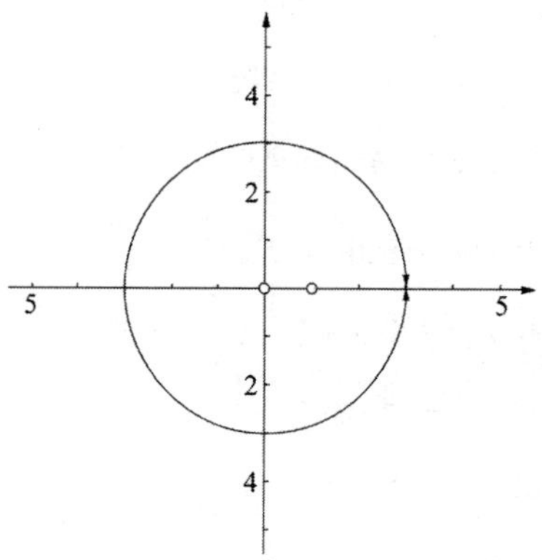

(4)

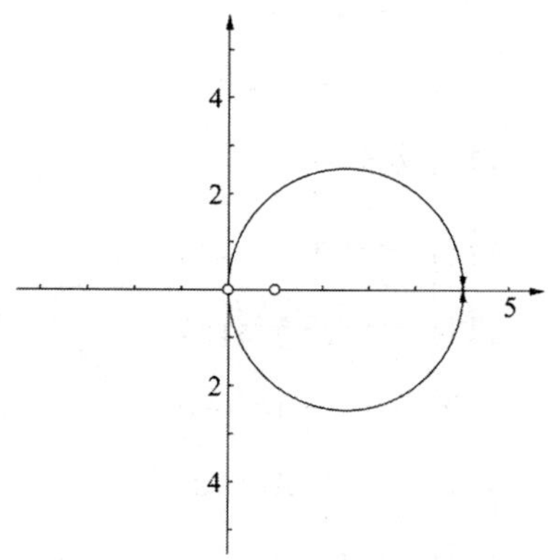

(5)

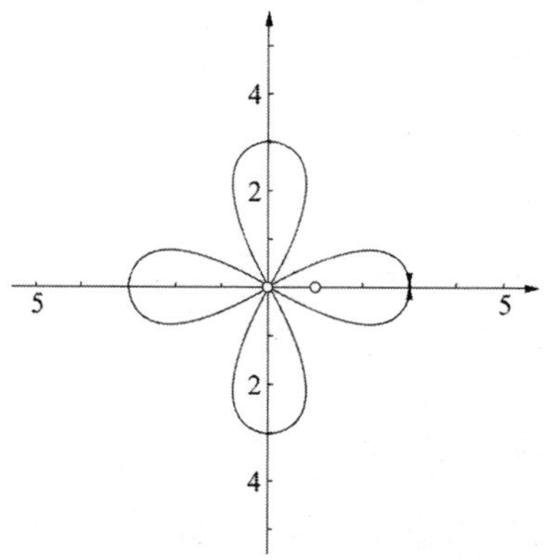

(6)

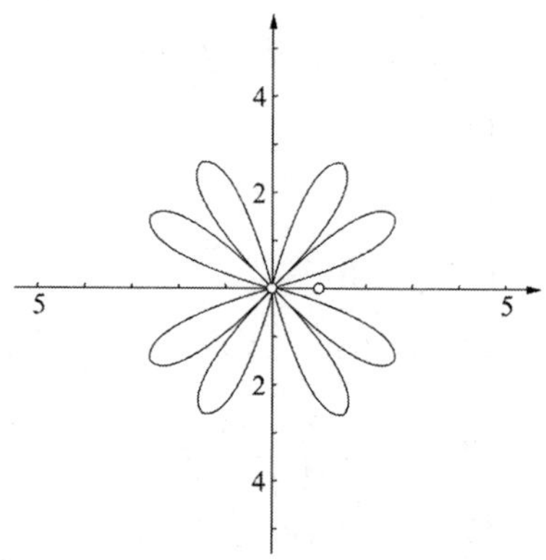

(7)

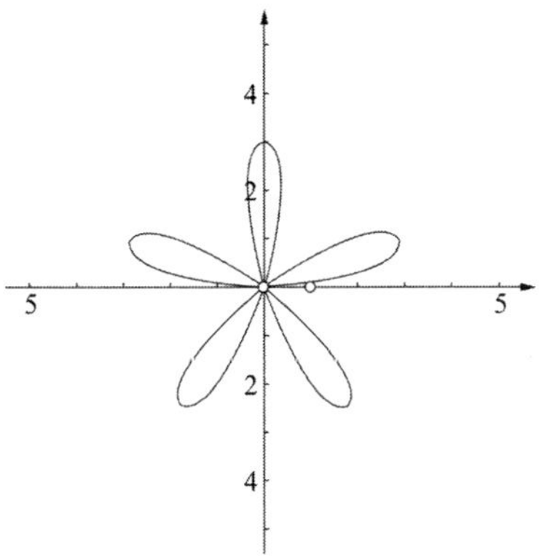

(8)

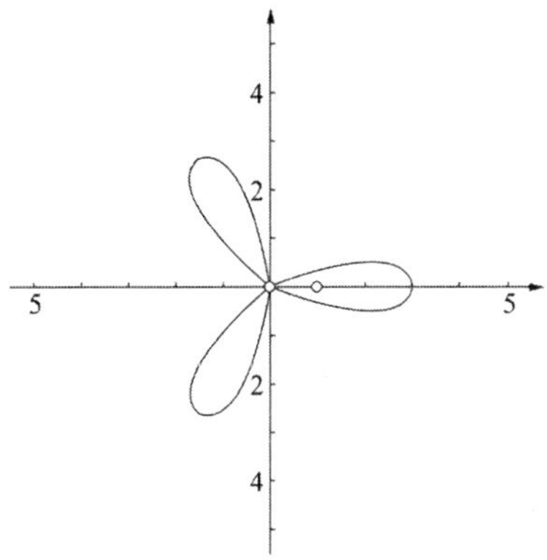

(a) $r = 4\sin\theta$

(b) $r = 3\sin 5\theta$

(c) $r = 5\theta$

(d) $r = 3\cos 3\theta$

(e) $r = 4\cos\theta$

(f) $r = 3\cos 2\theta$

(g) $r = 3\sin 4\theta$

(h) $r = 3$

11. 다음이 어느 함수의 그림인지 결정하여라.

(1) $r = 5\cos 4\theta$

(2) $r = 5\sin 3\theta$

(3) $r = 5\sin 2\theta$

(4) $r = 5\sin 5\theta$

(5) $r = 2 + 2\cos\theta$

(6) $r = 2 + 2\sin\theta$

(a)

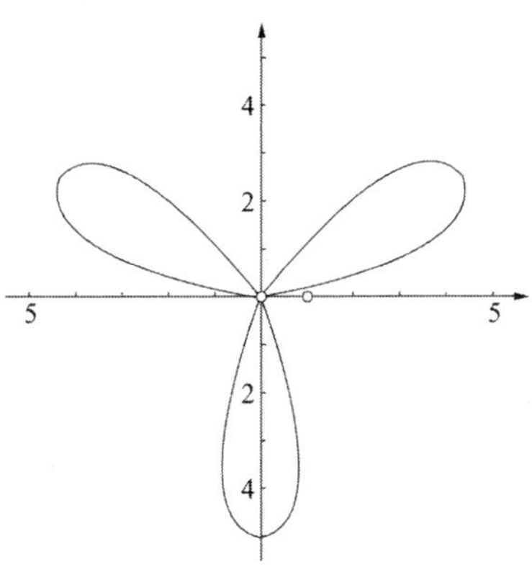

(b)

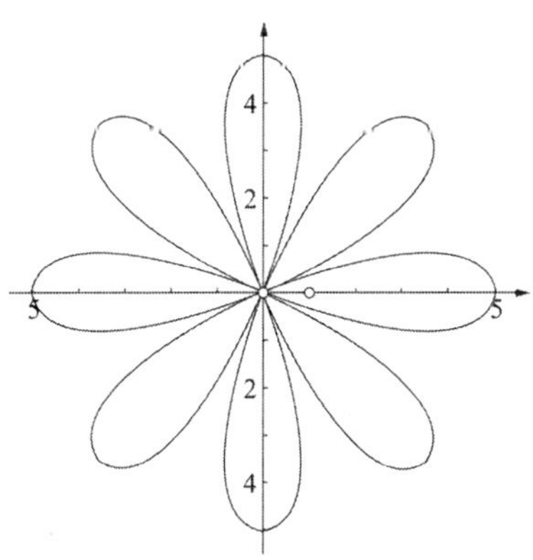

(c)

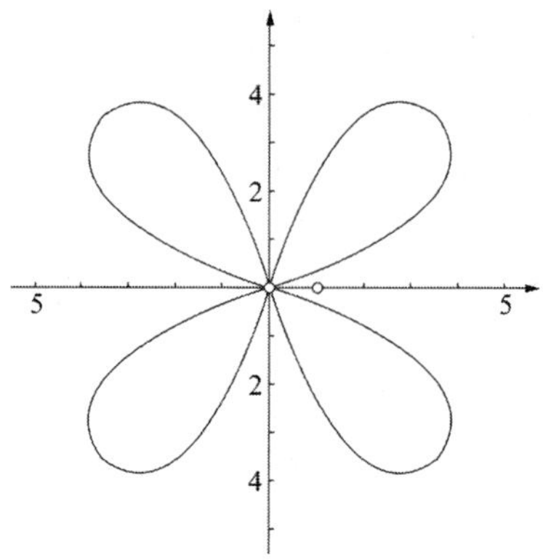

(d)

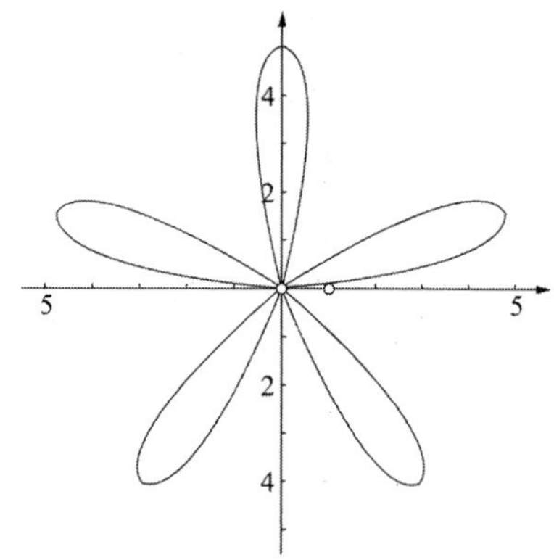

(e)

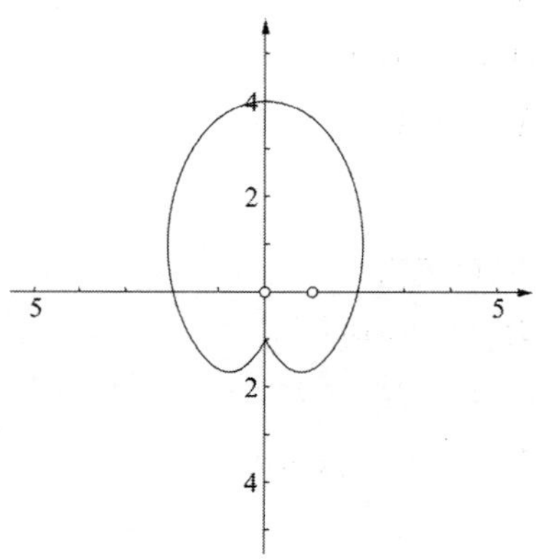

(f)

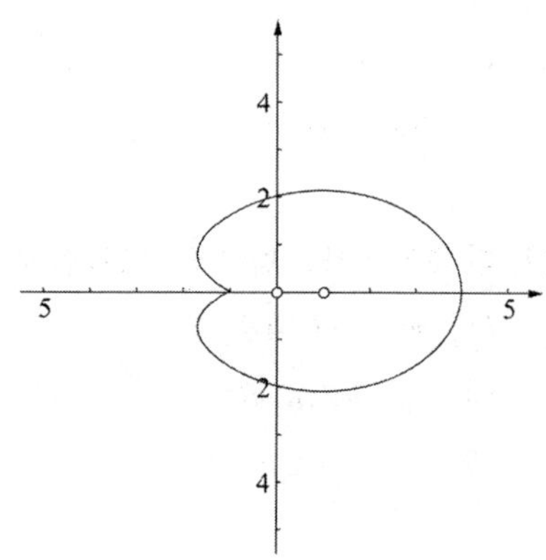

대학기초수학

벡터와 직선과 평면의 방정식

벡터, 벡터의 내적, 단위벡터, 영벡터, 벡터의 크기

이 장에서 배울 기본개념

CHAPTER 14

질량, 온도, 길이, 넓이, 부피, 시간, 속력, 단가, 이윤 등과 같이 크기만이 주어지는 양을 **스칼라**(scalar)라 한다. 또한 평행이동, 속도, 가속도, 힘 등과 같이 크기뿐 아니라 방향까지 주어지는 양을 **벡터**(vector)라 한다. 예를 들어, 남서풍이 10m/시간으로 불고 있다고 말한다면, 남서풍이라는 방향과 시간당 10m라는 속도의 크기, 즉 속력이 나타나 있는 벡터를 의미한다. 이 장에서는 2차원과 3차원 공간에서 벡터의 내적, 외적, 벡터의 크기 등 다양한 성질을 살펴보기로 한다.

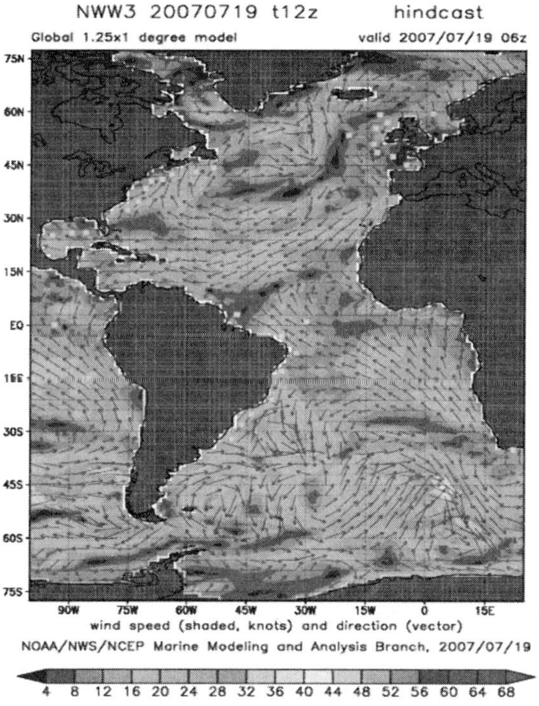

출처: http://polar.ncep.noaa.gov/waves/main_table.html

14.1 벡터

벡터(vector)는 기하학적으로 화살표 모양의 크기와 방향이 있는 화살표 또는 유향선분(directed line segment)으로 표현될 수 있다. 이 경우 유향성분이 시작되는 점을 벡터의 시점(initial point), 끝점을 벡터의 종점(terminal point)이라 한다. 기하학적으로 벡터의 정의는 다음과 같다.

정의 14.1

유향선분을 **벡터**라 하고 이 선분의 길이를 **벡터의 크기**, 이 선분의 방향을 **벡터의 방향**이라 한다.

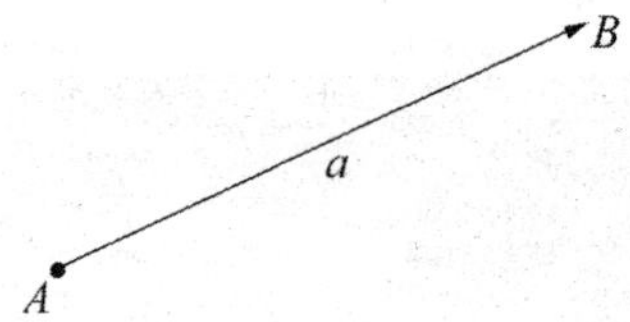

그림 14.1 벡터 $\overrightarrow{AB}$

시점이 A, 종점이 B인 벡터를 $\overrightarrow{AB}$로 나타내고, 그 크기는 $|\overrightarrow{AB}|$로 나타낸다. 또한 벡터는 굵은 글자 a, b, c, $\cdots$ 등으로도 나타내고 그 크기는 $|a|$, $|b|$, $|c|$, $\cdots$ 등으로 나타낸다. 두 개 이상의 벡터가 그 방향이 같고 크기가 같을 때 이 벡터들은 모두 같다고 한다.

정의 14.2

두 벡터 $\mathbf{a}$와 $\mathbf{b}$에 대하여 **벡터합**(vector sum) $\mathbf{a}+\mathbf{b}$는 $\mathbf{a}$의 종점과 $\mathbf{b}$의 시점을 일치시켰을 때 시점을 $\mathbf{a}$의 시점, 종점을 $\mathbf{b}$의 종점으로 하는 벡터이고, $\mathbf{a}$의 시점에서 $\mathbf{b}$의 종점에 이르는 화살표로써 나타낸다.

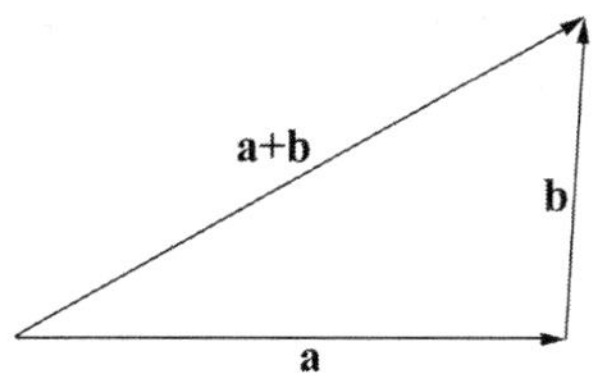

그림 14.2 벡터합

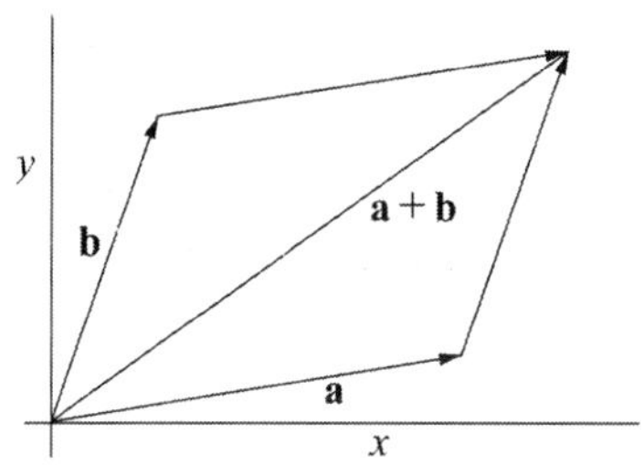

크기가 0인 벡터를 **영벡터**(zero vector)라 하고 **0**으로 나타내며 그 방향은 임의로 한다. 크기가 1인 벡터를 **단위벡터**(unit vector)라 한다.

정의 14.3

영벡터가 아닌 벡터 $\mathbf{a}$와 실수(스칼라) k에 대하여 벡터의 스칼라곱(scalar multiple) $k\mathbf{a}$는 $\mathbf{a}$의 길이를 $|k|$배한 벡터이고, $k>0$이면 $\mathbf{a}$와 방향이 같고 $k<0$이면 $\mathbf{a}$와 방향이 반대이며, $\mathbf{a}=\mathbf{0}$이거나 $k=0$이면 $k\mathbf{a}=\mathbf{0}$으로 정의한다.

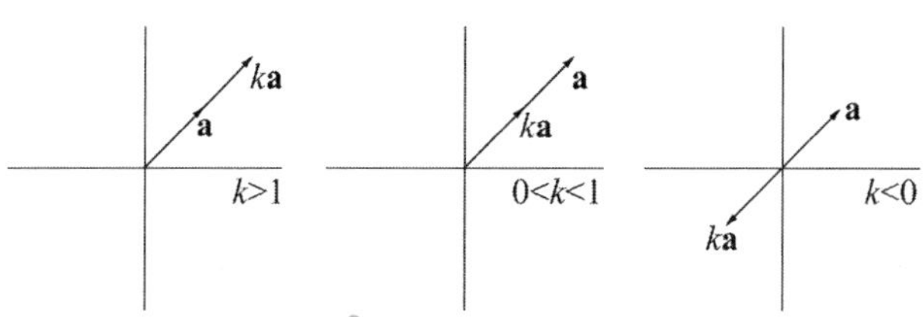

벡터를 포함하는 여러 문제들은 직교좌표계를 도입하여 간단하게 해결할 수 있다. 먼저 3차원 직교좌표계에 대하여 알아보자.

3차원 공간의 주어진 점(또는 원점)을 통과하며 서로 직각을 이루는 세 개의 축을 x, y, z축이라 하자. 각 좌표축에 길이가 같은 단위를 정하여 원점으로부터 양의 방향으로 위치하는 단위점을 $(1,\ 0,\ 0)$,

(0, 1, 0), (0, 0, 1)로 택한다. 이때 x, y, z축의 양의 방향으로 택한 세 단위벡터 $\mathbf{i}$, $\mathbf{j}$, $\mathbf{k}$를

$$\mathbf{i} = (1,\ 0,\ 0)$$
$$\mathbf{j} = (0,\ 1,\ 0)$$
$$\mathbf{k} = (0,\ 0,\ 1)$$

로 나타내고, 임의의 벡터 $\mathbf{a} = (a,\ b,\ c)$를 $\mathbf{i}$, $\mathbf{j}$, $\mathbf{k}$를 사용하면 $\mathbf{a} = a\mathbf{i} + b\mathbf{j} + c\mathbf{k}$로 나타낼 수 있다.

이와 같은 좌표계를 **직교좌표계**(rectangular coordinate system)라 한다.

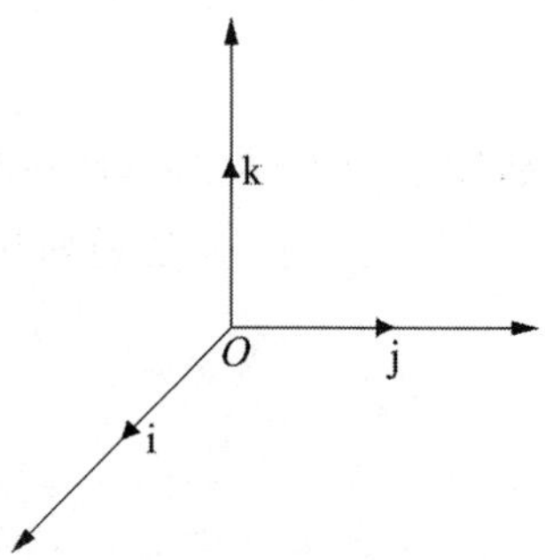

그림 14.3 직교좌표계

3차원 공간의 좌표계에서 원점 (0, 0, 0)을 시점, 점 $A(a_1,\ a_2,\ a_3)$을 종점으로 하는 벡터를 $\mathbf{a}$라 하면 $\mathbf{a} = (a_1,\ a_2,\ a_3)$과 같이 나타내며 a_1, a_2, a_3을 $\mathbf{a}$의 성분이라 한다.

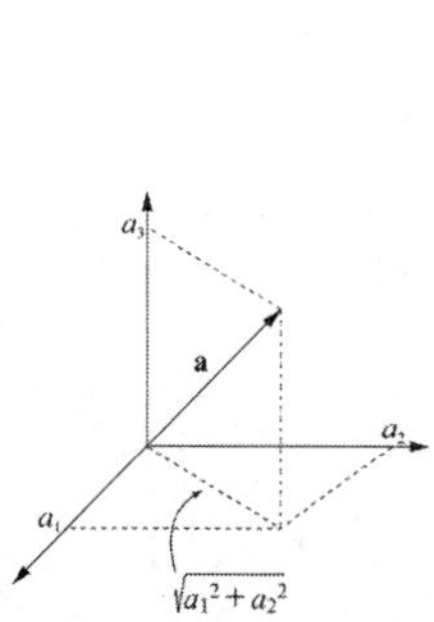

그림 14.4

정리 14.4

벡터 $\mathbf{a}$의 크기는 원점부터 점 $A(a_1,\ a_2,\ a_3)$까지의 거리이므로 피타고라스 정리에 의하여 $|\mathbf{a}| = \sqrt{a_1^2 + a_2^2 + a_3^2}$이다.

임의의 상수 k에 대하여 스칼라곱은 정의에 의하여

$$k\mathbf{a} = (\mathrm{ka}_1,\ \mathrm{ka}_2,\ \mathrm{ka}_3)$$

가 된다.

두 벡터 $\mathbf{a}=(a_1,\ a_2,\ a_3)$, $\mathbf{b}=(b_1,\ b_2,\ b_3)$에 대하여 벡터합은

$$\mathbf{a}+\mathbf{b}=(a_1+b_1,\ a_2+b_2,\ a_3+b_3)$$

으로 정의한다.

두 벡터 $\mathbf{a}=(a_1,\ a_2,\ a_3)$, $\mathbf{b}=(b_1,\ b_2,\ b_3)$가 있을 때 두백터의 차는

$$\mathbf{a}-\mathbf{b}=(a_1-b_1,\ a_2-b_2,\ a_3-b_3)$$

으로 정의한다.

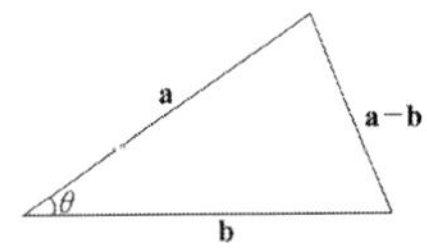

그림 14.5

두 벡터 $\mathbf{a}=(a_1,\ a_2,\ a_3)$, $\mathbf{b}=(b_1,\ b_2,\ b_3)$가 같다는 것은 두 벡터의 성분이 각각 같을 경우, 즉 $a_1=b_1$, $a_2=b_2$, $a_3=b_3$임을 의미한다.

예제 •1 EXAMPLE 두 벡터 $\mathbf{a}=(-1,\ 3,\ 4)$, $\mathbf{b}=(2,\ -4,\ -1)$에 대하여 $2\mathbf{a}+\mathbf{b}$를 구하여라.

풀이

$$\begin{aligned}2\mathbf{a}+\mathbf{b}&=(-2,\ 6,\ 8)+(2,\ -4,\ -1)\\&=(-2+2,\ 6-4,\ 8-1)=(0,\ 2,\ 7)\end{aligned}$$

예제 •2 EXAMPLE 벡터 $(2,\ 4,\ -5)$의 크기를 구하여라.

풀이

$$|(2,\ 4,\ -5)|=\sqrt{2^2+4^2+(-5)^2}=3\sqrt{5}$$

참고

벡터 $\mathbf{a}=(a_1,\ a_2,\ a_3)$의 크기는 $|\mathbf{a}|=\sqrt{a_1^2+a_2^2+a_3^2}$이다.

예제 •3 EXAMPLE 벡터 $(2,\ 4,\ 4)$와 같은 방향을 갖는 단위벡터를 구하여라.

풀이

$|(2,\ 4,\ 4)|=\sqrt{2^2+4^2+4^2}=6$이므로

단위벡터는 $\left(\frac{1}{3},\ \frac{2}{3},\ \frac{2}{3}\right)$이다.

참고

단위벡터는 길이가 1인 벡터이다. 즉 $\mathbf{a}$의 단위벡터는 $\frac{\mathbf{a}}{|\mathbf{a}|}$이다.

두 점 $A(x_1, y_1, z_1)$, $B(x_2, y_2, z_2)$에 대하여 시점이 A, 종점이 B인 유향선분 $\overrightarrow{AB}$를 벡터 $\mathbf{a}$라 할 때,

$$a_1 = x_2 - x_1, \; a_2 = y_2 - y_1, \; a_3 = z_2 - z_1$$

인 좌표 (a_1, a_2, a_3)를 $\mathbf{a}$의 성분(components of $\mathbf{a}$)이라 하며 벡터 $\overrightarrow{AB}$의 크기 또는 A에서 B까지의 길이는

$$\begin{aligned} |\mathbf{a}| &= \sqrt{a_1^2 + a_2^2 + a_3^2} \\ &= \sqrt{(x_2 - x_1)^2 + (y_2 - y_1)^2 + (z_2 - z_1)^2} \end{aligned}$$

이 된다.

예제 •4 (EXAMPLE) 두 점 $A(2, -1, -5)$를 시점, $B(4, -3, 1)$를 종점으로 하는 벡터 $\overrightarrow{AB}$의 성분과 크기를 구하여라.

풀이

성분 $= (4-2, \; -3+1, \; 1+5) = (2, \; -2, \; 6)$

크기 $= \sqrt{(4-2)^2 + (-3+1)^2 + (1+5)^2}$
$= \sqrt{44} = 2\sqrt{11}$

벡터에 대하여 다음이 성립함을 알 수 있다.

정리 14.5

벡터 $\mathbf{a}$, $\mathbf{b}$, $\mathbf{c}$와 실수 k, l에 대하여 다음이 성립한다.

(1) $\mathbf{a} + \mathbf{b} = \mathbf{b} + \mathbf{a}$ (교환법칙)

(2) $(\mathbf{a} + \mathbf{b}) + \mathbf{c} = \mathbf{a} + (\mathbf{b} + \mathbf{c})$ (결합법칙)

(3) $\mathbf{a} + \mathbf{0} = \mathbf{0} + \mathbf{a} = \mathbf{a}$ (덧셈에 관한 항등원)

(4) $\mathbf{a} + (-\mathbf{a}) = \mathbf{0}$ (덧셈에 관한 역원)

(5) $k(l\mathbf{a}) = (kl)\mathbf{a}$

(6) $k(\mathbf{a} + \mathbf{b}) = k\mathbf{a} + k\mathbf{b}$

(7) $(k + l)\mathbf{a} = k\mathbf{a} + l\mathbf{a}$

(8) $1\mathbf{a} = \mathbf{a}$, $0\mathbf{a} = \mathbf{0}$

증명 (1) $\mathbf{a} = (a_1,\ a_2,\ a_3)$, $\mathbf{b} = (b_1,\ b_2,\ b_3)$이라면

$\mathbf{a} + \mathbf{b} = (a_1 + b_1,\ a_2 + b_2,\ a_3 + b_3)$

그런데 실수의 덧셈에 관한 교환법칙에 의하여

$$a_1 + b_1 = b_1 + a_1,\ a_2 + b_2 = b_2 + a_2,$$
$$a_3 + b_3 = b_3 + a_3$$

가 된다. 그러므로

$$\begin{aligned} \mathbf{a} + \mathbf{b} &= (a_1 + b_1,\ a_2 + b_2,\ a_3 + b_3) \\ &= (b_1 + a_1,\ b_2 + a_2,\ b_3 + a_3) \\ &= \mathbf{b} + \mathbf{a} \end{aligned}$$

이다. 나머지 성질들도 비슷한 방법으로 증명할 수 있다.

14.2 벡터의 내적

14.1절에서는 벡터의 합, 크기 그리고 벡터와 스칼라와의 곱을 다루었다. 이 절에서는 3차원 공간의 벡터끼리의 곱을 다루도록 한다. 벡터 사이의 곱에는 두 가지가 있는데 먼저 이 절에서 내적을 다루고 다음 절에서 벡터의 외적을 다루기로 한다.

정의 14.6 **3차원 공간의 두 벡터**

$\mathrm{a} = (a_1, a_2, a_3)$, $\mathrm{b} = (b_1, b_2, b_3)$에 대하여 a와 b의 **내적**(inner product) $\mathrm{a} \cdot \mathrm{b}$는 $\mathrm{a} \cdot \mathrm{b} = a_1b_1 + a_2b_2 + a_3b_3$이다.

a와 b의 내적은 그 값이 스칼라이므로 실수가 된다.

예제 •5 $\mathrm{a} = (1, 3, -2)$, $\mathrm{b} = (1, 3, 2)$일 때 $\mathrm{a} \cdot \mathrm{b}$를 구하여라.

풀이

$\mathrm{a} \cdot \mathrm{b} = 1 \cdot 1 + 3 \cdot 3 + (-2) \cdot 2 = 6$

다음은 내적의 중요한 성질로서 벡터의 계산에서 유용하게 쓰인다.

정리 14.7

세 벡터 a, b, c와 한 실수 k에 대하여 다음이 성립한다.

(1) $\mathrm{a} \cdot \mathrm{b} = \mathrm{b} \cdot \mathrm{a}$

(2) $\mathrm{a} \cdot (\mathrm{b} + \mathrm{c}) = \mathrm{a} \cdot \mathrm{b} + \mathrm{a} \cdot \mathrm{c}$

(3) $k(\mathrm{a} \cdot \mathrm{b}) = (k\mathrm{a}) \cdot \mathrm{b} = \mathrm{a} \cdot (k\mathrm{b})$

(4) $\mathrm{a} \cdot 0 = 0$

(5) $\mathrm{a} \cdot \mathrm{a} = |\mathrm{a}|^2$

증명 $\mathrm{a} = (a_1, a_2, a_3)$, $\mathrm{b} = (b_1, b_2, b_3)$이라면

(1) $\mathbf{a}\cdot\mathbf{b} = a_1b_1 + a_2b_2 + a_3b_3$

$= b_1a_1 + b_2a_2 + b_3a_3$

(실수의 곱셈에 관한 교환법칙)

$= \mathbf{b}\cdot\mathbf{a}$

(3) $k(\mathbf{a}\cdot\mathbf{b}) = k(a_1b_1 + a_2b_2 + a_3b_3)$

$= (ka_1)b_1 + (ka_2)b_2 + (ka_3)b_3$

$= (k\mathbf{a})\cdot\mathbf{b}$

같은 방법으로 $k(\mathbf{a}\cdot\mathbf{b}) = \mathbf{a}\cdot(k\mathbf{b})$가 된다.

(5) $\mathbf{a}\cdot\mathbf{a} = (a_1,\ a_2,\ a_3)\cdot(a_1,\ a_2,\ a_3)$

$= a_1^2 + a_2^2 + a_3^2 = |\mathbf{a}|^2$

예제 •6 EXAMPLE 두 벡터 a와 b에 대하여 다음 등식이 성립함을 보여라.

$$|\mathbf{a}-\mathbf{b}|^2 = |\mathbf{a}|^2 + |\mathbf{b}|^2 - 2\mathbf{a}\cdot\mathbf{b}$$

풀이

정리에 의하여

$$\begin{aligned}|\mathbf{a}-\mathbf{b}|^2 &= (\mathbf{a}-\mathbf{b})\cdot(\mathbf{a}-\mathbf{b})\\ &= \mathbf{a}\cdot(\mathbf{a}-\mathbf{b}) - \mathbf{b}\cdot(\mathbf{a}-\mathbf{b})\\ &= \mathbf{a}\cdot\mathbf{a} - \mathbf{a}\cdot\mathbf{b} - \mathbf{b}\cdot\mathbf{a} + \mathbf{b}\cdot\mathbf{b}\\ &= \mathbf{a}\cdot\mathbf{a} + \mathbf{b}\cdot\mathbf{b} - 2\mathbf{a}\cdot\mathbf{b}\\ &= |\mathbf{a}|^2 + |\mathbf{b}|^2 - 2\mathbf{a}\cdot\mathbf{b}\end{aligned}$$

다음은 두 벡터의 내적의 기하학적 의미를 알아보자. 영벡터가 아닌 두 벡터 a와 b를 시점이 같은 유향선분으로 나타내고, 이 두 유향선분 사이의 각 중, 작은 각의 크기를 θ라 하자. 이때 세 변의 길이가 각각 $|\mathbf{a}|$, $|\mathbf{b}|$, $|\mathbf{a}-\mathbf{b}|$인 삼각형을 생각하자. 여기에 cosine 법칙을 적용시키면 위의 예제에 의하여

참고

'cosine 법칙'

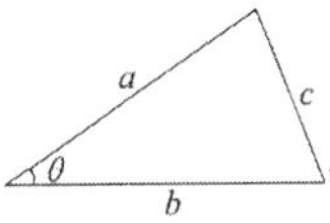

일 때 $c^2 = a^2 + b^2 - 2ab\cos\theta$이다.

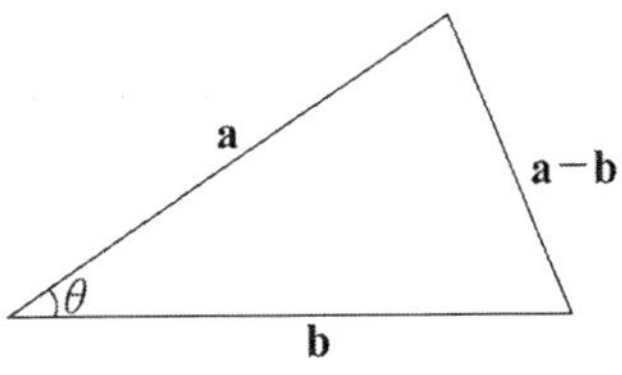

이므로

$$|\mathbf{a}-\mathbf{b}|^2 = |\mathbf{a}|^2 + |\mathbf{b}|^2 - 2|\mathbf{a}||\mathbf{b}|\cos\theta$$
$$= |\mathbf{a}|^2 + |\mathbf{b}|^2 - 2\mathbf{a}\cdot\mathbf{b}$$
$$\mathbf{a}\cdot\mathbf{b} = |\mathbf{a}||\mathbf{b}|\cos\theta$$

가 된다. 위 식으로부터 두 벡터의 내적을 기하학적으로 다음과 같이 정의한다.

$$\mathbf{a}\cdot\mathbf{b} = |\mathbf{a}||\mathbf{b}|\cos\theta$$

영벡터가 아닌 두 벡터 사이의 각 θ는 다음과 같이 정의된다.

$$\cos\theta = \frac{\mathbf{a}\cdot\mathbf{b}}{|\mathbf{a}||\mathbf{b}|}$$

참고
두 벡터가 직교할 때는 $\cos\frac{\pi}{2} = 0$이므로 $\frac{\mathbf{a}\cdot\mathbf{b}}{|\mathbf{a}||\mathbf{b}|} = 0$이다.

따라서 두 벡터의 내적이 양수이면 두 벡터의 사이각은 예각, 음수이면 두 벡터의 사이각은 둔각이 된다. 특히 두 벡터가 서로 수직일 조건은 $\theta = \frac{\pi}{2}$이므로 다음 정리를 얻는다.

정리 14.8

영벡터가 아닌 두 벡터 $\mathbf{a}$, $\mathbf{b}$가 서로 직교하기 위한 필요충분조건은 그 내적이 0인 것이다.
즉, $\mathbf{a}\cdot\mathbf{b} = 0$이다.

예제 •7 (EXAMPLE) 3차원 기본 단위벡터 $\mathbf{i} = (1, 0, 0)$, $\mathbf{j} = (0, 1, 0)$, $\mathbf{k} = (0, 0, 1)$은 서로 직교함을 보여라.

풀이

$\mathbf{i}\cdot\mathbf{j} = \mathbf{j}\cdot\mathbf{k} = \mathbf{k}\cdot\mathbf{i} = 0$이므로 서로 수직이다.

참고
$\cos\theta = \frac{\mathbf{a}\cdot\mathbf{b}}{|\mathbf{a}||\mathbf{b}|}$

예제 •8 (EXAMPLE) 두 벡터 $\mathbf{a} = (0, 0, 1)$, $\mathbf{b} = (0, 2, 2)$의 사이각을 구하여라.

풀이

$\mathbf{a}\cdot\mathbf{b} = |\mathbf{a}||\mathbf{b}|\cos\theta$

$$= (\sqrt{0^2+0^2+1^2})(\sqrt{0^2+2^2+2^2})\cos\theta = 2$$

이므로 $\cos\theta = \dfrac{1}{\sqrt{2}}$이 된다.

따라서 $\theta = \dfrac{\pi}{4}$이다.

예제 •9 두 벡터 $\mathbf{a} = (4, 0, -2)$, $\mathbf{b} = (1, 6, 0)$의 사이각을 구하여라.

풀이

$$|\mathbf{a}| = \sqrt{4^2+0^2+(-2)^2} = \sqrt{20},$$
$$|\mathbf{b}| = \sqrt{(1)^2+6^2+0^2} = \sqrt{37}$$
$$\mathbf{a} \cdot \mathbf{b} = 4 \cdot (1) + 0 \cdot 6 + (-2) \cdot 0 = 4$$

따라서 두 벡터 사이의 각을 θ라 하면

$$\cos\theta = \frac{\mathbf{a} \cdot \mathbf{b}}{|\mathbf{a}||\mathbf{b}|} = \frac{4}{\sqrt{20} \cdot \sqrt{37}} = \frac{2}{\sqrt{185}}$$

가 된다. 그러므로 $\theta = \cos^{-1}\dfrac{2}{\sqrt{185}}$이다.

예제 •10 다음 벡터 $(1, 6, x)$, $(4, x, -14)$들이 직교하도록, x의 값을 구하여라.

풀이

직교하려면 사이각이 $\dfrac{\pi}{2}$이어야 하므로, 두 벡터의 내적이 0이 되면 된다.

$(1, 6, x) \cdot (4, x, -14) = 0$이므로 $4 + 6x - 14x = 0$이고

$x = \dfrac{1}{2}$이다.

다시 한번 확인하기

1. 3차원 공간의 두 벡터 $\mathbf{a} = (a_1, a_2, a_3)$, $\mathbf{b} = (b_1, b_2, b_3)$에 대하여 $\mathbf{a}$와 $\mathbf{b}$의 내적(inner product) $\mathbf{a} \cdot \mathbf{b}$는 $\mathbf{a} \cdot \mathbf{b} = a_1b_1 + a_2b_2 + a_3b_3$이다.
2. $\mathbf{a} \cdot \mathbf{b} = |\mathbf{a}||\mathbf{b}|\cos\theta$
3. 영벡터가 아닌 두 벡터 $\mathbf{a}$, $\mathbf{b}$가 수직이기 위한 필요충분조건은 그 내적이 0인 것이다. 즉 $\mathbf{a} \cdot \mathbf{b} = 0$이다.

14.3 벡터의 외적

두 벡터 간에는 내적 외의 또 하나의 곱이 존재한다. 이를 **벡터의 외적** 또는 벡터곱이라 한다. 기하학적으로 두 벡터에 수직이 되는 벡터인데, 물리학, 공학, 수학의 많은 문제에서 이 벡터는 중요한 역할을 한다. 두 벡터 a와 b의 내적은 실수이지만 외적 a×b는 내적과는 다르게 벡터가 된다. 이러한 이유로 이를 **벡터곱**이라 부르기도 한다. a×b는 a와 b가 3차원 벡터일 때에만 정의된다.

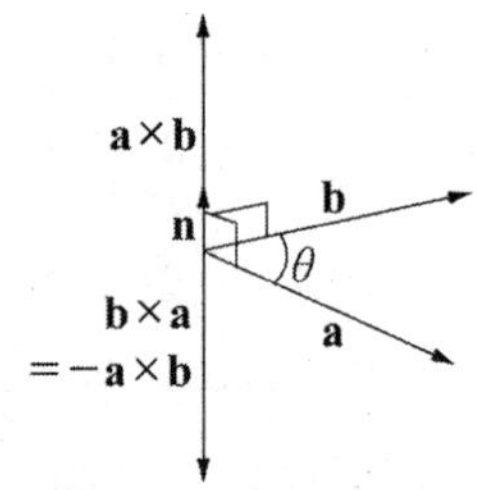

정의 14.9

$\mathrm{a}=(a_1,\ a_2,\ a_3)$, $\mathrm{b}=(b_1,\ b_2,\ b_3)$일 때,

a와 b의 **외적**(cross product)은

$\mathrm{a}\times\mathrm{b}=(a_2b_3-a_3b_2,\ a_3b_1-a_1b_3,\ a_1b_2-a_2b_1)$이다

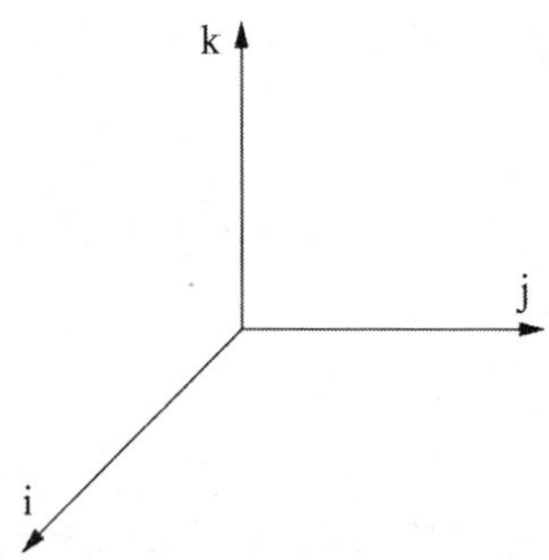

i= (1, 0, 0), j= (0, 1, 0)와 k= (0, 0, 1)를 3차원 공간 R^3의 기본 단위 벡터라 하자.

벡터 a와 b의 외적을 3차행렬식을 사용하여

$$\mathrm{a}\times\mathrm{b}=\begin{vmatrix}\mathrm{i} & \mathrm{j} & \mathrm{k}\\ a_1 & a_2 & a_3\\ b_1 & b_2 & b_3\end{vmatrix}$$

로 쓴다.

예제 EXAMPLE •11 a = (1, −1, 1), b = (−2, 0, 2)일 때 a×b, b×a, (a×b)·a, (a×b)·b를 구하여라.

풀이

$$\begin{aligned}\mathrm{a}\times\mathrm{b}&=\begin{vmatrix}\mathrm{i} & \mathrm{j} & \mathrm{k}\\ 1 & -1 & 1\\ -2 & 0 & 2\end{vmatrix}\\ &=\begin{vmatrix}-1 & 1\\ 0 & 2\end{vmatrix}\mathrm{i}-\begin{vmatrix}1 & 1\\ -2 & 2\end{vmatrix}\mathrm{j}+\begin{vmatrix}1 & -1\\ -2 & 0\end{vmatrix}\mathrm{k}\\ &=-2\mathrm{i}-4\mathrm{j}-2\mathrm{k}\\ &=(-2,\ -4,\ -2)\end{aligned}$$

가 된다.

$$\mathrm{b}\times\mathrm{a}=\begin{vmatrix}\mathrm{i} & \mathrm{j} & \mathrm{k}\\ -2 & 0 & 2\\ 1 & -1 & 1\end{vmatrix}=(2,\ 4,\ 2)$$

$$\begin{aligned}(\mathrm{a}\times\mathrm{b})\cdot\mathrm{a}&=(-2,\ -4,\ -2)\cdot(1,\ -1,\ 1)\\ &=-2+4-2=0\\ (\mathrm{a}\times\mathrm{b})\cdot\mathrm{b}&=(-2,\ -4,\ -2)\cdot(-2,\ 0,\ 2)\\ &=4-4=0\end{aligned}$$

이다.

예제 EXAMPLE •12 임의의 벡터 a에 대하여 a×a= 0임을 보여라.

풀이

a= $(a_1,\ a_2,\ a_3)$라 하면

$$\mathbf{a}\times\mathbf{a} = \begin{vmatrix} \mathbf{i} & \mathbf{j} & \mathbf{k} \\ a_1 & a_2 & a_3 \\ a_1 & a_2 & a_3 \end{vmatrix}$$

$$= (a_2a_3 - a_3a_2)\mathbf{i} - (a_1a_3 - a_3a_1)\mathbf{j} + (a_1a_2 - a_2a_1)\mathbf{k}$$

$$= 0\mathbf{i} - 0\mathbf{j} + 0\mathbf{k} = \mathbf{0}$$

이다.

일반적으로 두 벡터가 평행하거나 한 벡터가 영벡터라면 두 벡터 $\mathbf{a}$와 $\mathbf{b}$의 외적 $\mathbf{a}\times\mathbf{b}$은 $\mathbf{0}$이다.

두 벡터 $\mathbf{a}$와 $\mathbf{b}$의 외적 $\mathbf{a}\times\mathbf{b}$의 기하학적인 의미를 알아보기 위하여 다음 정리를 생각해 보자.

정리 14.10

$\mathbf{a}$와 $\mathbf{b}$가 영이 아닌 임의의 벡터라 하자. 그러면 다음이 성립한다.

(1) 벡터 $\mathbf{a}\times\mathbf{b}$는 $\mathbf{a}$, $\mathbf{b}$ 모두와 직교한다.

(2) θ가 $\mathbf{a}$와 $\mathbf{b}$ 사이의 예각이라면 다음이 성립한다.

$$|\mathbf{a}\times\mathbf{b}| = |\mathbf{a}||\mathbf{b}|\sin\theta$$

증명 (1) $\mathbf{a}\times\mathbf{b}$가 $\mathbf{a}$와 직교함을 보이기 위하여, $(\mathbf{a}\times\mathbf{b})\cdot\mathbf{a} = 0$을 보이면 된다.

$$\mathbf{a}\cdot(\mathbf{a}\times\mathbf{b})$$

$$= a_1\begin{vmatrix} a_2 & a_3 \\ b_2 & b_3 \end{vmatrix} - a_2\begin{vmatrix} a_1 & a_3 \\ b_1 & b_3 \end{vmatrix} + a_3\begin{vmatrix} a_1 & a_2 \\ b_1 & b_2 \end{vmatrix}$$

$$= a_1(a_2b_3 - a_3b_2) - a_2(a_1b_3 - a_3b_1) + a_3(a_1b_2 - a_2b_1)$$

$$= a_1a_2b_3 - a_1b_2a_3 - a_1a_2b_3 + b_1a_2a_3 - a_1b_2a_3 - b_1a_2a_3$$

$$= 0$$

마찬가지 방법으로 $\mathbf{b}\cdot(\mathbf{a}\times\mathbf{b}) = 0$이므로 $\mathbf{a}\times\mathbf{b}$와 $\mathbf{b}$도 수직이다.

(2) $|\mathbf{a}\times\mathbf{b}|^2$

$$= (a_2b_3 - a_3b_2)^2 + (a_3b_1 - a_1b_3)^2 + (a_1b_2 - a_2b_1)^2$$
$$= a_2^2b_3^2 - 2a_2a_3b_2b_3 + a_3^2b_2^2 + a_3^2b_1^2 - 2a_1a_3b_1b_3 + a_1^2b_3^2$$
$$+ a_1^2b_2^2 - 2a_1a_2b_1b_2 + a_2^2b_1^2$$
$$= (a_1^2 + a_2^2 + a_3^2)(b_1^2 + b_2^2 + b_3^2) - (a_1b_1 + a_2b_2 + a_3b_3)^2$$
$$= |\mathbf{a}|^2|\mathbf{b}|^2 - (\mathbf{a} \cdot \mathbf{b})^2$$
$$= |\mathbf{a}|^2|\mathbf{b}|^2 - |\mathbf{a}|^2|\mathbf{b}|^2\cos^2\theta$$
$$= |\mathbf{a}|^2|\mathbf{b}|^2(1 - \cos^2\theta)$$
$$= |\mathbf{a}|^2|\mathbf{b}|^2\sin^2\theta$$

θ가 예각일 때 $\sin\theta \geq 0$이므로 $\sqrt{\sin^2\theta} = \sin\theta$가 된다. 그러므로 제곱근을 택하면 $|\mathbf{a} \times \mathbf{b}| = |\mathbf{a}||\mathbf{b}|\sin\theta$를 얻는다.

예제 •13 (EXAMPLE) $\mathbf{a} = (2,\ 1,\ -3)$와 $\mathbf{b} = (3,\ 1,\ 1)$는 $\mathbf{a} \times \mathbf{b}$와 직교함을 보여라.

풀이

$\mathbf{a} \times \mathbf{b} = (4,\ -11,\ -1)$

$\mathbf{a} \cdot (\mathbf{a} \times \mathbf{b}) = 2(4) - 11 + 3 = 0$이고

$(\mathbf{a} \times \mathbf{b}) \cdot \mathbf{b} = 4(3) - 11 - 1 = 0$이므로

$\mathbf{a}$와 $\mathbf{b}$는 $\mathbf{a} \times \mathbf{b}$와 직교한다.

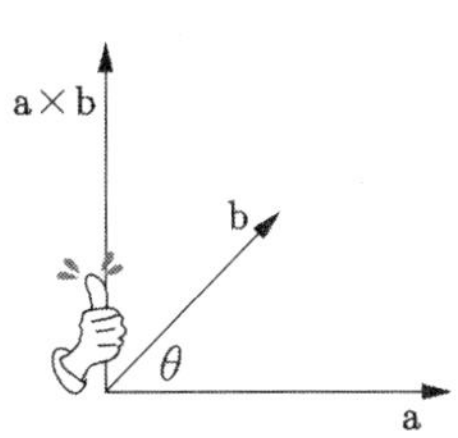

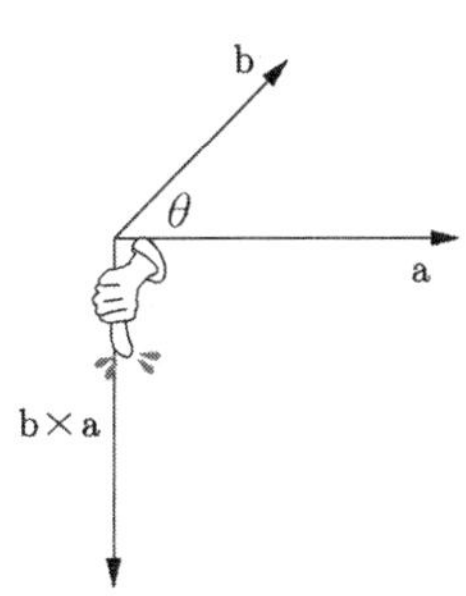

$\mathbf{a}$와 $\mathbf{b}$가 같은 시점을 가지는 유향성분으로 표시되었다고 하자. 그러면 위 정리의 (1)에 의하여 $\mathbf{a} \times \mathbf{b}$는 $\mathbf{a}$와 $\mathbf{b}$가 이루는 평면에 수직인 방향으로서, $\mathbf{a} \times \mathbf{b}$의 방향은 오른손법칙에 따라 주어지는 것이 된다.

즉 오른손의 손가락을 a에서 b로의 (180°보다 작은 각으로) 방향으로 회전시켜 구부렸을 때 엄지손가락의 방향이 $\mathbf{a}\times\mathbf{b}$의 방향을 나타낸다.

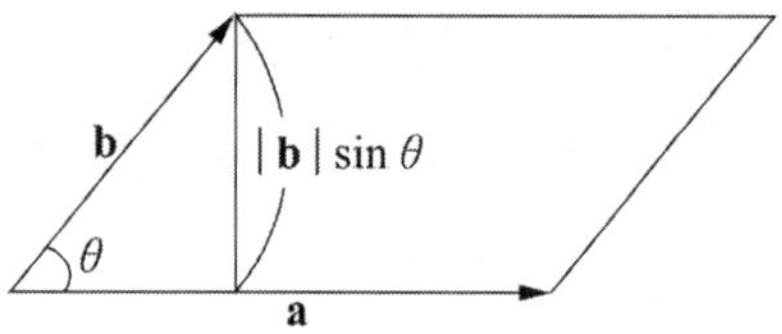

그림 평행사변형의 넓이

위의 그림으로부터

참고

$\theta=0$이면 두 벡터 a와 b가 평행이므로 $\mathbf{a}\times\mathbf{b}=0$이 된다.

정리 14.11

두 벡터 a와 b를 이웃변으로 하고 θ가 사이각일 때 평행사변형의 넓이는

$$\text{밑변}\times\text{높이}=|\mathbf{a}||\mathbf{b}|\sin\theta$$

임을 알 수 있다.

정리 14.12

a와 b가 영이 아닌 벡터일 때 $|\mathbf{a}\times\mathbf{b}|$는 a와 b에 의해 만들어지는 평행사변형의 넓이와 같다.

예제 •14 $A(1,\ 2,\ 0)$, $B(2,\ 1,\ 1)$, $C(-1,\ 2,\ 2)$를 꼭짓점으로 하는 삼각형의 넓이를 구하여라.

풀이

$\triangle ABC$의 넓이는 두 벡터 $\overrightarrow{AB}$와 $\overrightarrow{AC}$에 의하여 만들어지는 평행사변형의 면적의 $\frac{1}{2}$과 같다.

$\triangle ABC$의 면적은 $\frac{1}{2}|\overrightarrow{AB}\times\overrightarrow{AC}|$이다.

$$\overrightarrow{AB} = (2-1,\ 1-2,\ 1-0) = (1,\ -1,\ 1)$$
$$\overrightarrow{AC} = (-1-1,\ 2-2,\ 2-0) = (-2,\ 0,\ 2)$$
$$\overrightarrow{AB} \times \overrightarrow{AC} = \begin{vmatrix} i & j & k \\ 1 & -1 & 1 \\ -2 & 0 & 2 \end{vmatrix} = (-2,\ -4,\ -2)\text{이다.}$$

따라서

$$\triangle ABC\text{의 면적} = \frac{1}{2}\,|\overrightarrow{AB} \times \overrightarrow{AC}|$$
$$= \frac{1}{2}|(-2,\ -4,\ -2)| = \sqrt{6}$$

이 된다.

$\mathbf{i} = (1,\ 0,\ 0)$, $\mathbf{j} = (0,\ 1,\ 0)$와 $\mathbf{k} = (0,\ 0,\ 1)$는 다음과 같은 성질을 갖고 있다.

$$\mathbf{i} \times \mathbf{j} = \mathbf{k} \qquad \mathbf{j} \times \mathbf{k} = \mathbf{i} \qquad \mathbf{k} \times \mathbf{i} = \mathbf{j}$$

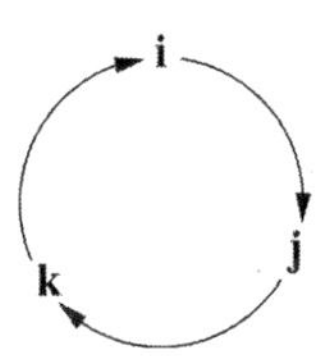

앞의 그림이 이 법칙을 기억하는 데 도움을 줄 수 있다.
만약 순서가 바뀌면 어떻게 될 것인가?

오른손 법칙에 의하여 다음과 같이 된다.

$$\mathbf{j} \times \mathbf{i} = -\mathbf{k} \qquad \mathbf{k} \times \mathbf{j} = -\mathbf{i} \qquad \mathbf{i} \times \mathbf{k} = -\mathbf{j}$$

여기서

$$\mathbf{i} \times \mathbf{j} \neq \mathbf{j} \times \mathbf{i}$$

이므로 따라서 벡터의 외적은 교환법칙이 성립하지 않는다. 또 예를 들면

$$\mathbf{i} \times (\mathbf{i} \times \mathbf{j}) = \mathbf{i} \times \mathbf{k} = -\mathbf{j}$$

이지만

$$(\mathbf{i}\times\mathbf{i})\times\mathbf{j} = \mathbf{0}\times\mathbf{j} = \mathbf{0}$$

이므로 일반적으로 외적에 관한 결합법칙이 항상 성립하는 것은 아니다.

즉,

$$\mathbf{i}\times(\mathbf{i}\times\mathbf{j}) \neq (\mathbf{i}\times\mathbf{i})\times\mathbf{j} \text{ 이다.}$$

다음의 정리는 벡터의 외적의 몇 가지 유용한 성질들을 정리한 것이다.

정리 14.13

a, b, c가 벡터, k가 스칼라이면,

(1) $\mathbf{a}\times\mathbf{b} = -\mathbf{b}\times\mathbf{a}$

(2) $\mathbf{a}\times(\mathbf{b}+\mathbf{c}) = \mathbf{a}\times\mathbf{b}+\mathbf{a}\times\mathbf{c}$

(3) $(\mathbf{a}+\mathbf{b})\times\mathbf{c} = \mathbf{a}\times\mathbf{c}+\mathbf{b}\times\mathbf{c}$

(4) $(k\mathbf{a})\times\mathbf{b} = k(\mathbf{a}\times\mathbf{b}) = \mathbf{a}\times(k\mathbf{b})$

(5) $\mathbf{a}\cdot(\mathbf{b}\times\mathbf{c}) = (\mathbf{a}\times\mathbf{b})\cdot\mathbf{c}$

(6) $\mathbf{a}\times(\mathbf{b}\times\mathbf{c}) = (\mathbf{a}\cdot\mathbf{c})\mathbf{b}-(\mathbf{a}\cdot\mathbf{b})\mathbf{c}$

(7) $\mathbf{a}\times\mathbf{0} = \mathbf{0}\times\mathbf{a} = \mathbf{0}$

(8) $\mathbf{a}\times\mathbf{a} = \mathbf{0}$

다시 한번 확인하기

1. $\mathbf{a}=(a_1, a_2, a_3)$, $\mathbf{b}=(b_1, b_2, b_3)$일 때,
   a와 b의 외적(cross product)은 $\mathbf{a}\times\mathbf{b}=(a_2b_3-a_3b_2,\ a_3b_1-a_1b_3,\ a_1b_2-a_2b_1)$이다.
2. a와 b가 영이 아닌 임의의 벡터라 하자. 그러면 다음이 성립한다.
   (1) 벡터 a×b는 a, b 모두와 직교한다.
   (2) 예각 θ가 a와 b 사이의 각이라면 다음이 성립한다.

   $$|\mathbf{a}\times\mathbf{b}| = |\mathbf{a}||\mathbf{b}|\sin\theta$$

3. 두 벡터 a와 b를 이웃변으로 하고, θ가 사이각일 때 평행사변형의 넓이는

   $$\text{밑변}\times\text{높이} = |\mathbf{a}||\mathbf{b}|\sin\theta$$

14.4 직선의 방정식

3차원 공간에 있는 직선 l은 직선 l 위의 한 점 $P_0(x, y, z)$와 직선과 평행한 벡터 $\mathbf{v}=(a, b, c)$에 의하여 결정된다. 점 $P(x, y, z)$가 점 $P_0(x_0, y_0, z_0)$를 포함하고 벡터 $\mathbf{v}=(a, b, c)$에 평행한 직선 l 위에 있을 필요충분조건은 $\overrightarrow{P_0P}=(x-x_0, y-y_0, z-z_0)$가 적당한 실수 t에 대하여 $t\mathbf{v}$가 되는 것이다. 즉, $\overrightarrow{P_0P}=t\mathbf{v}$이다. 이것을 성분별로 나타내면

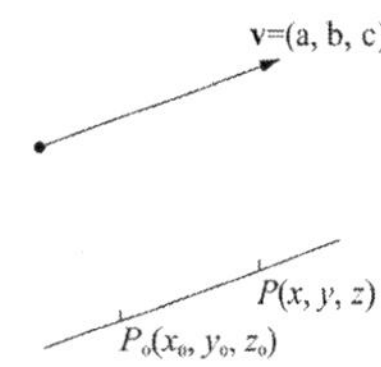

$$(x-x_0, y-y_0, z-z_0)=(ta, tb, tc)$$
$$x-x_0=ta, \quad y-y_0=tb, \quad z-z_0=tc$$

이다.

정의 14.14

점 $P(x, y, z)$가 점 $P_0(x_0, y_0, z_0)$를 포함하고 벡터 $\mathbf{v}=(a, b, c)$에 평행한 직선 l상에 놓여 있을 때 다음 방정식

$$x=x_0+ta, \quad y=y_0+tb, \quad z=z_0+tc$$

을 직선의 **매개방정식**(parametric equation)이라 하고 t를 매개변수라 한다. 만약 a, b, c가 0이 아닌 실수일 때 이 방정식에서 t를 소거하면

$$\frac{x-x_0}{a}=\frac{y-y_0}{b}=\frac{z-z_0}{c}$$

가 된다. 이 식을 직선의 **대칭방정식**(symmetric equation)이라고 한다.

대칭방정식에서 a, b 혹은 c중 어느 하나가 0이면 대응하는 분자가 또한 0이다. 이것은 매개방정식에서 쉽게 알 수 있다.

참고

대칭방정식에서 분모가 0이면 분자도 0이 된다.

EXAMPLE 예제 •15 $\mathrm{v} = (0,\ 1,\ -2)$에 평행하고 $P(1,\ 3,\ 2)$를 지나는 직선의 매개방정식과 대칭방정식을 구하여라.

풀이

대칭방정식은 $\dfrac{x-1}{0} = \dfrac{y-3}{1} = \dfrac{z-2}{-2}$이다.

매개방정식을 구하기 위해서

$$\frac{x-1}{0} = \frac{y-3}{1} = \frac{z-2}{-2} = t$$

로 놓으면 $x = 1,\ y = 3+t,\ z = 2-2t$이다.

EXAMPLE 예제 •16 $\mathrm{v} = (-2,\ 1,\ 3)$에 평행하고, $P(3,\ 5,\ 2)$를 지나는 직선의 매개방정식과 대칭방정식을 구하여라.

풀이

대칭방정식은 $\dfrac{x-3}{-2} = \dfrac{y-5}{1} = \dfrac{z-2}{3}$이고 매개방정식은

$$\frac{x-3}{-2} = t,\ \frac{y-5}{1} = t,\ \frac{z-2}{3} = t$$

이므로 $x = 3-2t,\ y = 5+t,\ z = 2+3t$이다.

EXAMPLE 예제 •17 두 점 $A(1,\ -2,\ 3)$과 $B(3,\ 4,\ 2)$을 지나는 직선의 대칭방정식을 구하여라.

풀이

두 점을 지나는 벡터는

$$\overrightarrow{AB} = (3-1,\ 4+2,\ 2-3) = (2,\ 6,\ -1)$$

이므로 대칭방정식은

$$\frac{x-1}{2} = \frac{y+2}{6} = \frac{z-3}{-1}$$

이고, 매개방정식은 $x = 1+2t,\ y = -2+6t,\ z = 3-t$이다.

매개방정식이나 대칭방정식으로부터 주어진 직선과 평행한 벡터를 다음과 같이 구할 수 있다.

$$\frac{x-x_0}{a}=\frac{y-y_0}{b}=\frac{z-z_0}{c}$$

이나

$$x=x_0+ta,\ y=y_0+tb,\ z=z_0+tc$$

와 평행한 벡터는 $t(a,\ b,\ c)$이다.

예제 •18 직선 $\frac{x}{-2}=\frac{y}{1}=\frac{z}{3}$에 평행하고 점 $(3,\ 5,\ 2)$를 지나는 직선의 매개방정식과 대칭방정식을 구하여라.

풀이

직선 $\frac{x}{-2}=\frac{y}{1}=\frac{z}{3}$은 벡터 $(-2,\ 1,\ 3)$에 평행하므로 벡터 $(-2,\ 1,\ 3)$에 평행하고 점 $(3,\ 5,\ 2)$를 지나는 직선의 방정식을 구하면 된다. 그러므로 대칭방정식은

$$\frac{x-3}{-2}=\frac{y-5}{1}=\frac{z-2}{3}$$

이고 매개방정식은 $x=3-2t,\ y=5+t,\ z=2+3t$이다.

예제 •19 x축에 평행하고 $P(1,\ 5,\ -2)$을 지나는 직선의 매개방성식과 대칭방정식을 구하여라.

풀이

x축에 평행하므로 벡터 $v=(1,\ 0,\ 0)$에 평행하고 $P(1,\ 5,\ -2)$을 지나는 직선의 매개방정식과 대칭방정식을 구하면 된다.

대칭방정식은

$$\frac{x-1}{1}=\frac{y-5}{0}=\frac{z+2}{0}$$

이고 매개방정식은 $x=t+1,\ y=5,\ z=-2$이다.

14.5 평면의 방정식

3차원 공간에 있는 평면은 평면 위의 한 점 $P(x,\ y,\ z)$와 평면에 수직인 0이 아닌 벡터 $\mathbf{n}=(a,\ b,\ c)$에 의하여 결정된다. 점 $P_0(x_0,\ y_0,\ z_0)$를 포함하고 벡터 $\mathbf{n}=(a,\ b,\ c)$에 수직인 평면상에 점 $P(x,\ y,\ z)$가 놓여 있을 필요충분조건은 $\overrightarrow{P_0P}=(x-x_0,\ y-y_0,\ z-z_0)$이 $\mathbf{n}$과 수직이 되는 것이다. 즉, $\mathbf{n}\cdot\overrightarrow{P_0P}=0$이다. 이것을 성분별로 나타내면, $(a,\ b,\ c)\cdot(x-x_0,\ y-y_0,\ z-z_0)=0$이다. 즉,

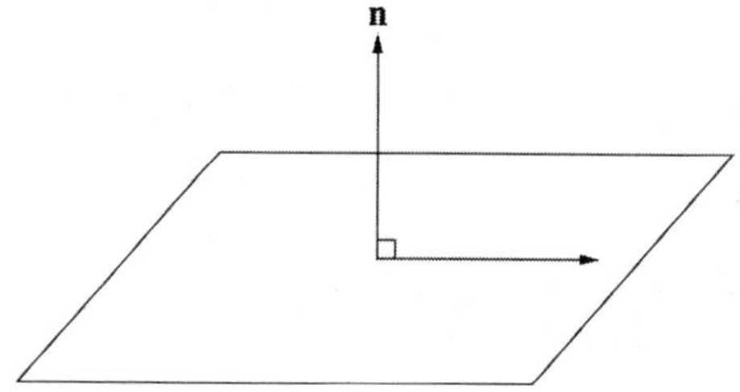

정의 14.15

점 $P_0(x_0,\ y_0,\ z_0)$를 포함하고 벡터 $\mathbf{n}=(a,\ b,\ c)$에 수직인 평면의 방정식은

$$a(x-x_0)+b(y-y_0)+c(z-z_0)=0$$

이다.

위 식은 다음과 같이 변형되므로

$$ax+by+cz=ax_0+by_0+cz_0,$$
$$ax+by+cz-d=0,$$
$$d=ax_0+by_0+cz_0$$

이다.

정리 14.16

점 $P_0(x_0, y_0, z_0)$를 포함하고 벡터 $\mathbf{n}=(a, b, c)$에 수직인 평면의 방정식은

$$ax+by+cz=d,\ d=ax_0+by_0+cz_0$$

이다.

역으로

정리 14.17

평면의 방정식 $ax+by+cz=d$이 주어질 때, 이 평면에 수직인 벡터는

$$\mathbf{n}=(a, b, c)$$

가 된다.

예제 EXAMPLE •20 벡터 $\mathbf{n}=(2, 3, -1)$에 수직이고 $P(1, -2, 3)$을 지나는 평면의 방정식을 구하여라.

풀이

$d=2(1)+3(-2)-1(3)=-7$이므로
평면의 방정식은 $2x+3y-z=-7$이다.
또는 $2(x-1)+3(y+2)-(z-3)=0$으로부터
$z=2x+3y+7$을 구할 수 있다.

예제 EXAMPLE •21 $2x+3y-z=-7$에 수직인 벡터를 구하여라.

풀이

$\mathbf{n}=2\mathbf{i}+3\mathbf{j}-\mathbf{k}=(2, 3, -1)$이다.

예제 •22 세 점 $A(1,\ 1,\ 1)$, $B(2,\ 4,\ 3)$, $C(3,\ 2,\ 1)$를 지나는 평면의 방정식을 구하여라.

풀이

$$\overrightarrow{AB} = (2-1,\ 4-1,\ 3-1) = (1,\ 3,\ 2),$$
$$\overrightarrow{AC} = (3-1,\ 2-1,\ 1-1) = (2,\ 1,\ 0)$$

먼저 $\overrightarrow{AB}$와 $\overrightarrow{AC}$에 수직인 벡터 $\mathbf{n}$을 구하면

$$\mathbf{n} = \overrightarrow{AB} \times \overrightarrow{AC} = \begin{vmatrix} \mathbf{i} & \mathbf{j} & \mathbf{k} \\ 1 & 3 & 2 \\ 2 & 1 & 0 \end{vmatrix}$$
$$= \begin{vmatrix} 3 & 2 \\ 1 & 0 \end{vmatrix}\mathbf{i} - \begin{vmatrix} 1 & 2 \\ 2 & 0 \end{vmatrix}\mathbf{j} + \begin{vmatrix} 1 & 3 \\ 2 & 1 \end{vmatrix}\mathbf{k}\mathbf{k}$$
$$= -2\mathbf{i} + 4\mathbf{j} - 5\mathbf{k}$$
$$= (-2,\ 4,\ -5)$$

이다. n에 수직인 평면을 구하면 되므로 평면의 방정식은

$$-2(x-1) + 4(y-1) - 5(z-1) = 0$$
$$-2x + 2 + 4y - 4 - 5z + 5 = 0$$
$$-2x + 4y - 5z + 3 = 0$$ 이다.

예제 •23 평면 $2x + 3y - z = 4$에 평행하며 점 $(1,\ -2,\ 3)$을 지나는 평면의 방정식을 구하여라.

풀이

주어진 평면에 수직인 벡터 $\mathbf{n} = (2,\ 3,\ -1)$과 수직이며 점 $(1,\ -2,\ 3)$을 지나는 평면의 방정식을 구하면 된다. 그러므로

$$2(x-1) + 3(y+2) - (z-3) = 0$$

이 되므로

$$2x + 3y - z = -7$$

이 된다.

다시 한번 확인하기

1. 점 $P(x, y, z)$가 점 $P_0(x_0, y_0, z_0)$를 포함하고 벡터 $\mathbf{v}=(a, b, c)$에 평행한 직선 l상에 놓여 있을 때 다음 방정식

$$x=x_0+ta,\ \ y=y_0+tb,\ \ z=z_0+tc$$

을 직선의 매개방정식(parametric equation)이라 하고 t를 매개변수라 한다. 만약 a, b, c가 0이 아닌 실수일 때 이 방정식에서 t를 소거하면

$$\frac{x-x_0}{a}=\frac{y-y_0}{b}=\frac{z-z_0}{c}$$

가 된다. 이 식을 직선의 대칭방정식(symmetric equation)이라고 한다.

2. $\dfrac{x-x_0}{a}=\dfrac{y-y_0}{b}=\dfrac{z-z_0}{c}$이나

$$x=x_0+ta,\ \ y=y_0+tb,\ \ z=z_0+tc$$

와 평행한 벡터는 (a, b, c)이다.

3. 점 $P_0(x_0, y_0, z_0)$를 포함하고 벡터 $\mathbf{n}=(a, b, c)$에 수직인 평면의 방정식은

$$a(x-x_0)+b(y-y_0)+c(z-z_0)=0$$

이다.

4. 평면의 방정식 $ax+by+cz=d$이 주어질 때, 이 평면에 수직인 벡터는

$$\mathbf{n}=(a, b, c)$$

가 된다.

연습문제

1. 다음 벡터 $\mathbf{a}$의 크기를 구하여라.

(1) $\mathbf{a}=(2,\ -2,\ 2)$ (2) $\mathbf{a}=(-7,\ 2,\ 1)$

(3) $\mathbf{a}=(0,\ 5,\ 0)$ (4) $\mathbf{a}=(2,\ 3,\ 4)$

2. 세 벡터 $\mathbf{a}=(1,\ 2,\ 3)$, $\mathbf{b}=(3,\ -2,\ 1)$, $\mathbf{c}=(2,\ -1,\ -4)$에 대하여 다음 벡터의 성분을 구하여라.

(1) $\mathbf{a}-\mathbf{b}$ (2) $3\mathbf{b}-2\mathbf{c}$

(3) $-3\mathbf{a}+2\mathbf{b}$ (4) $\mathbf{a}-(\mathbf{b}+\mathbf{c})$

(5) $2\mathbf{a}-3\mathbf{b}+\mathbf{c}$ (6) $-(\mathbf{a}-2\mathbf{b}+\mathbf{c})$

(7) $-5(\mathbf{a}-3\mathbf{b})$ (8) $-3(\mathbf{b}-7\mathbf{c})$

3. 세 벡터 $\mathbf{a}=(2,\ 1,\ 3)$, $\mathbf{b}=(2,\ 3,\ -1)$, $\mathbf{c}=(4,\ -2,\ 1)$에 대하여 다음을 구하여라.

(1) $|\mathbf{a}-\mathbf{b}|$ (2) $|\mathbf{b}+\mathbf{c}|$

(3) $|2\mathbf{c}-\mathbf{b}+\mathbf{a}|$ (4) $|\mathbf{a}||\mathbf{b}||\mathbf{c}|$

(5) $|\mathbf{a}+\mathbf{b}|\mathbf{c}$ (6) $|\mathbf{b}-\mathbf{c}|\mathbf{a}$

4. 다음과 같은 점 A를 시점, 점 B를 종점으로 하는 벡터 $\overrightarrow{AB}$의 성분과 그 크기를 각각 구하여라.

(1) $A(1,\ 6,\ 2)$, $B(5,\ -3,\ 3)$

(2) $A(2,\ -6,\ 7)$, $B(4,\ -2,\ -3)$

(3) $A(1,\ 7,\ 2)$, $B(2,\ 5,\ -4)$

(4) $A(-1,\ 0,\ 1)$, $B(0,\ 1,\ 0)$

(5) $A(a,\ b,\ c)$, $B(0,\ 0,\ 0)$

(6) $A(0,\ 0,\ 0)$, $B(a,\ b,\ c)$

5. $\mathbf{a}\neq 0$인 벡터 $\mathbf{a}$에 대하여 벡터 $\dfrac{1}{|\mathbf{a}|}\mathbf{a}$의 크기는 1임을 밝혀라.

6. 다음에 주어진 벡터와 같은 방향을 갖는 단위벡터를 구하여라.

(1) $(1, 1, 1)$ (2) $(3, 2, 1)$

(3) $(-1, 2, 1)$ (4) $(0, 1, 2)$

7. 다음 벡터의 내적 $\mathbf{a} \cdot \mathbf{b}$를 구하여라.

(1) $\mathbf{a} = (2, 3, 5)$, $\mathbf{b} = (5, -7, 1)$

(2) $\mathbf{a} = (-6, -2, 1)$, $\mathbf{b} = (4, 0, 1)$

(3) $\mathbf{a} = (1, 5, 4)$, $\mathbf{b} = (3, -3, 3)$

(4) $\mathbf{a} = (2, 2, 3)$, $\mathbf{b} = (1, -5, -4)$

8. 문제 7의 각각에 대해서 $\mathbf{a}$, $\mathbf{b}$가 이루는 각을 θ라 할 때 $\cos\theta$값을 구하여라.

9. 다음 주어진 벡터들이 직교하도록 x의 값을 구하여라.

(1) $(1, 3, x)$, $(4, x, 1)$

(2) $(1, x, 2)$, $(x, x, -1)$

10. $\mathbf{a} = (1, -2, 1)$, $\mathbf{b} = (2, 1, 1)$, $\mathbf{c} = (3, -1, 2)$일 때 다음을 구하여라.

(1) $\mathbf{a} \times \mathbf{b}$ (2) $\mathbf{b} \times \mathbf{a}$

(3) $\mathbf{a} \cdot (\mathbf{b} \times \mathbf{c})$ (4) $2(\mathbf{a} - \mathbf{b}) \times 3\mathbf{b}$

(5) $|\mathbf{a} \times \mathbf{b}|$ (6) $(\mathbf{a} \times \mathbf{b}) \cdot \mathbf{c}$

11. 다음 벡터들과 직교하는 단위벡터를 구하여라.

(1) $(1, 1, 0)$, $(0, 1, 1)$ (2) $(1, 2, 2)$, $(1, 1, -1)$

(3) $(2, -2, 3)$, $(1, 1, 0)$ (4) $(3, 4, 2)$, $(2, 3, -4)$

(5) $(1, 0, 1)$, $(0, 1, 1)$ (6) $(4, -3, 1)$, $(2, -1, 2)$

12. 다음 벡터들이 이루는 평행사변형의 면적을 구하여라.

(1) $(1, 0, 0)$, $(0, 1, 1)$ (2) $(6, 4, 0)$, $(1, 0, -1)$

(3) $(2, 3, 1)$, $(0, 1, 1)$ (4) $(3, 4, 0)$, $(0, 3, 4)$

(5) $(2, 1, 0)$, $(-1, 1, 0)$

13. 다음 세 점을 꼭짓점으로 하는 삼각형의 면적을 구하여라.

(1) $(0,\ 0,\ 0)$, $(1,\ 2,\ 0)$, $(-1,\ 3,\ 2)$
(2) $(0,\ 0,\ 0)$, $(-1,\ 1,\ 1)$, $(1,\ 2,\ 1)$
(3) $(4,\ 0,\ 0)$, $(0,\ 3,\ 0)$, $(0,\ 0,\ 4)$
(4) $(1,\ 1,\ 1)$, $(0,\ 3,\ 0)$, $(2,\ 3,\ 1)$
(5) $(6,\ 4,\ 3)$, $(3,\ 1,\ 1)$, $(4,\ 2,\ 2)$

14. $\mathbf{a}=(2,\ 6,\ 0)$, $\mathbf{b}=(1,\ -3,\ 0)$에 대하여 다음을 구하여라.
(1) $\mathbf{a}-2\mathbf{b}$
(2) $|\mathbf{a}|$
(3) $|\mathbf{b}|$
(4) $\mathbf{a}\cdot\mathbf{b}$
(5) $\mathbf{a}$와 $\mathbf{b}$ 사이의 각
(6) $\mathbf{a}$의 단위벡터

15. $\mathbf{a}=(1,\ 2,\ 2)$, $\mathbf{b}=(3,\ 4,\ -12)$에 대하여 다음을 구하여라.
(1) $2\mathbf{a}-\mathbf{b}$
(2) $|\mathbf{a}|$
(3) $|\mathbf{b}|$
(4) $\mathbf{a}\cdot\mathbf{b}$
(5) $\mathbf{a}$와 $\mathbf{b}$ 사이의 각
(6) $\mathbf{a}\times\mathbf{b}$
(7) $\mathbf{b}\times\mathbf{a}$
(8) $(\mathbf{a}\times\mathbf{b})\cdot\mathbf{a}$

16. 문제 15의 (6), (7)과 (8)로부터 무엇을 알 수 있는가?

17. 다음 조건을 만족시키는 직선의 매개방정식과 대칭방정식을 구하여라.
(1) 벡터 $\mathbf{v}=(2,\ -2,\ 3)$에 평행하고, $P(1,\ -1,\ 2)$를 지나는 직선
(2) 벡터 $\mathbf{v}=(3,\ 1,\ 2)$에 평행하고, $P(2,\ 3,\ -1)$을 지나는 직선
(3) 직선 $\left(\dfrac{x-1}{2}=\dfrac{y-3}{-1}=\dfrac{z+1}{3}\right)$에 평행하고, $P(2,\ 3,\ -1)$을 지나는 직선
(4) 직선 $\left(\dfrac{x+1}{3}=\dfrac{y-2}{2}=\dfrac{z-4}{-2}\right)$에 평행하고, $P(3,\ 1,\ -2)$를 지나는 직선
(5) x축에 평행하고, $P(2,\ 4,\ -3)$을 지나는 직선
(6) y축에 평행하고, $P(-3,\ 2,\ -1)$을 지나는 직선
(7) $(2,\ 2,\ 1)$과 $(1,\ 1,\ 3)$을 지나는 직선
(8) $(1,\ -2,\ 1)$과 $(3,\ 1,\ 2)$를 지나는 직선

(9) (5, 3, 7)과 (2, 4, 3)을 지나는 직선

(10) (3, 2, 5)와 (3, 2, 1)을 지나는 직선

18. 다음 조건을 만족시키는 평면의 방정식을 구하여라.

(1) 벡터 $\mathbf{v} = (4,\ 3,\ -2)$에 수직이며 점 $P(2,\ 3,\ 1)$을 지나는 평면

(2) 벡터 $\mathbf{v} = (1,\ -1,\ 2)$에 수직이며 점 $P(3,\ -1,\ 2)$를 지나는 평면

(3) 평면 $x - 3y + 2z = 0$과 평행이며 점 $P(1,\ -1,\ 0)$을 지나는 평면

(4) 평면 $2x - y + 3z = 0$과 평행이며 점 $P(4,\ 3,\ -2)$를 지나는 평면

(5) 세 점 (1, −2, 1), (2, 2, 2), (0, 0, 0)을 지나는 평면

(6) 세 점 (3, 2, 0), (5, 2, 0), (4, 0, 0)을 지나는 평면

(7) 세 점 (4, 6, 5), (3, 2, 7), (2, 1, 4)를 지나는 평면

(8) 세 점 (1, 0, −1), (−1, 1, 0), (0, 1, 1)을 지나는 평면

(9) 평면 $2x - 3y + z = 6$과 수직이고, $P(1,\ -2,\ 3)$을 지나는 직선

(10) 평면 $x + 2y = 2$와 수직이고, $P(3,\ 2,\ -2)$를 지나는 직선

대학기초수학

이변수함수와 이차곡면

이변수함수, 정의구역, 등고선

이 장에서 배울 기본개념

CHAPTER 15

15.1 이변수함수

지금까지 다루었던 $y = f(x)$와 같은 함수는 변수 x가 변할 때 함수값 y가 따라서 변하므로 **일변수함수**라고 한다. 예를 들어, 원의 면적 $S = \pi r^2$은 변수가 반지름인 r 하나이므로 일변수함수이다. 실제로 일상생활이나 과학 분야에서는 변수가 하나 이상인 것이 많다. 예를 들어, 삼각형의 면적 $S = \frac{1}{2}ah$는 밑변의 길이 a와 높이 h가 변하면 면적이 따라서 변하므로 변수가 둘이 된다. 일반적으로, $x^2 + y^2$처럼 변수가 둘인 함수를 **이변수함수**라 한다. 이변수함수는 xy-평면에 있는 점 (x, y)들을 대입하면 실수가 나오는 함수이며 $z = f(x, y)$로 표기한다. 함수 $f(x, y)$의 그래프는 $z = f(x, y)$를 만족시키는 집합 (x, y, z)로서 3차원 공간에 놓여 있는 곡면(surface)이며, z는 점 (x, y)에서의 곡면의 높이를 나타낸다.

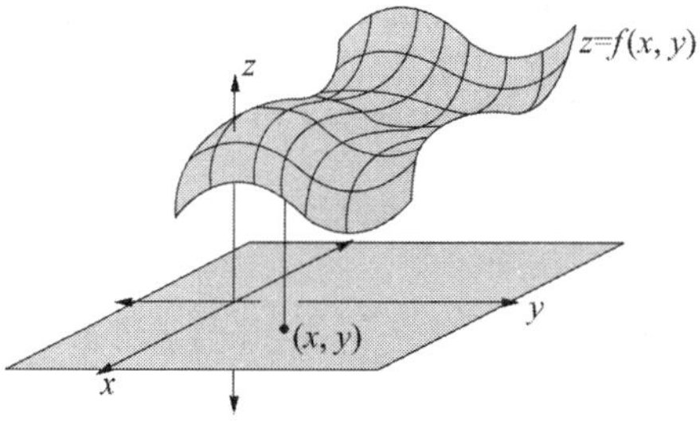

예제 •1 (EXAMPLE) 함수 $f(x, y) = x^2 + 2xy$에서 $f(1, 2)$과 $f(2, 5)$를 구하여라.

풀이

$f(1,\ 2) = 1^2 + 2 \cdot 1 \cdot 2 = 5$이고

$f(2,\ 5) = 2^2 + 2 \cdot 2 \cdot 5 = 24$이다.

예제 •2 함수 $f(x,\ y) = x^2 + y^2$에서 $f(1,\ 2)$과 $f(2,\ 5)$를 구하여라.

풀이

$f(1,\ 2) = 1^2 + 2^2 = 5$이고 $f(2,\ 5) = 2^2 + 5^2 = 29$이다.

점 $(x,\ y)$가 원점 $(0,\ 0)$에서 멀어질수록 더 높아진다.

만약 점 $(x,\ y)$가 $x^2 + y^2 \le 1$에 있다면 그래프는 다음 15.2와 같다.

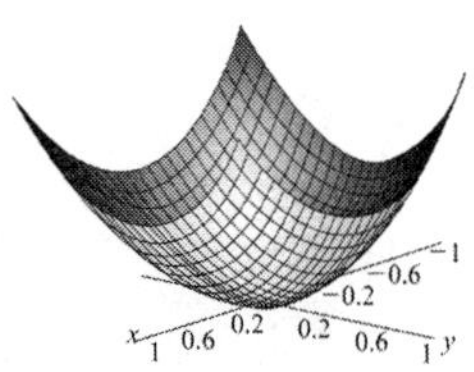

그림 15.1

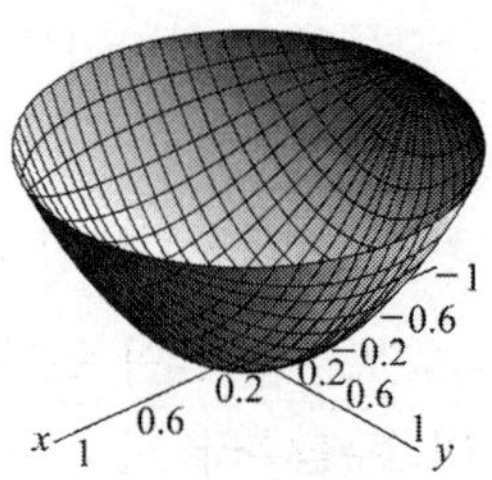

그림 15.2

함수의 정의구역은 그 함수가 정의된 영역 또는 정의될 수 있는 영역을 말하며 치역은 정의구역 위에서 함수값이 가질 수 있는 모든 범위를 치역이라 한다. 보통 정의구역은 괄호를 사용하여 $\{(x,\ y) | \cdots\}$와 같이 나타낸다. 예를 들면, $z = \sqrt{y - x}$에서 근호 안이 음수면 허수가 되므로 정의구역은 $\{(x,\ y) | y \ge x\}$가 된다.

예제 •3 함수 $f(x\ ,y) = \dfrac{x^2 + y^2}{x - y}$의 정의구역을 구하고 $f(2,\ 1)$을 구하여라.

풀이

분모가 0이 되는 $x = y$를 제외한 모든 점에서 함수가 정의되므로 정의구역은 $\{(x,\ y) | x \ne y\}$이고 $f(2,\ 1) = \dfrac{5}{1} = 5$이다.

예제 •4 EXAMPLE 함수 $f(x,\ y)=\sqrt{4-x^2-4y^2}$ 의 정의구역을 구하여라.

풀이

근호 안이 음수이면 허수가 되어 정의되지 않으므로 정의구역은

$$\{(x,\ y)|4-x^2-4y^2 \geq 0\}$$

이다.

$4-x^2-4y^2 \geq 0$은 $\frac{x^2}{4}+y^2 \leq 1$과 같으므로 정의구역은 타원 내부에 있는 점이 된다.

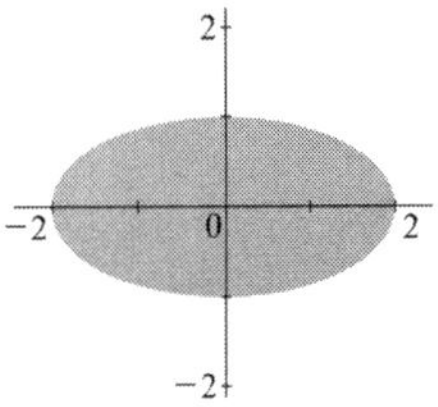

그림 15.3

예제 •5 EXAMPLE 함수 $f(x,\ y)=\ln(y-2x)$의 정의구역을 구하여라.

풀이

로그함수는 양수에서만 정의가 되므로 $y-2x>0$에서만 정의가 된다.

정의구역은 $\{(x,\ y)|y>2x\}$이다.

다음의 표는 주어진 함수의 정의구역과 치역을 보여준다.

함 수	정의구역	치 역
$z=\sqrt{y-x}$	$\{(x,\ y)\|y \geq x\}$	$z \geq 0$
$z=\frac{1}{xy}$	$\{(x,\ y)\|xy \neq 0\}$	$z \neq 0$
$z=\cos xy$	$\{(x,\ y)\|(x,\ y) \in R^2\}$	$-1 \leq z \leq 1$
$z=\frac{1}{x^2+y^2}$	$\{(x,\ y)\|(x,\ y) \neq (0,\ 0)\}$	$0<z<\infty$
$z=\sqrt{x^2+y^2}$	$\{(x,\ y)\|(x,\ y) \in R^2\}$	$z \geq 0$
$z=-\frac{1}{x^2+y^2}$	$\{(x,\ y)\|(x,\ y) \neq (0,\ 0)\}$	$-\infty<z<0$
$z=y\ln x$	$\{(x,\ y)\|x>0\}$	$-\infty<z<\infty$

15.2 등고선

정의 15.1

함수 $z=f(x,\ y)$가 일정한 상수가 되는 점 $(x,\ y)$의 집합 $\{(x,\ y)|f(x,\ y)=c\}$를 함수 $z=f(x,\ y)$의 $z=c$에서 **등고선**(level curve)이라고 한다.

기하학적으로 등고선 $\{(x,\ y)|f(x,\ y)=c\}$는 곡면 $z=f(x,\ y)$와 평면 $z=c$가 만나서 이루는 곡선이다.

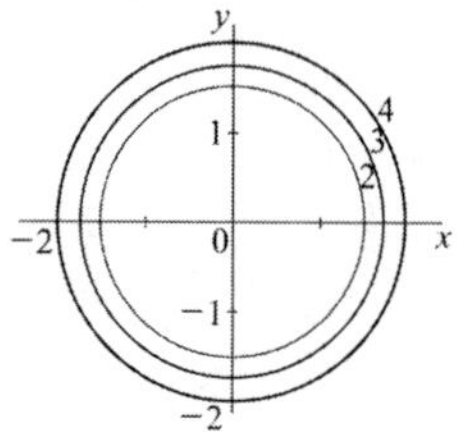

그림 15.4

예제 •6 $f(x,\ y)=x^2+y^2$의 등고선을 그려보아라.

풀이

등고선 $f(x,\ y)=1$은 $x^2+y^2=1$이므로 반지름이 1인 원이고 등고선 $f(x,\ y)=4$는 $x^2+y^2=4$이므로 반지름이 2인 원이다.

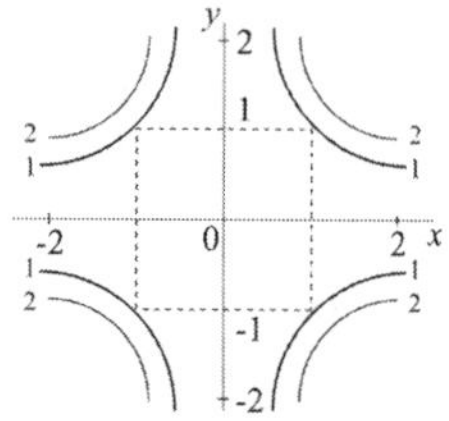

그림 15.5

예제 •7 $f(x,\ y)=xy$의 등고선을 그려보아라.

풀이

등고선 $f(x,\ y)=1$은 $xy=1$이므로 $y=\dfrac{1}{x}$이고 등고선 $f(x,\ y)=2$는 $xy=2$이므로 $y=\dfrac{2}{x}$이다.

예제 •8 $f(x,\ y)=100-x^2-y^2$의 등고선과 곡면을 그려보아라.

풀이

등고선 $f(x,\ y)=c$는 $x^2+y^2=100-c$이므로 중심이 원점인 다양한 원이 되며 곡면은 원점에 가까울수록 $f(x,\ y)$의 값이 크다.

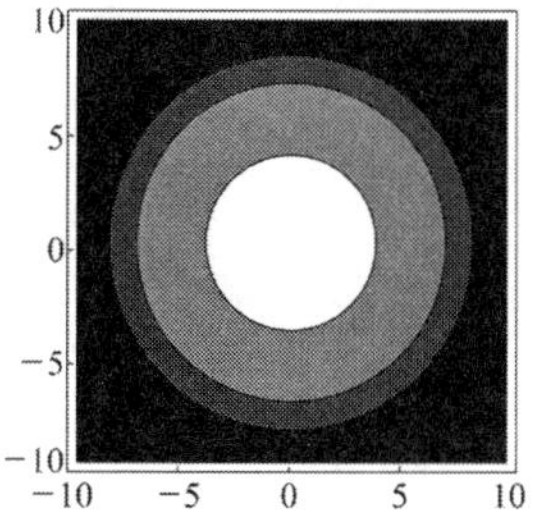

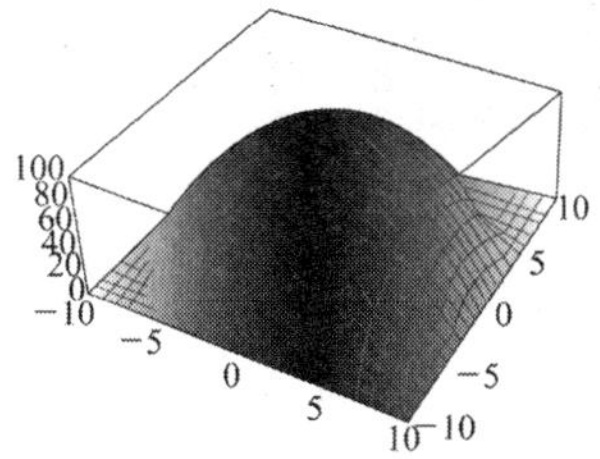

예제 •9 $f(x, y) = 100 - x^2 - y^2$의 등고선 중에서 점 $(5, 5)$를 지나는 방정식과 $f(x, y) = 75$인 방정식을 구하여라.

풀이

$f(5, 5) = 100 - 25 - 25 = 50$이므로 등고선의 방정식은 $x^2 + y^2 = 50$이 된다.

$f(x, y) = 75$인 방정식은 $75 = 100 - x^2 - y^2$이므로 $x^2 + y^2 = 25$이다. 즉 높이가 75인 평면과 곡면이 만나는 곡선은 반지름이 5인 원이다.

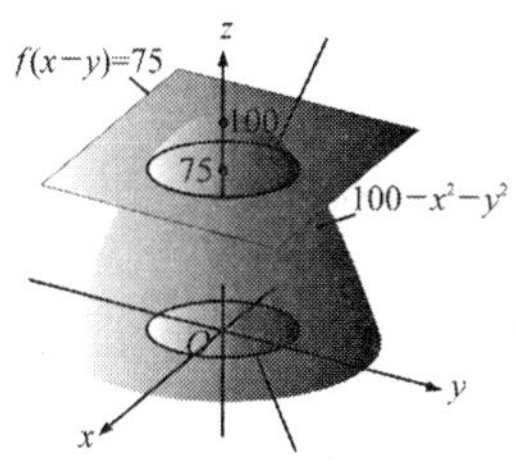

그림 15.6

등고선은 산의 높고 낮음을 나타내는 지도에 잘 나와 있다. 옆의 그림을 볼 때 연결된 등고선은 같은 높이를 나타낸다. 따라서 등고선의 간격이 좁은 곳은 경사가 급한 곳이고 간격이 넓은 곳은 경사가 완만한 곳이 된다.

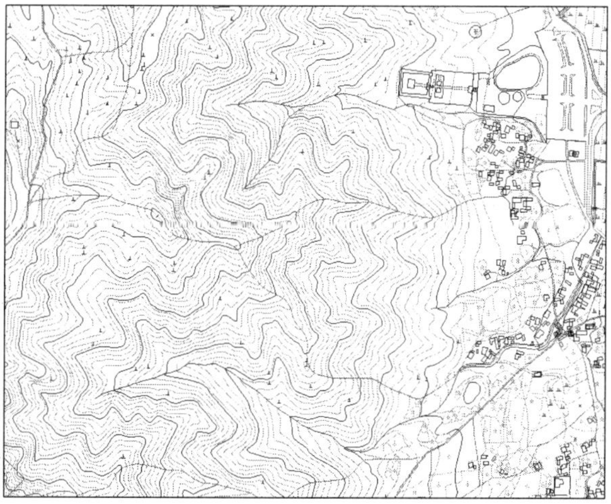

경주 부근의 등고선(1:5000)

다시 한번 확인하기

함수 $z = f(x, y)$가 일정한 상수가 되는 점 (x, y)의 집합 $\{(x, y) | f(x, y) = c\}$을 함수 $z = f(x, y)$의 $z = c$에서 등고선(level curve)이라고 한다.

15.3 공간좌표

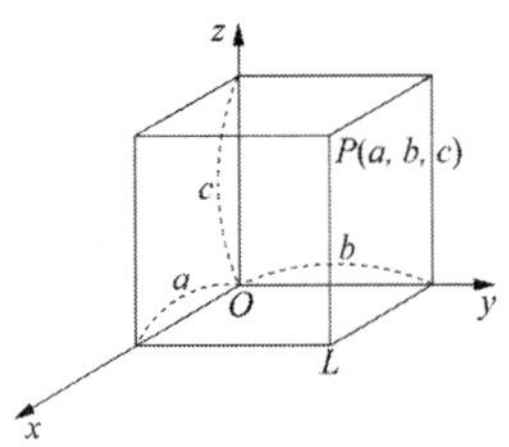

그림 15.7

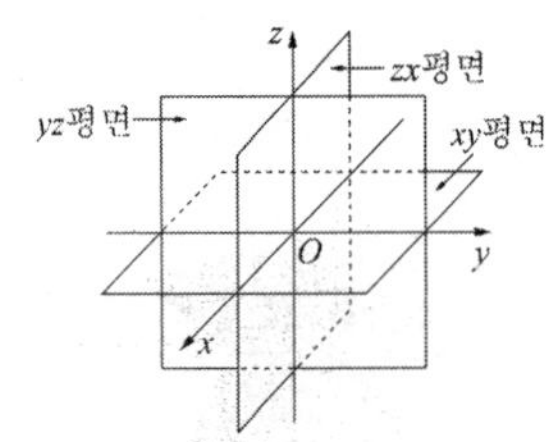

그림 15.8

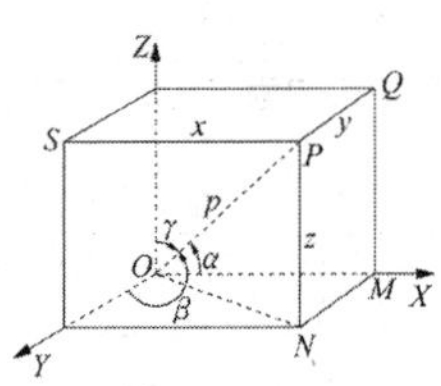

그림 15.9

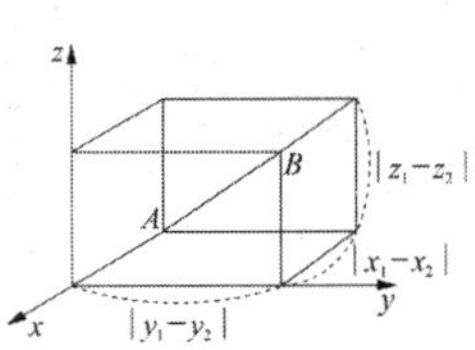

그림 15.10

3차원에는 세 개의 직교좌표축(coordinate axes) x축, y축, z축이 있다. x축과 y축이 결정하는 평면을 xy평면, y축과 z축이 결정하는 평면을 yz평면, x축과 z축이 결정하는 평면을 xz평면이라고 하며 이 세 평면을 **좌표평면**(coordinates planes)이라고 한다. 3차원 공간에 있는 점 전체의 집합과 $\{(a,\ b,\ c) - a,\ b,\ c$는 실수$\}$은 세 개의 서로 수직하는 좌표평면들로부터의 수직거리에 의하여 일대일 대응 시킬 수 있다. 그림과 같이 각 좌표평면들로부터의 수직거리가 $a,\ b,\ c$라면 $(a,\ b,\ c)$를 점 P의 **좌표**(coordinates)라 하고, $P(a,\ b,\ c)$로 나타낸다. 이와 같이 좌표축이 도입된 공간을 **좌표공간**이라 한다.

좌표평면과 좌표축의 방정식은 다음과 같다.

(1) xy평면 : $z=0$, yz평면 : $x=0$, zx평면 : $y=0$

(2) x축 : $y=0,\ z=0$, y축 : $x=0,\ z=0$, z축 : $x=0,\ y=0$

원점으로부터 점 P의 거리 $\overline{OP}$는

$$\begin{aligned}\overline{OP} &= \sqrt{\overline{ON}^2 + \overline{NP}^2} = \sqrt{\overline{OM}^2 + \overline{MN}^2 + \overline{NP}^2} \\ &= \sqrt{x^2+y^2+z^2}\end{aligned}$$

따라서, $\overline{OP} = p$이라면, $p^2 = x^2+y^2+z^2$이다.

두 점 $A(x_1,\ y_1,\ z_1)$, $B(x_2,\ y_2,\ z_2)$ 사이의 거리는

$$\overline{AB} = \sqrt{(x_2-x_1)^2+(y_2-y_1)^2+(z_2-z_1)^2} \text{ 이다.}$$

예제 •10 (EXAMPLE) 점 $P_1(5,\ -2,\ 3)$, $P_2(-4,\ 3,\ 7)$ 사이의 거리를 구하여라.

풀이

$$\begin{aligned}d &= \sqrt{(x_2-x_1)^2+(y_2-y_1)^2+(z_2-z_1)^2} \\ &= \sqrt{(-4-5)^2+(3+2)^2+(7-3)^2} = \sqrt{122}\end{aligned}$$

예제 •11 삼각형 $A(3,\ 5,\ -4)$, $B(-1,\ 1,\ 2)$, $C(-5,\ -5,\ -2)$은 이등변삼각형(isosceles triangle)임을 밝혀라.

풀이

$\overline{AB} = \sqrt{(-1-3)^2+(1-5)^2+(2-(-4))^2} = 2\sqrt{17}$.

$\overline{BC} = \sqrt{(-5+1)^2+(-5-1)^2+(-2-2)^2} = 2\sqrt{17}$.

$\overline{AC} = \sqrt{(-5-3)^2+(-5-5)^2+(-2+4)^2} = 2\sqrt{42}$.

$\overline{AB} = \overline{BC} = 2\sqrt{17}$ 이므로, 삼각형은 이등변삼각형이다.

예제 •12 점 $A(5,\ 1,\ 5)$, $B(4,\ 3,\ 2)$, $C(-3,\ -2,\ 1)$은 직각삼각형의 꼭짓점임을 밝혀라.

풀이

피타고라스정리를 이용하자.

$$\overline{AB} = \sqrt{(5-4)^2+(1-3)^2+(5-2)^2} = \sqrt{14}.$$
$$\overline{BC} = \sqrt{(4+3)^2+(3+2)^2+(2-1)^2} = \sqrt{75}.$$
$$\overline{CA} = \sqrt{(-3-5)^2+(-2-1)^2+(1-5)^2} = \sqrt{89}.$$
$$(\overline{AB})^2 + (\overline{BC})^2 = (\overline{CA})^2 \text{ 또는 } 14+75 = 89.$$

공간좌표 $P(a,\ b,\ c)$의 대칭성을 알아보려면

(1) xy평면에 대한 대칭 : z 대신에 $-z$을 대입해서 같을 때,

(2) yz평면에 대한 대칭 : x 대신에 $-x$을 대입해서 같을 때,

(3) xz평면에 대한 대칭 : y 대신에 $-y$을 대입해서 같을 때,

(4) 원점에 대한 대칭 : x 대신에 $-x$을, y대신에 $-y$을, z대신에 $-z$을 대입해서 같을 때,

(5) x축에 대한 대칭 : y 대신에 $-y$을, z대신에 $-z$을 대입해서 같을 때,

(6) y축에 대한 대칭 : x 대신에 $-x$을, z대신에 $-z$을 대입해서 같을 때,

(7) z축에 대한 대칭 : x 대신에 $-x$을, y대신에 $-y$을 대입해서 같을 때이다.

예제 •13 (EXAMPLE) 점 $P(1,\ 2,\ 3)$에 대하여 다음 평면에 대한 대칭점의 좌표를 구하여라.

(1) xy평면　　　(2) yz평면

(3) xz평면

풀이

(1) z 대신에 $-z$을 대입하면 되므로 $(1,\ 2,\ -3)$

(2) x 대신에 $-x$을 대입하면 되므로 $(-1,\ 2,\ 3)$

(3) y 대신에 $-y$을 대입하면 되므로 $(1,\ -2,\ 3)$이다.

15.4 이차곡면

3변수에 관한 2차방정식으로 정의되는 곡면은 **이차곡면**(quadric 혹은 conicoid)이라 한다.

3변수에 관한 2차의 가장 일반적인 방정식은

$$Ax^2 + By^2 + Cz^2 + Dxy + Exz + Fyz + Gx + Hy + Iz + K = 0$$

형이다.

축에 대한 회전이동 혹은 평행이동, 혹은 둘 모두에 의해서, 일반적인 방정식은 다음 두 가지 형태 중 하나로 바뀔 수 있다.

(1) $Ax^2 + By^2 + Cz^2 = D$,

(2) $Ax^2 + By^2 + Iz = 0$.

만일 (1) 혹은 (2)의 어떤 상수들도 0이 아니라면, 방정식은 다음 두 가지 모양 중 어느 하나로 나타낼 수 있다.

(3) $\pm \frac{x^2}{a^2} \pm \frac{y^2}{b^2} \pm \frac{z^2}{c^2} = 1$,

(4) $\pm \frac{x^2}{a^2} \pm \frac{y^2}{b^2} = \frac{z}{c}$.

이제 (3)은 세 개의 근본적으로 다른 곡면들로만 나타낼 수 있고 방정식들은 다음과 같다.

(5) $\frac{x^2}{a^2} + \frac{y^2}{b^2} + \frac{z^2}{c^2} = 1$, $\frac{x^2}{a^2} + \frac{y^2}{b^2} - \frac{z^2}{c^2}$, $\frac{x^2}{a^2} - \frac{y^2}{b^2} - \frac{z^2}{c^2} = 1$.

(5)형태의 모든 곡면들은 원점에 관하여 대칭이고. (4)로 나타낸 두 개의 곡면은 원점에 관하여 대칭이 아니고 x와 y에 대하여만 대칭이다.

구면

공간의 한 정점으로부터 일정한 거리에 있는 점 전체의 집합을 구면 또는 구라 하고, 그 정점을 구의 중심이라 하고 구의 중심과 구 위의 점을 이은 일정한 길이의 선분을 이 구의 반지름이라고 한다.

만일 $\frac{x^2}{a^2}+\frac{y^2}{b^2}+\frac{z^2}{c^2}=1$에서 $a=b=c$라면, 방정식은 중심이 $(0, 0, 0)$이고 반경이 r인 구면의 방정식 $x^2+y^2+z^2=r^2$으로 쓰일 수 있다.

만일 구면의 중심이 $C(a, b, c)$이라면, 방정식은 $(x-a)^2+(y-b)^2+(z-c)^2=r^2$이다. 구의 방정식의 일반형 $(x-a)^2+(y-b)^2+(z-c)^2=r^2$을 전개하여 정리하면

$$x^2+y^2+z^2-2ax-2by-2cz+a^2+b^2+c^2-r^2=0$$

이고 여기서

$$-2a=A,\ -2b=B,\ -2c=C,$$

$a^2+b^2+c^2-r^2=D$로 놓으면

$$x^2+y^2+z^2+Ax+By+Cz+D=0$$

이 된다. 네 점을 지나는 구의 방정식은

$$x^2+y^2+z^2+Ax+By+Cz+D=0$$

을 이용하여 구한다.

EXAMPLE 예제 •14 구 $x^2+y^2+z^2-2x+6y+2z-14=0$의 중심과 반지름의 길이를 구하여라.

풀이

$x^2+y^2+z^2-2x+6y+2z-14=0$

$(x^2-2x+1)+(y^2+6y+9)+(z^2+2z+1)$

$=14+1+9+1$

$(x-1)^2+(y+3)^2+(z+1)^2=25$

$\therefore (x-1)^2+(y+3)^2+(z+1)^2=5^2$

그러므로 중심은 $(1, -3, -1)$이고 반지름은 5이다.

예제 EXAMPLE • 15 두 점 $A(0, 5, -3)$, $B(-2, 1, 1)$을 지름의 양 끝점으로 하는 구의 방정식을 구하여라.

풀이

점 A와 B의 중점 O는

$$\frac{(0-2,\ 5+1,\ -3+1)}{2}=(-1,\ 3,\ -1)$$

이다. 그리고 반지름의 길이 $\overline{OB}$는

$$\begin{aligned}&\sqrt{(-2+1)^2+(1-3)^2+(1+1)^2}\\&=\sqrt{1+4+4}=\sqrt{9}=3\end{aligned}$$

이므로 $(x+1)^2+(y-3)^2+(z+1)^2=3^2$이다.

예제 EXAMPLE • 16 네 점 $(1, 1, 1)$, $(1, 2, 1)$, $(1, 1, 2)$, $(2, 1, 1)$를 지나는 구의 방정식을 구하여라.

풀이

$$x^2+y^2+z^2+Ax+By+Cz+D=0$$

각 점들을 일반식에 대입을 하여 첫째 식과 다음 식들을 차례로 계산하면

$$\begin{array}{rl}&3+A+B+C+D=0\\-\big)&6+A+2B+C+D=0\\\hline&-3-B=0\end{array}\qquad B=-3$$

$$\begin{array}{rl}&3+A+B+C+D=0\\-\big)&6+A+B+2C+D=0\\\hline&-3-C=0\end{array}\qquad C=-3$$

$$\begin{array}{rl} & 3+A+B+C+D=0 \\ -) & 6+2A+B+C+D=0 \\ \hline & -3-A=0 \qquad\qquad A=-3 \end{array}$$

이다. A, B, C를 일반식

$$x^2+y^2+z^2+Ax+By+Cz+D=0$$

에 대입하면

$$x^2+y^2+z^2-3x-3y-3z+D=0$$
$$3-3-3-3+D=0$$

이므로, $D=6$이 되므로, 구의 방정식은

$$x^2+y^2+z^2-3x-3y-3z+6=0$$

이다.

타원면(ellipsoid)

방정식 $\frac{x^2}{a^2}+\frac{y^2}{b^2}+\frac{z^2}{c^2}=1$은 만일 a, b, c가 같지 않으면 일반적인 타원면을 나타낸다.

만일 $a\neq b$, $b=c$라면, 타원면은 **회전타원면**(ellipsoid of revolution)이다.

만일 중심이 원점에 있다면, 이러한 방정식은 $\frac{x^2}{a^2}+\frac{y^2}{b^2}+\frac{z^2}{c^2}=1$이 된다.

만일 타원면의 중심이 $(h,\ k,\ j)$에 있고 축들이 좌표축에 평행하다면, 방정식은 다음의 형을 갖는다.

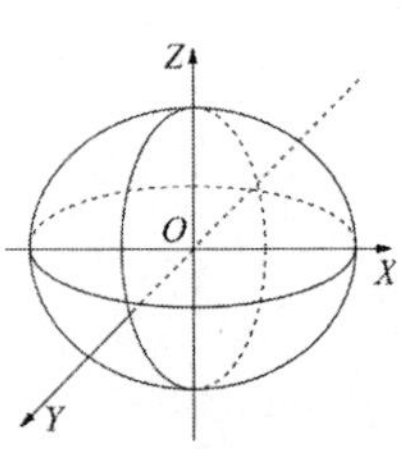

그림 15.11

$$\frac{(x-h)^2}{a^2}+\frac{(y-k)^2}{b^2}+\frac{(z-j)^2}{c^2}=1$$

구면은 타원면에서 $a=b=c$인 특별한 경우이다.

$x^2+\frac{y^2}{9}+z^2=1$을 그리면 다음과 같다.

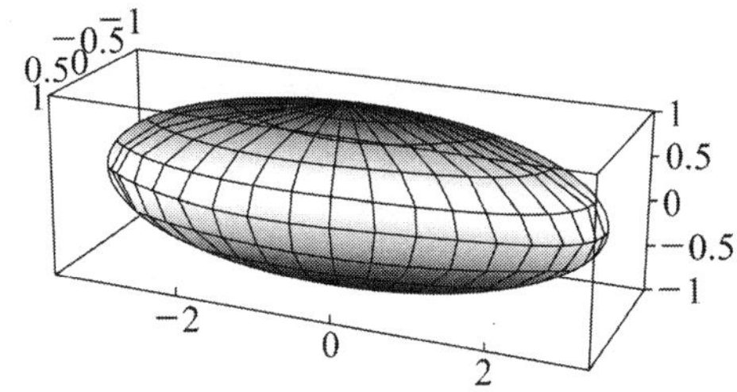

예제 •17 점 (0, 3, 0)과 (0, −3, 0)으로부터 거리의 합이 10인 점의 자취의 방정식을 구하여라.

풀이

$P(x, y, z)$을 자취 위의 어떤 점이라 하자.

그러면, $\overline{FP}+\overline{PF'}=10$ 혹은

$$\sqrt{(x-0)^2+(y-3)^2+(z-0)^2}$$
$$+\sqrt{(x-0)^2+(y+3)^2+(z-0)^2}=10.$$

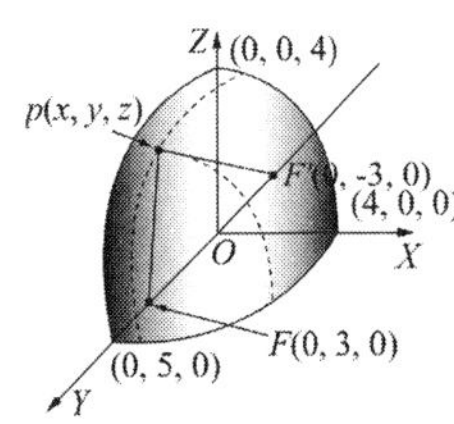

그림 15.12

한 근호를 이항하고 방정식의 양변을 제곱하고 항들을 모으면,

$$3y+25=5\sqrt{x^2+y^2+6y+9+z^2}\,.$$

제곱하고 간략히 하면, $25x^2+16y^2+25z^2=400$.

이것은 원점에 중심을 갖는 타원면(ellipsoid)

$\dfrac{x^2}{4^2}+\dfrac{y^2}{5^2}+\dfrac{z^2}{4^2}=1$이다.

쌍곡면(hyperbolid)

a. 한잎쌍곡면(hyperbolid of one sheet)

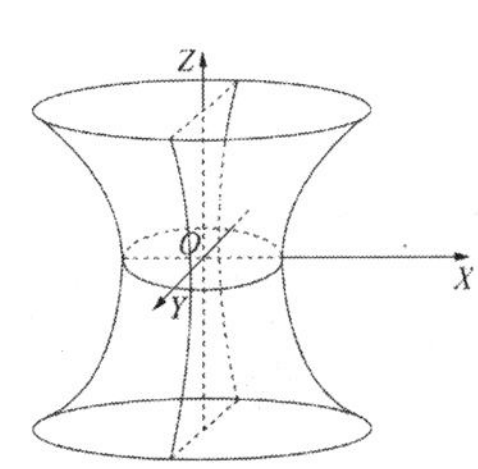

그림 15.13

만일 방정식이 $\dfrac{x^2}{a^2}+\dfrac{y^2}{b^2}-\dfrac{z^2}{c^2}=1$과 같이, 한 변수의 부호가 바뀔 때, 곡면은 한잎쌍곡면(hyperbolid of one sheet)이라 한다.

만일 $a=b$라면, 곡면은 한잎 회전쌍곡면(hyperboloid of revolution of one sheet)이다.

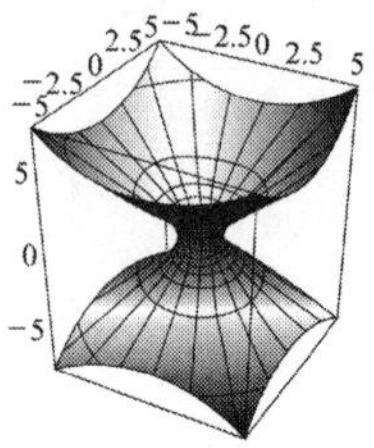

그림 15.14

xz평면 그리고 yz평면에 평행한 단면은 쌍곡선이다.

xy평면에 평행한 단면은 회전쌍곡면의 경우를 제외하고 타원이다. 단, 회전쌍곡면의 경우의 단면은 원이다.

$x^2+y^2-z^2=1$을 그리면 옆의 그림과 같다.

예제 •18 (EXAMPLE) $\dfrac{x^2}{9}+\dfrac{y^2}{4}-\dfrac{z^2}{16}=1$의 자취를 스케치하고 논하여라.

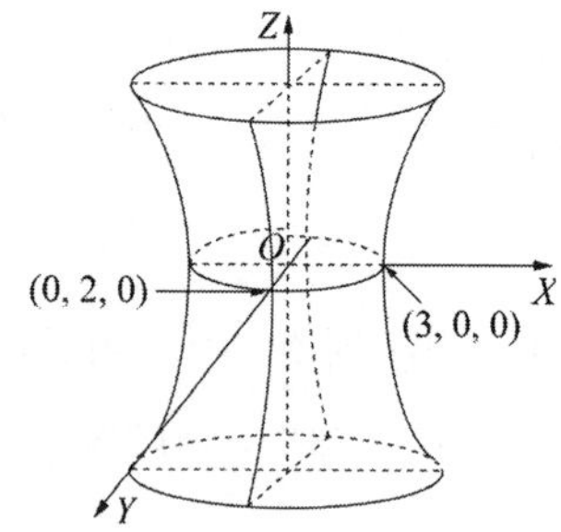

원자력발전소 굴뚝

풀이

이 곡면은 원점과 각각의 좌표평면에 관하여 대칭이다. x절편은 ± 3이고 y절편은 ± 2이다. z절편은 없다. 평면 $z=k$에 의한 단면은 z축 위에 중심을 가지는 타원이다. 이러한 타원은 k가 증가할 때 크기가 증가한다. xz평면 혹은 yz평면에 평행한 평면에 의하여 잘리는 곡면의 단면은 쌍곡선이다. 이러한 곡면은 한잎쌍곡면(hyperboloid of one sheet)이다.

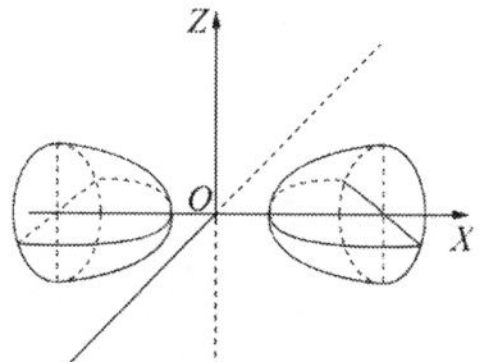

그림 15.15

b. **두잎쌍곡면**(hyperbolid of two sheets)

방정식 $\dfrac{x^2}{a^2}-\dfrac{y^2}{b^2}-\dfrac{z^2}{c^2}=1$은 두잎쌍곡면(hyperboloid of two sheets)을 나타낸다.

방정식의 두 부호가 바뀔 때 타원면과 똑같다.

만일 $b=c$이라면, 곡면은 회전면이다. xy평면과 xz평면에 평행한 단면은 쌍곡선이다. yz평면에 평행한 단면은 회전쌍곡면의 경우를 제외하고 타원이다. 단, 회전쌍곡면의 경우의 단면은 원이다. $x^2-y^2-z^2=1$을 그리면 옆의 그림과 같다.

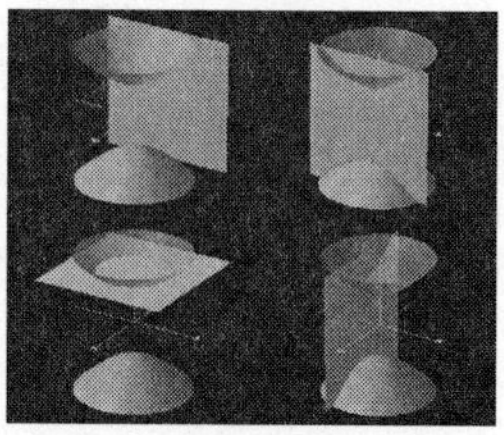

예제 •19 점 (0, 0, −4)와 (0, 0, 4)로부터 거리의 차가 6인 점의 자취의 방정식을 구하여라.

풀이

(x, y, z)를 자취 위의 어떤 점이라 하자.

그러면

$$\sqrt{(x-0)^2+(y-0)^2+(z+4)^2} - \sqrt{(x-0)^2+(y-0)^2+(z-4)^2} = 6$$

혹은

$$\sqrt{x^2+y^2+z^2+8z+16} = 6+\sqrt{x^2+y^2+z^2-8z+16}$$

제곱하고 간략히 하면,

$$4z-9 = 3\sqrt{x^2+y^2+z^2-8z+16}$$

또다시 제곱하고 간략히 하면,

$$9x^2+9y^2-7z^2 = -63.$$

이므로 $-\dfrac{x^2}{7}-\dfrac{y^2}{7}+\dfrac{z^2}{9}=1$이다.

이것은 x축을 중심으로 하는 쌍곡면이다.

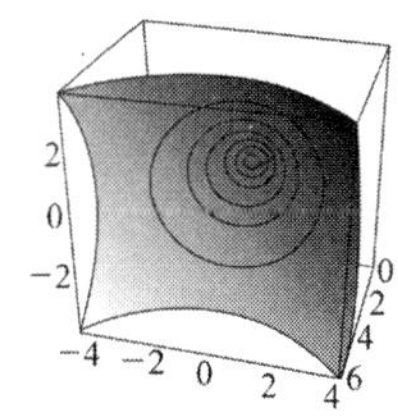

그림 15.16

예제 •20 $\dfrac{x^2}{9}-\dfrac{y^2}{4}-\dfrac{z^2}{16}=1$의 자취를 스케치하고 논하여라.

풀이

이 곡면은 원점과 각각의 좌표평면에 관하여 대칭이다. x축위의 절편은 ± 3이고 y절편, z절편은 없다. xy평면, xz평면에 평행한 평면으로 잘리는 곡면의 단면은 쌍곡선이다. yz평면에 평행한 평면에 의하여 잘리는 단면은 타원이다. 이러한 곡면은 두잎쌍곡면(hyperboloid of two sheets)이다.

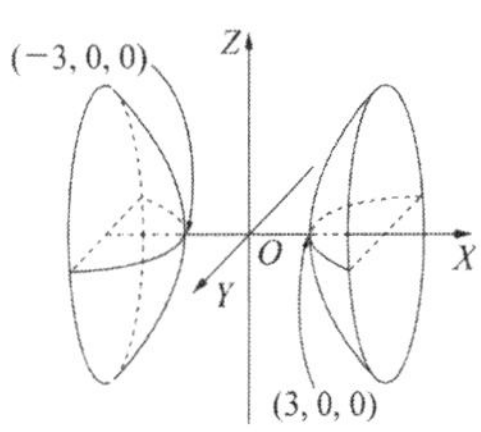

그림 15.17

원주면

원주면(cylindrical surface)은 고정된 직선에 평행한 채로 한 고정된 곡선을 따라 움직이는 직선에 의하여 만들어지는 곡면이다.

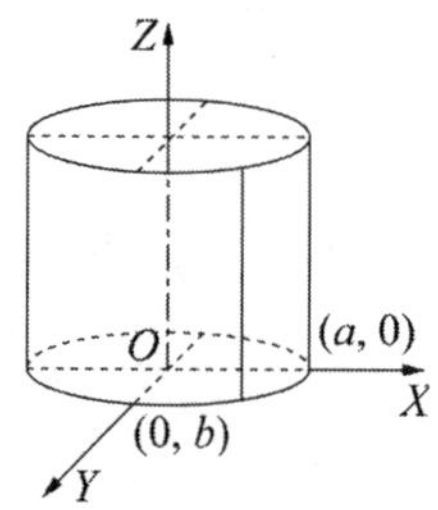

참고

3차원에서 $\frac{x^2}{a^2}+\frac{y^2}{b^2}=1$일 때, z는 어떤 수도 가능하므로 타원은 z축을 따라 이동하여 생긴 원주면이 된다.

고정된 곡선은 **곡면의 준선**(directrix)이라 하고, 움직이는 직선은 **곡면의 모선**(generatrix)이라 한다.

모선이 좌표축 중 하나에 평행하고 준선이 모선에 수직인 좌표평면 안의 곡선인 원주면은 준선과 똑같은 방정식을 갖는다.

만일 준선이 타원 $\frac{x^2}{a^2}+\frac{y^2}{b^2}=1$이라면, 원주면의 방정식은 $\frac{x^2}{a^2}+\frac{y^2}{b^2}=1$이다.

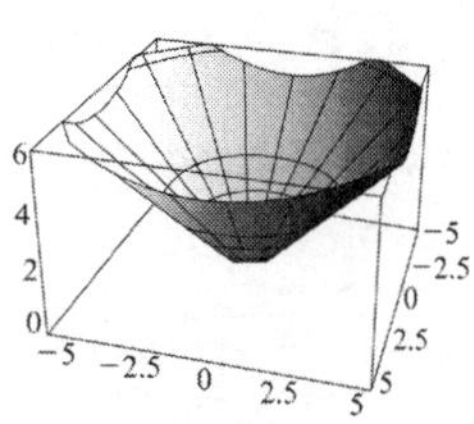

그림 15.18

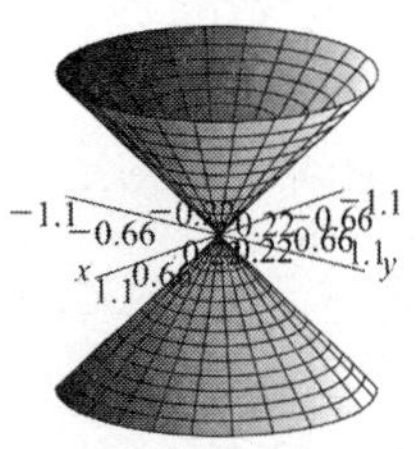

그림 15.19

타원뿔(elliptic cone)

$\frac{x^2}{a^2}+\frac{y^2}{b^2}=\frac{z^2}{c^2}$으로 정의된 곡면을 타원뿔(elliptic cone)이라 한다. xy 평면에 평행한 평면으로 자른 수평단면은 타원이다.

이러한 곡면은 z축 둘레에 직선 $y=kx$를 회전함으로써 얻어지는 회전면으로 간주될 수 있다. xy평면에 평행한 평면으로 자른 수평단면은 원이다. yz평면에 평행한 평면 혹은 xz평면에 평행한 평면으로 자른 단면은 쌍곡선이다.

$x^2+y^2=z^2$을 그리면 옆의 그림과 같다.

포물면(paraboloid)

a. 타원포물면

포물면은 $\frac{x^2}{a^2}+\frac{y^2}{b^2}=2cz$형의 방정식의 자취이다.

평면 $z = k$로 자른 단면은 절단평면이 xy평면으로부터 멀어질 때 크기가 증가하는 타원이다.

만일 $c > 0$이라면, 곡면은 xy평면보다 위에 있다. 만일 $c < 0$이라면, 곡면은 xy평면 아래에 있다. xz평면 혹은 yz평면에 평행한 평면으로 잘린 단면은 포물선이다. 만일 $a = b$이라면, 곡면은 회전면(surface of revolution)이다.

$x^2 + y^2 = z$ 을 그리면 아래의 그림과 같다.

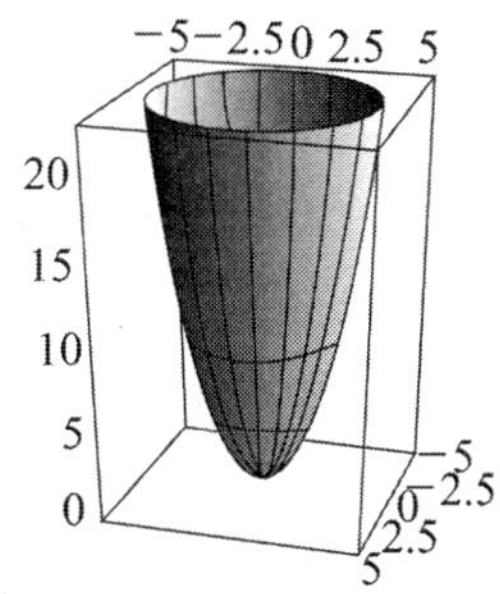

예제 •21 (EXAMPLE) $y^2 + z^2 = 4x$의 자취를 스케치하고 논하여라.

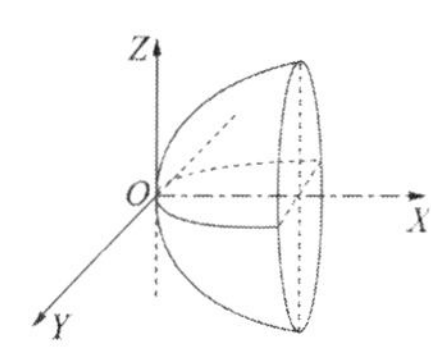

그림 15.20

풀이

이 곡면은 xz평면, xy평면에 관하여 대칭이고 x축에 관하여 대칭이다. x축 위의 절편은 0이다. 자취(trace)는 각각 점원(point circle) $y^2 + z^2 = 0$, 그리고 포물선 $z^2 = 4x$, $y^2 - 4x$이다.

x는 음의 값을 가지지 못하므로, 곡면은 전부 yz평면의 우측에 있다. yz평면에 평행한 평면에 의하여 잘리는 곡면의 단면은 원이다. xy평면 혹은 xz평면에 평행한 평면에 의하여 잘리는 단면은 포물선이다. 이러한 곡면은 회전포물면(paraboloid of revolution)이다.

포물면은 일상생활에서 여러 가지로 사용되고 있다.

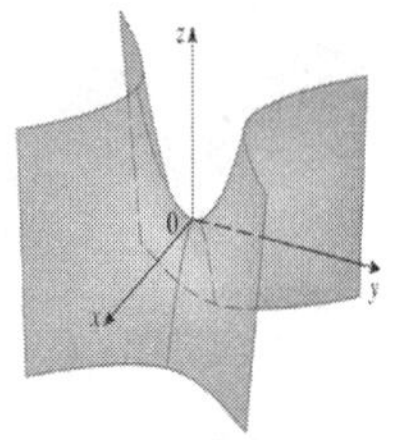

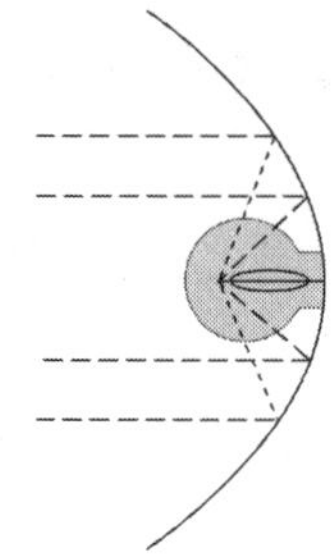

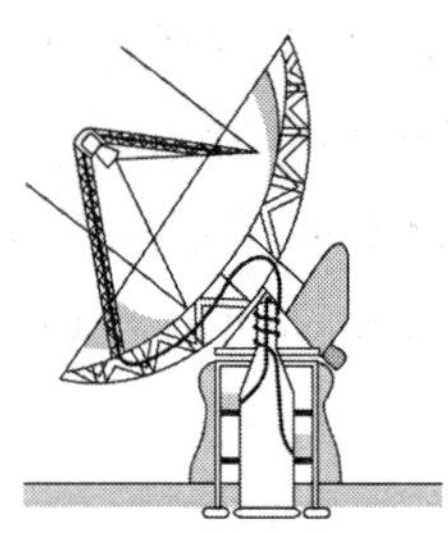

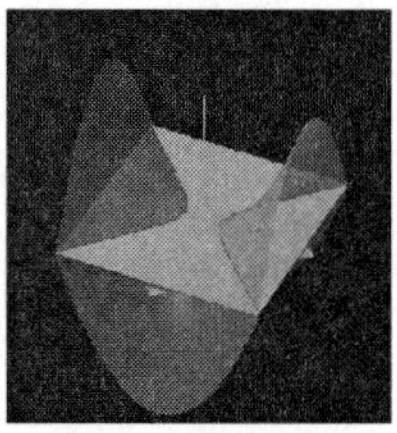

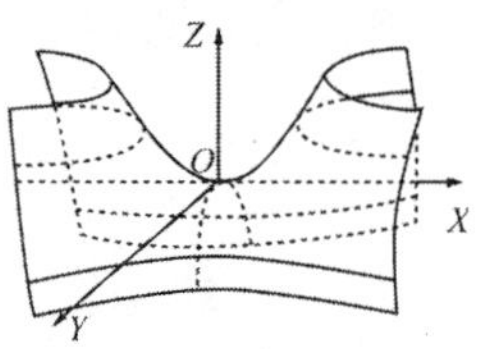

그림 15.21

b. **쌍곡포물면**

이것은 $\frac{x^2}{a^2} - \frac{y^2}{b^2} = 2cz$, $(c > 0)$형의 방정식의 자취이다.

평면 $z = k$로 자른 단면은 $k > 0$이라면 횡축과 공액축이 각각 x축, y축에 평행하고 k와 함께 증가하는 쌍곡선이다.

만일 $k > 0$이라면, 횡축과 공액축은 각각 y축, x축에 평행하다.

만일 $k = 0$이라면, 자취(trace)는 직선 $\frac{x^2}{a^2} - \frac{y^2}{b^2} = 0$의 쌍이다. 평면 $y = k$로 자른 단면은 위로 열려 있는 포물선이고 평면 $x = k$로 자른 단면은 아래로 열려있는 포물선이다.

다시 한번 확인하기

1. 구면 $(x-a)^2 + (y-b)^2 + (z-c)^2 = r^2$
2. 타원면 $\frac{(x-h)^2}{a^2} + \frac{(y-k)^2}{b^2} + \frac{(z-j)^2}{c^2} = 1$
3. 쌍곡면
   a. 한잎쌍곡면 $\frac{(x-h)^2}{a^2} + \frac{(y-k)^2}{b^2} - \frac{(z-j)^2}{c^2} = 1$
   b. 두잎쌍곡면 $\frac{(x-h)^2}{a^2} - \frac{(y-k)^2}{b^2} - \frac{(z-j)^2}{c^2} = 1$
4. 원주면 $\frac{(x-h)^2}{a^2} + \frac{(y-k)^2}{b^2} = 1$
5. 타원뿔 $\frac{(x-h)^2}{a^2} + \frac{(y-k)^2}{b^2} = \frac{(z-j)^2}{c^2}$
6. 포물면
   a. 타원포물면 $\frac{(x-h)^2}{a^2} + \frac{(y-k)^2}{b^2} = 2cz$
   b. 쌍곡포물면 $\frac{(x-h)^2}{a^2} - \frac{(y-k)^2}{b^2} = 2cz(c > 0)$

chapter 15 이변수함수와 이차곡면

연습문제

1. 다음 함수의 정의구역을 구하고 $f(1,\ 2)$를 구하여라.

(1) $f(x,\ y) = \sqrt{y-x}$　　(2) $f(x,\ y) = \dfrac{y}{x^2}$

(3) $f(x,\ y) = \ln xy$　　(4) $f(x,\ y) = \dfrac{\sin(x+y)}{x}$

(5) $f(x,\ y) = \ln x - \ln y$　　(6) $f(x,\ y) = 4x^2 + 9y^2$

(7) $f(x,\ y) = x^2 - y^2$　　(8) $f(x,y) = \ln(x^2 + y^2)$

(9) $f(x,\ y) = \dfrac{y}{x}$　　(10) $f(x,\ y) = \sqrt{\dfrac{y-x}{x+y}}$

(11) $f(x,\ y) = \dfrac{2x-y}{x+2y}$　　(12) $f(x,\ y) = \dfrac{x+y}{x^2+y^2}$

(13) $f(x,\ y) = \dfrac{x+y}{x^2-y^2}$　　(14) $f(x,\ y) = \sqrt{9-x^2-y^2}$

(15) $f(x,\ y) = \dfrac{1}{\sqrt{36-x^2-4y^2}}$

2. 주어진 점을 지나는 등고선의 방정식을 구하여라.

(1) $f(x,\ y) = 16 - x^2 - y^2,\ (2\sqrt{2},\ \sqrt{2})$

(2) $f(x,\ y) = \sqrt{x^2+y^2-1},\ (1,\ 3)$

3. 점 $(1,\ 1)$를 지나는 등고선의 방정식을 구하고, 주어진 함수의 등고선을 그려보아라.

(1) $f(x,\ y) = \dfrac{\sqrt{x^2-y^2}}{2}$　　(2) $f(x,\ y) = \dfrac{3}{\sqrt{x^2+y^2}}$

(3) $f(x,\ y) = 3 - x - y$　　(4) $f(x,\ y) = 2x + 2y$

(5) $f(x,\ y) = x + 2y$　　(6) $f(x,\ y) = \sqrt{9-x^2-y^2}$

(7) $f(x,\ y) = x^2 + y^2$　　(8) $f(x,\ y) = 2\sqrt{x^2+y^2}$

4. 원점으로부터 다음 각점까지의 거리를 구하여라.

(1) $(2,\ 2,\ 3)$　　(2) $(4,\ -1,\ 2)$

(3) $(-3,\ 2,\ 4)$　　(4) $(3,\ 4,\ 0)$

5. 다음 두 점 사이의 거리를 구하여라.

(1) $(2,\ 5,\ 3)$, $(-3,\ 2,\ 1)$

(2) $(0,\ 3,\ 0)$, $(6,\ 0,\ 2)$

(3) $(-4,\ -2,\ 3)$, $(3,\ 3,\ 5)$

6. 다음 세 점이 이루는 삼각형의 변의 길이를 구하여라.

(1) $(4,\ 6,\ 1)$, $(6,\ 4,\ 0)$, $(-2,\ 3,\ 3)$

(2) $(-3,\ 1,\ -2)$, $(5,\ 5,\ -3)$, $(-4,\ -1,\ -1)$

(3) $(8,\ 4,\ 1)$, $(6,\ 3,\ 3)$, $(-3,\ 9,\ 5)$

7. 꼭짓점이 $(4,\ 2,\ 6)$, $(10,\ -2,\ 4)$, $(-2,\ 0,\ 2)$인 삼각형은 이등변 삼각형임을 밝혀라.

8. 구 $x^2+y^2+z^2-2x+4y-6z+5=0$의 중심과 반지름의 길이를 구하여라.

9. 두 점 $A(0,\ 2,\ 4)$, $B(2,\ 4,\ -2)$를 지름의 양끝으로 하는 구의 반지름과 구의 방정식을 구하여라.

10. 네 점 $(0,\ 0,\ 2)$, $(1,\ 0,\ -2)$, $(-4,\ -1,\ 0)$, $(-2,\ -2,\ -2)$를 지나는 구의 방정식을 구하여라.

11. 점 $(3,\ 0,\ 0)$과 $(-3,\ 0,\ 0)$으로부터 거리의 합이 8인 점의 자취의 방정식을 구하여라.

12. 다음 방정식은 어떤 곡면을 나타내는지를 결정하여라.

(1) $\dfrac{x^2}{16}+\dfrac{y^2}{25}+\dfrac{z^2}{9}=1$ (2) $\dfrac{x^2}{4}+\dfrac{y^2}{9}-\dfrac{z^2}{16}=1$

(3) $4x^2+4y^2-25z^2+100=0$ (4) $y^2+z^2-12y=0$

(5) $x^2-z^2=0$ (6) $9x^2+4z^2-36y=0$

(7) $x^2+\dfrac{y^2}{4}=z$ (8) $5x+8y=0$

(9) $x^2-y^2+z^2=0$

(10) $9x^2+36y^2+16z^2-144=0$

대학기초수학

직교좌표, 원기둥좌표 그리고 구면좌표

직교좌표, 원기둥좌표, 구면좌표

이 장에서 배울 기본개념

CHAPTER 16

16.1 직교좌표

3차원 공간에 한 점(또는 원점) O를 택하자. 공간 위에 있는 위치를 직교좌표 $(a,\ b,\ c)$로 표시한다면 그림과 같이 이것은 원점을 중심으로 x축으로 a, y축으로 b, z축으로 c만큼 떨어진 곳에 있음을 뜻한다. 이 절에서는 공간의 위치를 나타내는 또 다른 좌표계인 **원기둥좌표계**(cylindrical coordinates)와 **구면좌표계**(spherical coordinates)를 알아보자.

이 좌표계는 이중적분과 삼중적분에서 매우 유용하게 쓰이며 G.P.S 등 실생활에서 많이 응용되고 있다.

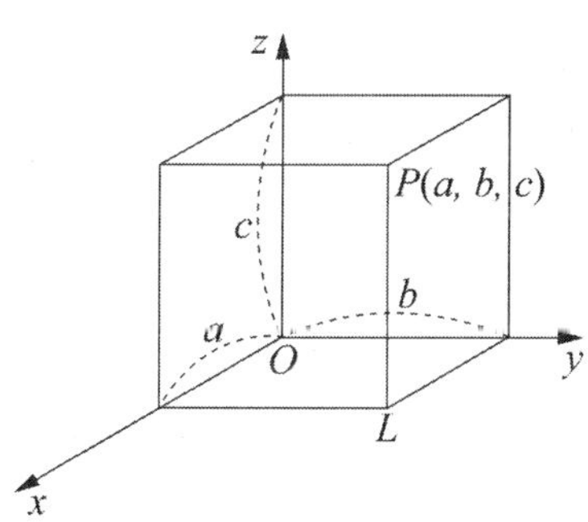

16.2 원기둥좌표

원기둥좌표계(cylindrical coordinate system)에서 점 $P(x,\ y,\ z)$는 좌표, r, θ, z로 나타낼 수 있다. 단, r, θ는 xy평면 위에 점 P의 사영 Q의 극좌표이다.

이러한 좌표들은 $(r,\ \theta,\ z)$로 쓴다.

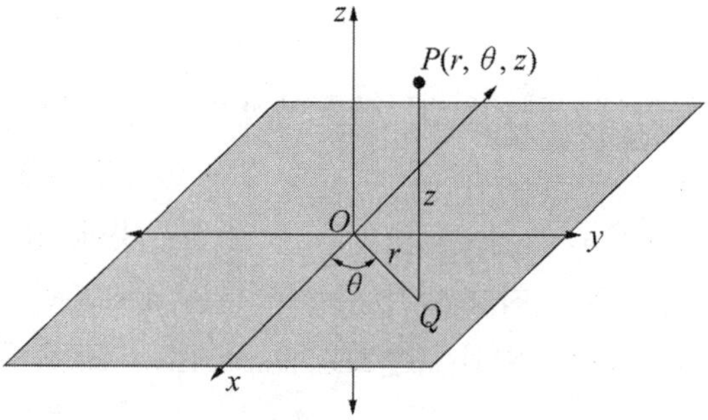

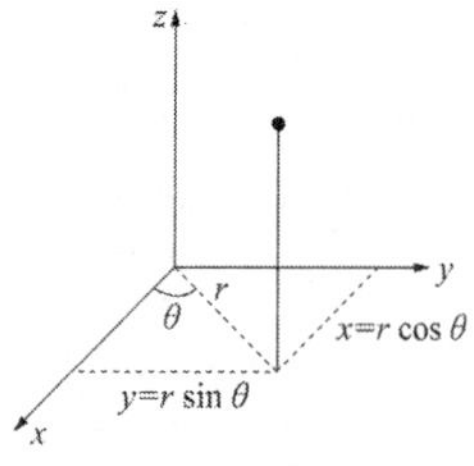

그림 16.1

정리 16.1

원기둥좌표와 직교좌표 사이의 관계는

$$x = r\cos\theta,\ y = r\sin\theta,\ z = z \text{이다.}$$

따라서,

$$r = \pm\sqrt{x^2+y^2},\ \tan\theta = \frac{y}{x} \Leftrightarrow \theta = \arctan\frac{y}{x}.$$

예제 •1 (EXAMPLE) 다음과 같은 원기둥좌표의 점 $(6,\ 30°,\ -3)$을 직교좌표로 바꾸어 보자.

풀이

$x = 6\cos 30°$, $y = 6\sin 30°$, $z = -3$이므로 $x = 3\sqrt{3}$, $y = 3$, $z = -3$

그러므로 $(3\sqrt{3},\ 3,\ -3)$이다.

예제 •2 EXAMPLE 직교좌표로 $x^2+y^2=a^2$인 원기둥을 원기둥좌표계로 나타내보자.

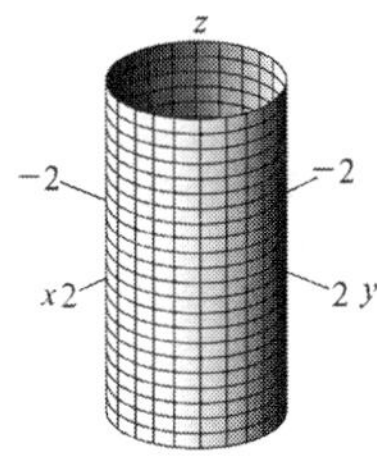

그림 16.2

풀이

$x=r\cos\theta$, $y=r\sin\theta$이므로 $x^2+y^2=a^2$이다.
그러므로 $r=a$이다.

예제 •3 EXAMPLE 직교좌표로 $x^2+y^2=z^2$인 도형을 원기둥좌표계의 방정식으로 나타내보자.

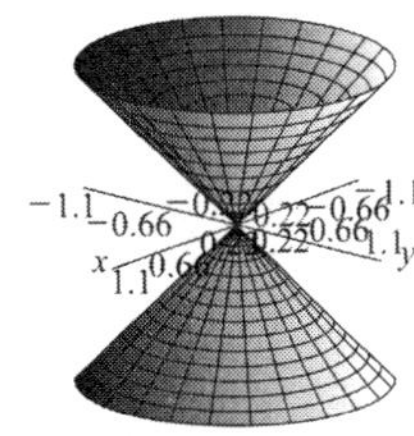
그림 16.3

풀이

$x=r\cos\theta$, $y=r\sin\theta$, $z=z$이므로 $x^2+y^2=r^2=z^2$이므로 $z=\pm r$이다.

예제 •4 EXAMPLE 다음 직교좌표 $x^2+y^2-8x=0$의 방정식을 원기둥좌표의 방정식으로 변형하여라.

풀이

$x=r\cos\theta$, $y=r\sin\theta$, $z=z$을 이용하자.
주어진 방정식에 $(x,\ y,\ z)$를 대입하면,

$$(r\cos\theta)^2+(r\sin\theta)^2-8(r\cos\theta)=0$$
$$r^2\cos^2\theta+r^2\sin^2\theta-8r\cos\theta=0$$
$$r^2(\cos^2\theta+\sin^2\theta)-8r\cos\theta=0$$
$$r^2-8r\cos\theta=0$$

그러므로 $r-8\cos\theta=0$이고 $r=8\cos\theta$이다.

예제 •5 EXAMPLE 원기둥좌표로 주어진 곡면의 방정식을 직교좌표의 방정식으로 변형하고 어떤 곡면을 나타내는지 결정하여라.

(a) $r^2+3z^2=36$ (b) $r^2=r\sin\theta$ (c) $\theta=45°$

풀이

원기둥좌표와 직교좌표 사이의 관계식

$$x = r\cos\theta,\ y = r\sin\theta,\ z = z,$$
$$r = \sqrt{x^2+y^2},\ \theta = \arctan\frac{y}{x}$$

을 이용하자.

(a) $r^2 + 3z^2 = 36$

$r = \sqrt{x^2+y^2}$ 이용하면, $x^2+y^2+3z^2 = 36$이므로 타원면이다.

(b) $r^2 = r\sin\theta$

$x = r\cos\theta,\ y = r\sin\theta$ 이용하면, $x^2+y^2 = y$이다.

$x^2 + (y-\frac{1}{2})^2 = \frac{1}{4}$이므로 반지름이 $\frac{1}{2}$인 원기둥이다.

(c) $\theta = 45°$

$\theta = \arctan\frac{y}{x}$이므로 $\tan\theta = \frac{y}{x}$, $\theta = 45$이므로 $\frac{y}{x} = 1$이 되서 $x = y$이므로 평면이다.

예제 •6 원점을 중심으로 반경이 1이고 높이가 2인 원기둥의 내부를 직교좌표계와 원기둥좌표계로 나타내보자.

풀이

원점을 중심으로 반경이 1이고 높이가 2인 원기둥은

$$\{(x,\ y,\ z) \mid -1 \le x \le 1,$$
$$-\sqrt{1-x^2} \le y \le \sqrt{1-x^2},\ 0 \le z \le 2\}$$

이다.

원의 내부를 극좌표계로 바꾸면

$\{(r,\ \theta) \mid 0 \le r \le 1,\ 0 \le \theta \le 2\pi\}$이므로

$$\{(r,\ \theta,\ z) \mid 0 \le r \le 1,\ 0 \le \theta \le 2\pi,\ 0 \le z \le 2\}$$

가 원기둥좌표계가 된다.

16.3 구면좌표

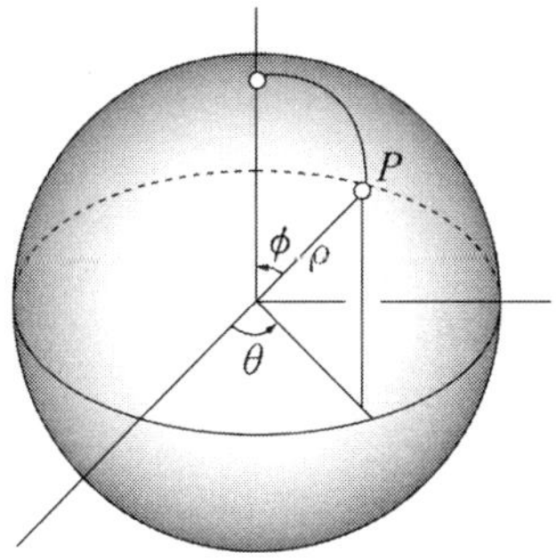

그림에서 보듯이 직교좌표계의 점 $P(x,\ y,\ z)$를 $\rho,\ \phi,\ \theta$를 이용하여 나타내보자. 여기서 ρ는 원점에서 점 P까지의 거리이고, ϕ는 z축과 선분 $\overline{OP}$의 사이각으로 $0 \le \phi \le \pi$이며, θ는 x축과 원점에서 P를 xy평면에 내린 투영점 $(x,\ y,\ 0)$을 잇는 선분과의 사이각으로 $0 \le \theta \le 2\pi$이다. 성분 $\rho,\ \phi,\ \theta$를 이용하여 나타내는 좌표계를 **구면좌표계**(spherical coordinate system)라 한다.

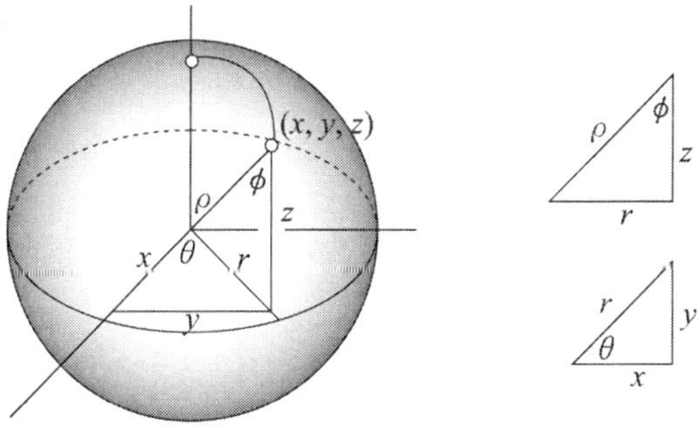

직교좌표계와 원기둥좌표계 그리고 구면좌표계의 관계는 다음과 같다.

직교좌표계의 $P(x\ ,y,\ z)$, 구면좌표계의 $P(\rho,\ \phi,\ \theta)$, 원기둥좌표계의 $P(r,\ \theta,\ z)$의 관계

$r=\rho\sin\phi,$

$x=r\cos\theta=\rho\sin\phi\cos\theta,$

$y=r\sin\theta=\rho\sin\phi\sin\theta$

$z=\rho\cos\phi$

$P(x,\ y,\ z)=(\rho\sin\phi\cos\theta,\ \rho\sin\phi\sin\theta,\ \rho\cos\phi)$

$\rho=\sqrt{x^2+y^2+z^2}=\sqrt{r^2+z^2},$

$\theta=\arctan\dfrac{y}{x},\ \phi=\arccos\dfrac{z}{\pm\sqrt{x^2+y^2+z^2}}.$

$P(\rho,\ \phi,\ \theta)=\left(\sqrt{x^2+y^2+z^2},\ \cos^{-1}\dfrac{z}{\pm\sqrt{x^2+y^2+z^2}},\ \tan^{-1}\dfrac{y}{x}\right)$

예제 •7 (EXAMPLE) 직교좌표가 $(1,\ -2,\ 2)$인 점에 대해 원기둥좌표와 구면좌표를 구하여라.

풀이

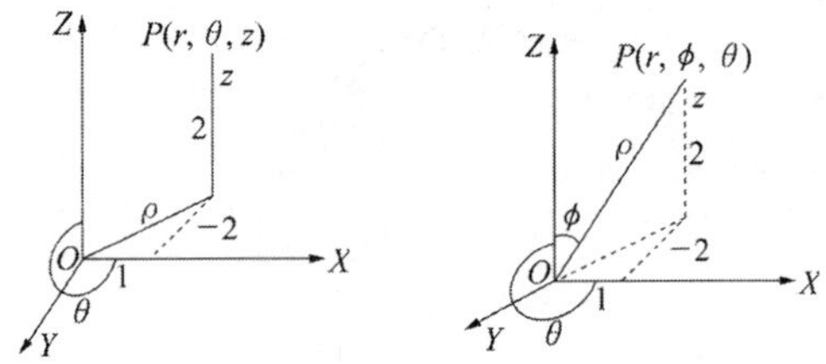

원기둥좌표 :

$$r=\sqrt{x^2+y^2}=\sqrt{1^2+(-2)^2}=\sqrt{5}.$$

$$\theta=\arctan\frac{y}{x}=\arctan(-2),\ z=2.$$

따라서, 원기둥좌표

$$(r,\ \theta,\ z)=(\sqrt{5},\ \tan^{-1}(-2),\ 2).$$

구면좌표 :

$$\rho = \sqrt{x^2+y^2+z^2} = \sqrt{1^2+(-2)^2+(2)^2} = 3.$$

$$\phi = \arccos\frac{z}{\rho} = \arccos\frac{2}{3}$$

$$\theta = \arctan\frac{y}{x} = \arctan(-2)$$

따라서, 구면좌표

$$(\rho,\ \phi,\ \theta) = \left(3,\ \cos^{-1}\left(\frac{2}{3}\right),\ \tan^{-1}(-2)\right).$$

Example 예제 •8 원기둥좌표가 $(6,\ 120°,\ 4)$인 점에 대해 직교좌표와 구면좌표를 구하여라.

풀이

직교좌표 :

$$x = r\cos\theta = 6\cos 120° = -3,$$

$$y = r\sin\theta = 6\sin 120° = 3\sqrt{3},\quad z = 4.$$

따라서, 직교좌표

$$(x,\ y,\ z) = (-3,\ 3\sqrt{3},\ 4).$$

구면좌표 :

$$\rho = \sqrt{x^2+y^2+z^2}$$

$$= \sqrt{(-3)^2+(3\sqrt{3})^2+4^2} = 2\sqrt{13},$$

$$\phi = \arccos\frac{z}{\rho} = \arccos\frac{4}{2\sqrt{13}} = \arccos\frac{2}{\sqrt{13}}$$

$$\theta = \arctan\frac{y}{x} = \arctan-\frac{3\sqrt{3}}{3} = 120°$$

따라서, 구면좌표

$$(\rho,\ \phi,\ \theta) = \left(2\sqrt{13},\ \cos^{-1}\frac{2}{\sqrt{13}},\ 120°\right).$$

예제 •9 EXAMPLE 구면좌표가 $(4,\ 30°,\ 210°)$인 점에 대해 직교좌표를 구하여라.

풀이

$(\rho,\ \phi,\ \theta) = (4,\ 30°,\ 210°)$이므로

$$x = \rho\sin\phi\cos\theta$$
$$y = \rho\sin\phi\sin\theta$$

$z = \rho\cos\phi$에 대입하면,

$$x = 4\sin 30°\cos 210° = 4\times\frac{1}{2}\times(-\frac{\sqrt{3}}{2}) = -\sqrt{3}$$
$$y = 4\sin 30°\sin 210° = 4\times\frac{1}{2}\times(-\frac{1}{2}) = -1$$
$$z = 4\cos 30° = 4\times(\frac{\sqrt{3}}{2}) = 2\sqrt{3}$$

이므로 직교좌표는 $(x,\ y,\ z) = (-\sqrt{3},\ -1,\ 2\sqrt{3})$가 된다.

예제 •10 EXAMPLE 다음 구면좌표의 방정식을 직교좌표의 방정식으로 변형하고 어떤 곡면을 나타내는지 결정하여라.

(a) $\rho\sin\phi = a$ (b) $\rho = 4$

풀이

(a) $\rho\sin\phi = a$

$x = \rho\sin\phi\cos\theta,\ y = \rho\sin\phi\sin\theta,\ z = \rho\cos\phi$이므로

$x = a\cos\theta,\ y = a\sin\theta$이다.

마지막 두 식을 제곱하여 더하면

$$x^2 + y^2 = a^2(\sin^2\theta + \cos^2\theta) = a^2$$
$$x^2 + y^2 = a^2$$

반지름이 a인 원기둥이다.

(b) $\rho = 4$

$\rho = \sqrt{x^2 + y^2 + z^2}$ 이므로 이 식을 제곱하면

$\rho^2 = x^2 + y^2 + z^2 = 4^2$이 된다.

그러므로 $x^2 + y^2 + z^2 = 16$이 된다.

반지름이 4인 구이다.

예제 •11 다음 방정식을 구면좌표의 방정식으로 변형하여라.

(a) $3x^2 - 3y^2 = 8z$ (b) $x^2 - y^2 - z^2 = a^2$

풀이

$x = \rho\sin\phi\cos\theta$, $y = \rho\sin\phi\sin\theta$, $z = \rho\cos\phi$을 이용하여 각각 대입하여 정리하면

(a) $3x^2 - 3y^2 = 8z$

$3(x^2 - y^2) = 8z$

$3\rho^2(\sin^2\phi\cos^2\theta - \sin^2\phi\sin^2\theta) = 8\rho\cos\phi$

$3\rho(\sin^2\phi\cos^2\theta - \sin^2\phi\sin^2\theta) = 8\cos\phi$

$3\rho\sin^2\phi(\cos^2\theta - \sin^2\theta) = 8\cos\phi$

그러므로 $3\rho\sin^2\phi\cos 2\theta = 8\cos\phi$

(b) $x^2 - y^2 - z^2 = a^2$

$\rho^2\sin^2\phi\cos^2\theta - \rho^2\sin^2\phi\sin^2\theta - \rho^2\cos^2\phi = a^2$

$\rho^2(\sin^2\phi\cos^2\theta - \sin^2\phi\sin^2\theta - \cos^2\phi) = a^2$

$\rho^2[\sin^2\phi(\cos^2\theta - \sin^2\theta) - \cos^2\phi] = a^2$

그러므로

$$\rho^2(\sin^2\phi\cos 2\theta - \cos^2\phi) = a^2$$

예제 •12 구 $x^2 + y^2 + z^2 = 1$을 구면좌표계로 나타내보자.

풀이

$\rho = \sqrt{x^2 + y^2 + z^2} = 1$이므로 구면좌표계에서 반지름이 1인 공의 방정식은 $\rho = 1$이다.

예제 EXAMPLE •13 원뿔 $z=\sqrt{x^2+y^2}$ 을 구면좌표계로 나타내보자.

풀이

$z=\rho\cos\phi$, $\sqrt{x^2+y^2}=\rho\sin\phi$ 이므로 구면좌표계에서 $z=\sqrt{x^2+y^2}$ 의 방정식은 $\rho\cos\phi=\rho\sin\phi$이다.

$\tan\phi=1$이므로 구면좌표계에서의 방정식은 $\phi=\frac{\pi}{4}$이다.

예제 EXAMPLE •14 반지름이 r인 구 $f(x,\ y,\ z)=x^2+y^2+z^2$의 내부의 영역을 직교좌표계와 구면좌표계를 이용하여 나타내보자.

풀이

반지름이 r인 공의 내부의 영역은 직교좌표계와 구면좌표계로 다음과 같이 나타난다.

구면좌표계 :

$$\{(\rho,\ \phi,\ \theta)|0\le\rho\le r,\ 0\le\phi\le\pi,\ 0\le\theta\le 2\pi\}$$

직교좌표계 :

$$\{(x,\ y,\ z)|-r\le x\le r,$$
$$-\sqrt{r^2-x^2}\le y\le\sqrt{r^2-x^2},$$
$$-\sqrt{r^2-x^2-y^2}\le z\le\sqrt{r^2-x^2-y^2}\}$$

예제 EXAMPLE •15 원점을 중심으로 반경이 3이고 높이가 7인 원기둥의 내부를 직교좌표계와 원기둥좌표계로 나타내보자.

풀이

직교좌표계 :

$$\{(x,\ y,\ z)|-3\le x\le 3,$$
$$-\sqrt{3^2-x^2}\le y\le\sqrt{3^2-x^2},\ 0\le z\le 7\}$$

원기둥좌표계 :

$$\{(r,\ \theta,z\ )|0\le r\le 3,\ 0\le\theta\le 2\pi,\ 0\le z\le 7\}$$

다시 한번 확인하기

1. 원기둥좌표와 직교좌표 사이의 관계는 $x = r\cos\theta$, $y = r\sin\theta$, $z = z$이다.
   따라서,

$$r = \pm\sqrt{x^2 + y^2}\,,\ \tan\theta = \frac{y}{x} \Leftrightarrow \theta = \arctan\frac{y}{x}$$

2. 직교좌표계의 $P(x,\ y,\ z)$, 구면좌표계의 $P(\rho,\ \phi,\ \theta)$, 원기둥좌표계의 $P(r,\ \theta,\ z)$의 관계

$$r = \rho\sin\phi$$
$$x = r\cos\theta = \rho\sin\phi\cos\theta$$
$$y = r\sin\theta = \rho\sin\phi\sin\theta$$
$$z = \rho\cos\phi$$
$$P(x,\ y,\ z) = (\rho\sin\phi\cos\theta,\ \rho\sin\phi\sin\theta,\ \rho\cos\phi)$$
$$\rho = \sqrt{x^2 + y^2 + z^2} = \sqrt{r^2 + z^2}$$
$$\theta = \arctan\frac{y}{x},\ \phi = \arccos\frac{z}{\pm\sqrt{x^2 + y^2 + z^2}}$$

연습문제

1. 다음 원기둥좌표 $(r,\ \theta,\ z)$를 직교좌표와 구면좌표로 바꾸어라.

(1) $\left(3,\ \frac{\pi}{3},\ 3\right)$　　(2) $\left(7,\ \frac{\pi}{2},\ 0\right)$

(3) $(5,\ 0,\ 0)$　　(4) $(4,\ \pi,\ -2)$

(5) $\left(6,\ \frac{2}{3}\pi,\ -2\right)$　　(6) $\left(6,\ \frac{2}{3}\pi,\ 4\right)$

2. 다음 구면좌표 $(\rho,\ \phi,\ \theta)$를 직교좌표와 원기둥좌표로 바꾸어라.

(1) $\left(3,\ \frac{\pi}{3},\ \pi\right)$　　(2) $\left(7,\ \frac{\pi}{2},\ \frac{\pi}{4}\right)$

(3) $\left(-1,\ -\frac{\pi}{2},\ 7\pi\right)$　　(4) $(5,\ 0,\ 0)$

(5) $\left(4,\ -\frac{\pi}{4},\ \frac{\pi}{6}\right)$　　(6) $\left(5,\ \frac{5}{6}\pi,\ \frac{7}{6}\pi\right)$

(7) $\left(3,\ \frac{\pi}{3},\ 7\pi\right)$

3. 다음 직교좌표의 방정식을 원기둥좌표의 방정식으로 변형하여라.

(1) $x^2 - y^2 + 2y - 6 = 0$　　(2) $x^2 + y^2 - z^2 = a^2$

(3) $5x + 4y = 0$　　(4) $5x^2 - 4y^2 + 2x + 3y = 0$

(5) $3x - 5y - 2z = 6$

4. 원기둥좌표로 주어진 곡면의 방정식을 직교좌표의 방정식으로 변형하여라.

(1) $z = r^2 \cos 2\theta$　　(2) $r^2 - z^2 = 1$

5. 다음 방정식을 구면좌표의 방정식으로 변형하여라.

(1) $3x^2 - 3y^2 = 6z$　　(2) $x^2 + y^2 + z^2 = a^2$

6. 원점을 중심으로 반경이 2이고 높이가 5인 원기둥의 내부를 직교

좌표계와 원기둥좌표계로 나타내어라.

7. 반지름이 3인 구 $f(x,\ y,\ z) = x^2 + y^2 + z^2 = 9$의 내부영역을 직교좌표계와 구면좌표계로 나타내어라.

찾아보기
INDEX

제2판

대학기초수학

지은이 김성숙 · 이규봉
펴낸이 조경희
펴낸곳 경문사
펴낸날 2016년 3월 5일 2판 1쇄
등 록 1979년 11월 9일 제313 1979-23호
주 소 121-818, 서울특별시 마포구 와우산로 174
전 화 (02)332-2004 팩스 (02)336-5193
이메일 kyungmoon@kyungmoon.com

값 22,000원

ISBN 978-89-6105-972-5